AR
增强现实技术

职业教育立体化教材

重视知识的应用和实践技能的培养

数控技术应用专业

数控铣削编程与加工

钟绍春 总主编
唐守涛 张金峰 李 丽 主编

视 频　　动 画　　三 维

山东科学技术出版社
·济南·

图书在版编目（CIP）数据

数控铣削编程与加工 / 唐守涛，张金峰，李丽主编．-- 济南：山东科学技术出版社，2020.8（2022.2重印）

职业教育立体化教材

ISBN 978-7-5723-0341-8

Ⅰ．①数… Ⅱ．①唐… ②张… ③李… Ⅲ．①数控机床 – 铣床 – 程序设计 – 职业教育 – 教材 ②数控机床 – 铣床 – 金属切削 – 加工 – 职业教育 – 教材 Ⅳ．① TG547

中国版本图书馆 CIP 数据核字 (2020) 第 134901 号

数控铣削编程与加工

SHUKONG XIXIAO BIANCHENG YU JIAGONG

项目策划：赵 猛 白宗文

项目统筹：郑淑娟 邱赛琳

责任编辑：邱赛琳 梁天宏

装帧设计：侯 宇

主管单位：山东出版传媒股份有限公司

出 版 者：山东科学技术出版社

地址：济南市市中区舜耕路 517 号

邮编：250003 电话：（0531）82098088

网址：www.lkj.com.cn

电子邮件：sdkj@sdcbcm.com

发 行 者：山东科学技术出版社

地址：济南市市中区舜耕路 517 号

邮编：250003 电话：（0531）82098067

印 刷 者：山东新华印务有限公司

地址：济南市高新区世纪大道 2366 号

邮编：250104 电话：（0538）6119360

规格：16 开（184 mm × 260 mm）

印张：13.25 **字数：**275 千

版次：2020 年 8 月第 1 版 **印次：**2022 年 2 月第 2 次印刷

定价：35.00 元

编 委 会

序

FOREWORD

改革开放以来，职业教育为我国经济社会发展提供了有力的人才和智力支撑，现代职业教育体系框架全面建成。随着我国进入新的发展阶段，产业升级和经济结构调整不断加快，各行各业对技术技能人才的需求越来越紧迫，职业教育的重要地位和作用越来越凸显。《国家职业教育改革实施方案》提出了“三教”改革的任务，“三教”改革中，教材是基础，教师是根本，教法是途径。该套教材开发团队深刻领悟“三教”改革的核心思想，遵循教育教学规律和人才培养规律，注重学生知识、能力和正确价值观的培养有机结合，集中优势资源、利用现代技术开发了汽车运用与维修、机电技术应用、数控技术应用、计算机应用等专业立体化教材，为打造部省共建国家职业教育创新发展高地树立了典范。

对于立体化教材这一概念，我个人的理解是，立体化教材是教材在教育信息化环境下的一种新形态，是现代信息技术手段、数字教育资源与教学内容有机融合的集合体，是通过 AR、VR、互联网、多媒体技术形成的以纸质教材与移动终端互动的多维立体可视化的现代教学生态模式，是可以通过教学环境、教学手段、教学评价的多样性实现教育信息化的教学应用。立体化教材的出现，切实解决了教材内容与职业标准对接不紧密、职教特色不鲜明、教材呈现形式单一、配套资源开发不足等问题。

基于立体化教材的理想课程生态系统，让教材的意义发生了翻天覆地的变化。客观地讲，当前职业院校的课堂，基本上都是老师的单向传授，学生参与度极低。立体化教材的出现，使老师能够通过精心的教学设计和丰富的信息化手段充分调动学生的学习积极性，让学生自由地利用移动终端学习知识、参与讨论、完成作业，使教材从单一知识载体的教科书到多维信息载体的学习系统，实现了传统教科书到学习系统的延伸，也实现了基础知识讲解的单向传授到高阶能力培养的双向互动，有助于学生高阶能力的培养。

我还注意到，教材集中了行业、企业、学校各自的优势，将真实生产项目、典型工作任务、案例等作为载体组织教学单元，将产业发展比较成熟的新技术、新工艺、新规范纳入教材内容。这切实践行了《国家职业教育改革实施方案》的要求，深化了产教融合协同发展，实现了专业与产业对接，率先建立了同经济社会发展需求密切对接、与加快教育现代化要求整体契合的新时代中国特色职业教育制度和模式。

锐意进取，敢为人先，大胆探索，终收硕果。教材开发团队用实际行动为中职信息化教学打造了样板工程。期待团队在信息化发展大潮中能够勇立潮头，不断进取，以务实的工作作风持续推进信息化教学工作再上新台阶，为我国职业教育的创新发展树立典范，为我国经济社会发展培养更多高素质高技能型人才。

山东省职业技术教育学会会长
山东师范大学特聘教授

前言

PREFACE

为贯彻《中国教育现代化2035》《国家职业教育改革实施方案》精神，依照教育部中等职业学校机电技术应用等相关专业教学标准，参照行业标准和国家职业技能鉴定规范，并且根据国家职业教育改革和加快教育信息化的要求，以专业核心课程为主，汇聚行业专家、企业专家、一线优秀教师和软件开发工程师，共同开发编写了这套立体化教材。

整套教材是以文本教材为线索，利用现代信息技术手段，将数字化资源与职业院校教学内容有机融合，所构建的一种多维度、立体化的新形态教材。它既克服了传统教材形式的单一性，又解决了数字教学资源零散、选择和使用不便捷等难题，为学习者进行个性化、自主化、实践性的学习，教育者实现理实一体、工学结合课程改革目标，学校培养高素质创新人才提供了强有力的支撑。

本教材在编写过程中，力求体现以下特色：

1. 形式新颖，内容贴合实践需求

本教材形式活泼，图文并茂，语言表达精练、准确、科学，方便学生自主学习。本教材依据最新教学标准和课程大纲要求，定位科学、合理、准确，力求降低理论知识点的难度，正确处理好知识、能力和素质三者之间的关系，保证学生全面发展，适应培养高素质劳动者需要；对接职业标准和岗位需求，既突出学生职业技能的培养，又保证学生掌握必备的基本理论知识。

2. 模式创新，理论学习与实践操作一体化

本教材采用理实一体化的编写模式，充分体现以学生为本，按照“必需、够用，兼顾发展”的原则，循序渐进地组织教材内容。在内容编排上，本教材采取“理论知识＋操作技能＋实战演练＋在线课堂”的结构框架，体现了“做中教，做中学，做中求进步”的职业教育特色，突出学生岗位能力的培养和职业核心能力的形成，能很好地满足学生职业生涯发展的需要。

3. 标准规范，注重培养学生职业意识

本教材内容，严格依据国家标准，并有机地融入行业标准和企业标准，有利于培养学生的职业意识。

4. 技术先进，充分体现信息技术与教育教学的有机融合

本教材注重反映相关专业及产业的现状和发展趋势，运用先进的AR/VR技术，用手机扫描教材中的识别码，即可呈现该识别码对应的动画、微课或三维交互模型等数字化资源，帮助加深对相关知识点的认识、理解和掌握，使教材富有时代性、先进性、前瞻性。

5. 学习方式多元，满足学生自主探究式学习需求

教师可以课前布置学习任务，学生通过立体教材配套教学APP进行自主探究式学习，激发学生学习的主观能动性，切实实践“以学生为主体，以教师为主导，以能力为根本”的教育理念。

6. 教学管理精准高效，决策有据可循

教师和学校管理者可以通过立体教材后台管理大数据进行学情分析，实时了解学生的学习情况，精准施策并对学生进行个性化指导；班课功能可以实现针对知识点的随堂测试，加深学生对疑难知识点的理解，同时使过程性评价有据可循。

本教材主要介绍数控铣削所涉及的理论基础知识、基础操作技能及综合技能。本书以数控加工中心为载体，主要内容包括加工中心基础、加工中心的操作、加工中心铣削加工基础、孔加工技能训练、综合实训、仿真加工、加工中心日常维护与保养、技能大赛样题及工艺分析，共8个项目、30个任务，每个任务形式多样，内容适度，以利于培养学习者的综合能力。

本教材由唐守涛、张金峰、李丽担任主编，任玉常、吕桂林、杨大晓、张国太、王磊担任副主编，史光义、桑运芳、姚芳、陈越、王海鹏、张霞、崔勇、房升祥参与了编写，庞恩泉担任本教材主审。

本教材可以作为中职机械类、近机械类专业教材，也可以作为中等职业学校相关专业及相关行业职工岗位培训的参考用书。

本教材在编写过程中，参考了大量同行的研究成果，在此一并表示感谢！

由于编者水平有限，时间仓促，书中难免存在错误与不足，欢迎广大读者提出宝贵意见。

目录

CONTENTS

项目四 孔加工技能训练

项目五 综合实训

项目六 仿真加工

项目七 加工中心的日常维护与故障诊断

项目八 技能大赛样题及工艺分析

项目一 加工中心概述

任务一 认识加工中心

任务描述

加工中心是从数控铣床发展而来的，与数控铣床的最大区别在于加工中心具有自动交换加工刀具的能力，通过在刀库上安装不同用途的刀具，可在一次装夹中通过自动换刀装置改变主轴上的加工刀具，实现多种加工功能。

任务分析

认识加工中心，需要从以下两方面来掌握：

1. 加工中心操作面板上各功能按钮的含义与用途。
2. 正确使用数控铣床操作面板上的各功能按键。

学习目标

知识目标

1. 了解数控加工中心的分类、组成。
2. 观察加工中心，了解数控操作系统。
3. 观察利用加工中心加工的作品，了解加工中心的特点。

技能目标

1. 能够用小组工作方法开展学习、讨论。
2. 熟练掌握操作面板各功能键的含义及使用方法。

素养目标

1. 培养“安全第一”的思想意识，包括人身安全和设备安全。
2. 培养端正负责、认真细致、服从管理、爱岗敬业的态度和团结协作、举一反三的能力。

知识链接

一、数控加工中心的分类

加工中心是一种功能较全的数控加工机床，它的综合加工能力较强；加工中心是从数控铣床发展而来的，与数控铣床的最大区别在于加工中心具有自动交换加工刀具的能力，通过在刀库上安装不同用途的刀具，可在一次装夹中通过自动换刀装置改变主轴上的加工刀具，实现多种加工功能。

加工中心简称 CNC，是一种带有刀库并能自动更换刀具，对工件能够在一定的范围内进行多种加工操作的数控机床。通常所指的加工中心是指带有刀库和刀具自动交换装置的数控铣床。图 1-1-1 为立式数控铣床，图 1-1-2 为立式加工中心。

数控加工中心是由机械设备与数控系统组成的适用于加工复杂零件的高效率自动化机床。数控加工中心是目前世界上产量最高、应用最广泛的数控机床之一。它的综合加工能力较强，工件一次装夹后能完成较多的加工内容，加工精度较高，就中等加工难度的批量工件，其效率是普通设备的 5~10 倍，特别是它能完成许多普通设备不能完成的加工，对形状较复杂、精度要求高的单件加工或中小批量多品种生产更为适用。它把铣削、镗削、钻削、攻螺纹和切削螺纹等功能集中在一台设备上，具有多种工艺手段。

加工中心按照主轴加工时的空间位置分类有卧式和立式加工中心。按工艺用途分类有镗铣加工中心、复合加工中心。按工作台的数量和功能分有单工作台、双工作台和多工作台加工中心。按加工中心运动坐标数和同时控制的坐标数分，有三轴二联动、三轴三联动、四轴三联动、五轴四联动、六轴五联动等。三轴、四轴是指加工中心具有的运动坐标数。

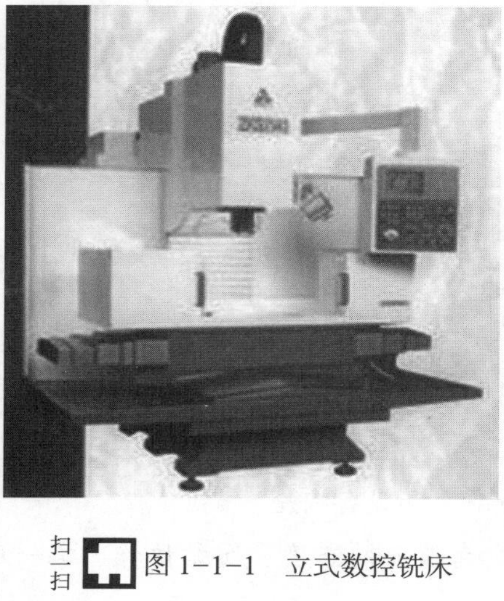

扫一扫 图 1-1-1　立式数控铣床

扫一扫 图 1-1-2　立式加工中心

二、数控加工中心的组成

数控机床主要由机床主体、数控系统、伺服系统三大部分构成，具体结构如图 1–1–3 所示。本项目在认识加工中心的基础上以大连机床集团有限公司生产的 VDL850A 数控铣床 / 加工中心为例来加以说明。

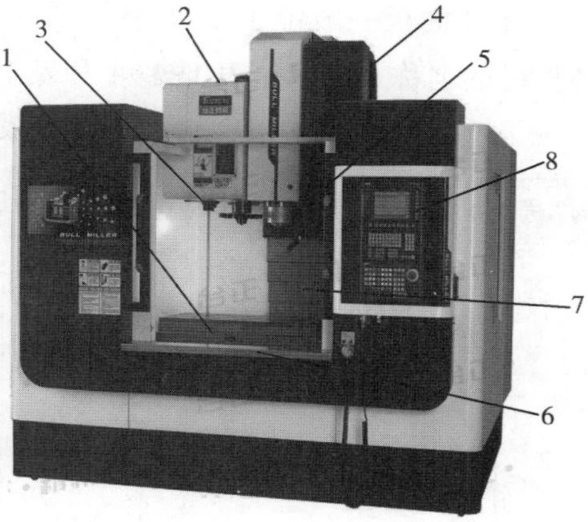

1. 工作台；2. 刀库；3. 换刀装置；4. 伺服电动机；5. 主轴；6. 导轨；7. 床身；8. 数控系统

扫一扫　图 1–1–3　加工中心的组成　扫一扫

数控机床主体部分主要由床身、主轴、工作台、导轨、刀库、换刀装置等组成。数控系统由程序的输入输出装置、数控装置等组成，其作用是接收加工程序等各种外来信息，并经处理和分配后，向驱动机构发出执行命令。伺服系统位于数控装置与机床主体之间，主要由伺服电动机、伺服电路等装置组成。它的作用是根据数控装置输出信号，经放大转换后驱动执行电动机，带动机床运动部件按约定的速度和位置进行运动。

三、数控加工中心面板功能键的名称及功能

数控铣床的操作面板由系统操作面板（CRT/MDI 操作面板）和机械操作面板组成。面板上的功能开关和按键都有特定的含义。由于数控铣床配用的数控系统不同，其机床操作面板的形式也不相同，但其各种开关、按键的功能及操作方法大同小异。本任务以 VDL850A 数控铣床 / 加工中心上的 FANUC oi mate–MD 系统（图 1–1–4）为例介绍数控铣床的操作面板。

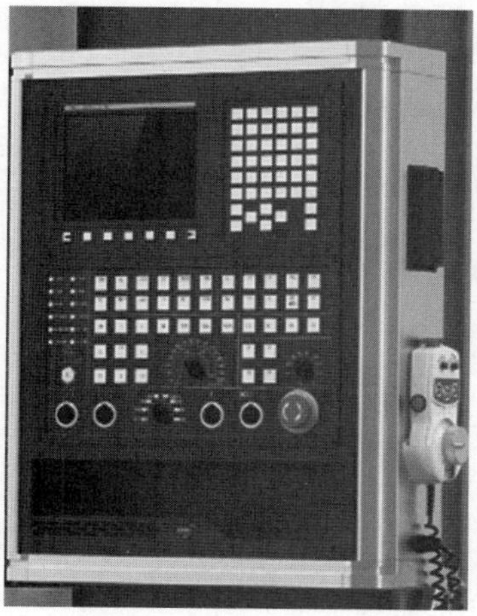

扫一扫　图 1–1–4　VDL850A 加工中心系统及机床操作面板

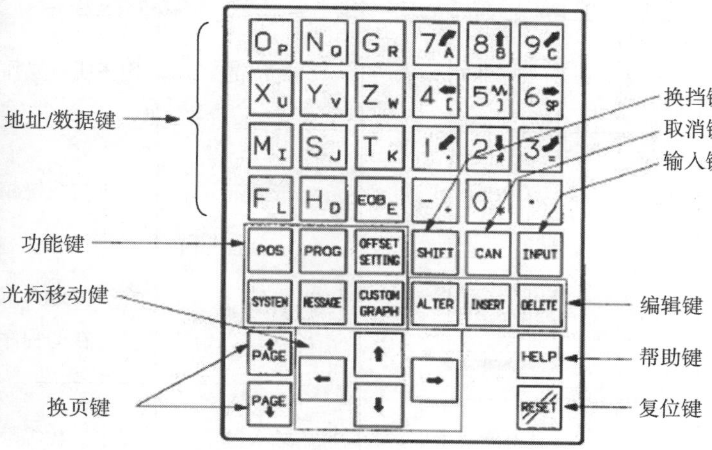

图 1–1–5　MDI 面板

1. 数控系统编辑面板（MDI 面板）

MDI 面板一般位于 CRT 显示区的右侧。MDI 面板上键的位置如图 1–1–5 所示，各按键的名称及功能见表 1–1–1 和表 1–1–2。

表 1–1–1　MDI 面板上各主功能键名称与功能说明

序号	按键符号	名称	功能说明
1	POS	位置显示键	显示刀具的坐标位置
2	PROG	程序显示键	在“EDIT”模式下显示存储器内的程序；在“MDI”模式下，输入和显示 MDI 数据；在“AUTO”模式下，显示当前待加工或者正在加工的程序
3	OFFSET SETTING	参数设定 / 显示键	设定并显示刀具补偿值工件坐标系，以及宏程序变量
4	SYSTEM	系统显示键	系统参数设定与显示，以及自诊断功能数据显示等
5	NESSAOE	报警信息显示键	显示 NC 报警信息
6	CUSTOM GRAPH	图形显示键	显示刀具轨迹等图形

表 1–1–2　MDI 面板上其他按键与功能说明

序号	按键符号	名称	功能说明
1	RESET	复位键	用于所有操作停止或解除报警，CNC 复位
2	HELP	帮助键	提供与系统相关的帮助信息
3	DELETE	删除键	在“EDIT”模式下，删除已输入的字及 CNC 中存在的程序
4	INPUT	输入键	加工参数等数值的输入

（续表）

序号	按键符号	名称	功能说明
5	CAN	取消键	清除输入缓冲器中的文字或者符号
6	INSERT	插入键	在“EDIT”模式下，在光标后输入的字符
7	ALTER	替换键	在“EDIT”模式下，替换光标所在位置的字符
8	SHIFT	上挡键	用于输入处在上挡位置的字符
9	PAGE↑ PAGE↓	光标翻页键	向上或者向下翻页
10	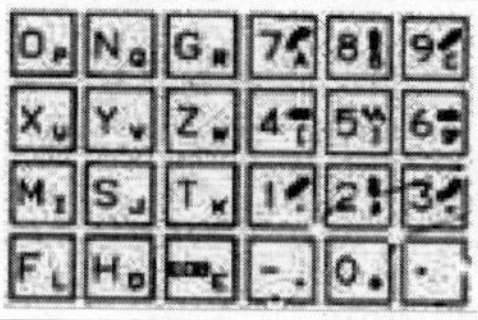	程序编辑键	用于程序数字、字母的输入
11	← ↑ ↓ →	光标移动键	用于改变光标在程序中的位置

2. CRT 显示区

CRT 显示区位于整个机床面板的左上方。包括显示区和屏幕相对应的功能软键（图 1-1-6）。

按下 MDI 面板某一功能键（如 POS 键），属于所选功能的一组软键就会出现。按下一个“章节选择软键”，所选章节的屏幕就会显示出来；若目标章节的屏幕没有显示出来，可按下“菜单继

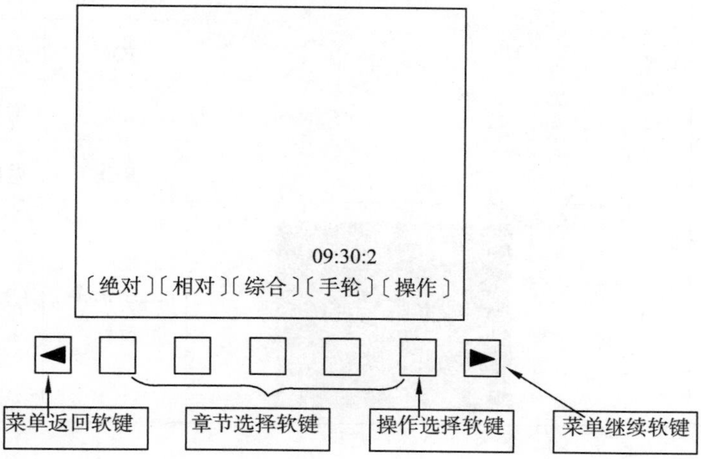

扫一扫　图 1-1-6　功能软键

续软键”进行搜索，直到目标章节显示后，按“操作选择软键”以显示要进行操作的数据。

菜单返回软键：用于显示某一功能键下的第一级菜单。

章节选择软键：用于某一功能键下各级菜单的显示和操作。

操作选择软键：显示某一命令下的各种操作方式。

菜单继续软键：显示命令多于 5 个时，可用该键换屏显示。

3. 机床操作面板

图 1-1-4 下半部分为机床操作面板，其各键说明见表 1-1-3。

表 1-1-3　机床操作面板各键名称及功能说明

步骤	图形 / 英文键名	名称	功能说明
1	○X HOME ○Y HOME ○Z HOME ○A HOME ○SP LOW ○SP HIGH ○ATC READY ○D.T RAVEL ○SP.UNCLAMP ○AIR LOW ○A UNCLAMP ○OIL LOW	机床指示灯	显示机床状态
2	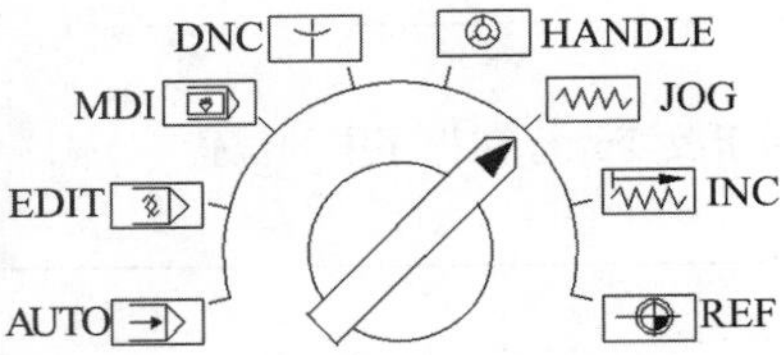	AUTO	自动运行方式
		EDIT	程序编辑方式
		MDI	半自动方式或手动数据输入方式
		DNC	数据（包括程序）传输方式
		HANDLE	手轮进给方式
		JOG	点动进给方式
		INC	增量进给方式
		REF	返回参考点方式
3		进给倍率旋钮	在 0~150% 内调整进给速度

（续表）

步骤	图形 / 英文键名	名称	功能说明
4		主轴转速调整	在 50%~120% 内调整主轴转速
5	SINGLE BLOCK	单段方式	按一次循环起动键，执行一条程序段
6	DRY RUN	空运行方式	机床按空运行速度不按编程速度执行程序，以加快程序运行速度。主要用于 Z 轴锁紧和外部零点 Z 向偏置提高的程序运行，检查程序格式、刀具轨迹是否正确
7	OPTION STOP	选择停止	按下该键，程序中的 M01 有效，否则 M01 无效
8	BLOCK SKIP	程序段跳读方式	跳过或不执行带有“/”符的程序段
9	PROGRAM RESTART	程序重新开始	程序中断后，可以控制程序从断点处往下执行
10	AUX LOCK	辅助锁紧	锁住 S、F、T 不动
11	MACHINE LOCK	机床锁定	机械部件锁定不动
12	Z AXIS CANCLE	Z 轴锁紧	单独锁紧 Z 轴不动
13	TEACH	示教	手动进给切削时编写程序
14	MAN ABS	手动绝对	手动移动机床时，坐标位置正常显示
15	CHIP CW	排屑正转	排屑器正向旋转排屑
	CHIP CCW	排屑反转	排屑器反向旋转排屑
16	CLANT A	冷却液 A	冷却液开关 A
	ACLANT B	冷却液 B	冷却液开关 B
17	ATC CW	刀库旋转	刀库正向旋转
	ATC CCW	刀库旋转	刀库反向旋转

（续表）

步骤	图形 / 英文键名	名称	功能说明
18	WORK LIGHT	机床照明灯	机床照明灯开关
19	PROGRAM PROTECT	程序保护开关	钥匙开关，控制存储器中程序的编辑、数据传输等
20	F0、25%、50%、100%	快移倍率选择键	机床快速移动速度倍率选择键
21	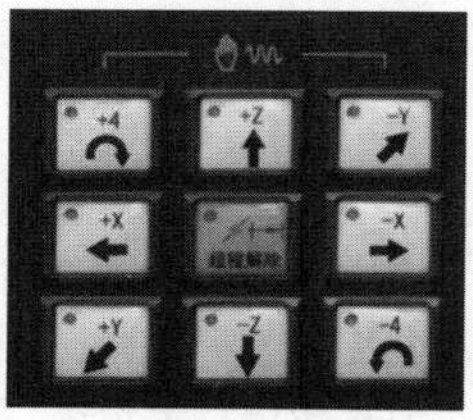	坐标轴地址及方向键	坐标轴地址及方向
22	RAPID	快速移动键	快移速度可由“快移倍率选择键”调控
23	HOME START	回零键	控制“Z、X、Y”轴回参考点
24	O，TRAVEL RELEASE	超程解除开关	解除超程引起的急停状态
25	SPD ORI	主轴定向	主轴定向
	SPD CW	主轴正转	主轴顺时针回转
	SPD STOP	主轴停转	主轴停止转动
	SPD CCW	主轴反转	主轴逆时针回转
26	POWER ON	系统开	接通 CNC 电源
	POWER OFF	系统关	断开 CNC 电源
27		急停开关	使机床紧急停止，断开伺服驱动电源
28	CYCLE START	循环启动	在自动工作方式下，启动加工程序
29	FEED HOLD	进给保持	自动运行时进给停止

知识测试

1. 数控加工中心由哪几部分组成？

2. 以 VDL850A 为例介绍数控铣床的操作面板组成及各部分功能键的含义。

任务小结

本节内容是数控铣床操作的基础，但操作面板各功能键内容多，容易混淆，可采用分组讨论、互相提问、对比法等方法加强记忆，最终达到熟练掌握的目的。

任务二　认识 VDL850A 加工中心

任务描述

大连机床集团有限公司生产的 VDL850A 数控铣床 / 加工中心，采用了日本 FANUCOImate−MD 控制系统，在工作台上一次装夹零件后可自动完成铣、镗、钻、扩孔、攻丝等多种工序加工。它适用于小型板类、盘类等多品种零件的中小批量加工。

任务分析

本节主要了解 VDL850A 加工中心的基本结构，熟悉其操作面板各键功能与使用，并了解其技术参数。

学习目标

知识目标

1. 了解 VDL850A 加工中心的含义及组成。

2. 熟悉 VDL850A 的面板各键功能及操作。

3. 了解机床主要技术参数。

技能目标

1. 分组学习并掌握 VDL850A 的面板各键功能及操作。

2. 练习程序的输入，熟练各键的功能与操作。

素养目标

1. 树立“安全第一”的思想意识。

2. 培养独立思考、团结协作、吃苦耐劳、细心耐心的职业素质。

知识链接

一、加工中心 VDL850A 型号的含义

V：机床为立式加工中心。

D：制造商标记（DMTG）。

L：机床导轨为滚动导轨。

850A：机床 X 轴行程。

二、VDL850A 加工中心的组成、系统操作面板与机床操作面板主要功能键的功能与使用

1.VDL850A 加工中心的组成

参见图 1-1-3。

2. 系统操作面板、机床操作面板主要功能键的功能与使用

参见图 1-1-4、图 1-1-5、图 1-1-6。

参见表 1-1-1、表 1-1-2、表 1-1-3。

三、VDL850A 机床的主要技术参数

1. 工作台	
工作台尺寸	1 000 mm × 500 mm
T 形槽（槽数 × 槽宽 × 槽距）	5 × 18 × 100 mm
工作台最大承重	500 kg
2. 三轴行程	
X 轴最大行程	850 mm
Y 轴最大行程	500 mm
Z 轴最大行程	550 mm
主轴最前端面到工作面台	150~700 mm
主轴中心线到立柱前面距离	550 mm
3. 主轴	
锥口类型	ISO40#
主轴最大转速	8 000 r/min
轴承润滑	油脂润滑

冷却	有
主轴驱动系统	主轴电机经皮带轮传动
4. 各坐标轴电机	
X/Y/Z 轴最大功率	1.8/1.8.3 kW（Fanuc 电机）
X/Y/Z 轴的最大进给率	24/24/20 m/min
X/Y/Z 轴工作进给率	1~10 000 mm/min
5. 换刀装置	
刀具数量	20（斗笠）；24（刀臂）
刀具类型 / 锥柄	BT40
最大刀具重量	8 kg
最大刀具直径（邻空）	*Φ*100（*Φ*130）mm； 刀臂式 *Φ*78（*Φ*125）mm
选刀方式	固定（斗笠式）；任意（刀臂式）
6. 精度	
定位精度	X：0.025，Y：0.016，Z：0.020
重复定位精度	X：0.010，Y：0.006，Z：0.008
气压	0.6~0.8 MPa
电源功率	15~25 kVA

技能实训　将机床置于 MDI 状态，输入以下一段程序

```
01234;
M03  S1000;
G54  G90  G00  X10  Y40  Z5;
G01  Z-5  F120;
X40;
G02  Y30  I0  J-5  F100;
G01  X30  Y20  F200;
G03  Y10  I0  J-5;
G01  X60  F200;
G00  Z5;
M05;
M02;
```

在指导老师的帮助下，分组练习输入程序；在指导老师的操作演示下，观察机床的运动。

知识测试

观察机床的操作面板，认真阅读有关使用说明书，熟悉各主要功能键的位置和含义并练习输入程序字母和数字。

任务评价

案例内容	占分比重	得分	优缺点评价
CRT/MDI 操作面板的名称	40 分		
机床操作面板的名称和符号	50 分		
面板的清洁	10 分		
合计	100 分		

任务三 VDL850A 加工中心的操作

任务描述

VDL850A 加工中心为多功能立式 CNC 综合加工机床，具有自动与手动操作模式，其主要的用途在于切削诸如钢材、铸铁、铜合金、铝合金等材料。其基本操作是学习数控铣床的重要内容，本任务主要掌握机床操作的基本流程及对刀方法，并通过练习巩固熟练掌握，为以后的学习打好基础。

任务分析

1.VDL850A 加工中心的基本操作方法。

2.VDL850A 加工中心的对刀方法。

学习目标

知识目标

1. 掌握手轮（手持式操作器）的结构及操作方法。
2. 掌握 VDL850A 加工中心的基本操作方法。
3. 掌握 VDL850A 加工中心的对刀方法。

技能目标

1. 熟练掌握手轮的操作。
2. 熟练掌握加工中心的几种操作方法及几种对刀方法。

素养目标

1. 培养学生养成注意人身安全和设备安全的基本素养。
2. 培养细致耐心、吃苦耐劳、团结合作、心中有数、谨慎操作的工作作风。

知识链接

一、机床操作

1. 开机

在操作机床之前必须检查机床是否正常，并使机床通电（图 1-3-1），开机顺序如下：

（1）先开机床总电源；

（2）然后开机床稳压器电源；

（3）开机床电源；

（4）开数控系统电源（按控制面板上的 POWERON 按钮）；

（5）最后把系统急停键旋起。

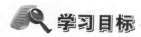

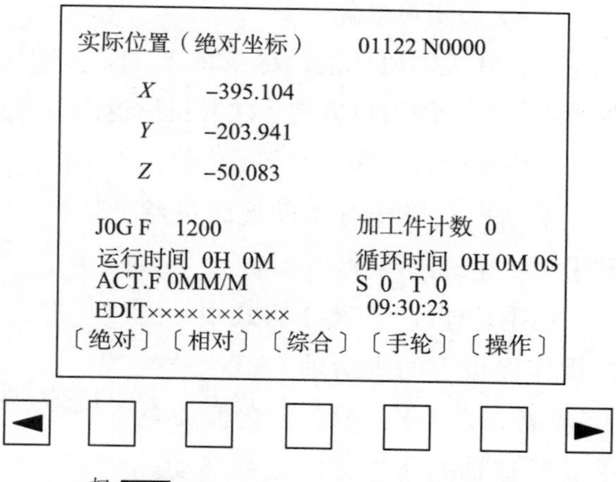

扫一扫 图 1-3-1 机床启动就绪画面

2. 机床返回参考点

CNC 机床上有一个确定的机床位置的基准点，这个点叫作参考点。通常机床开机以后，第一件要做的事情就是使机床返回到参考点位置。如果没有执行返回参考点就操作机床，机床的运动将不可预料。行程检查功能在执行返回参考点之前不能执行。机床的误动作有可能造成刀具、机床本身和工件的损坏，甚至伤害到操作者。所以机床接通电源后必须正确地使机床返回参考点。机床返回参考点有手动返回参考点和自动返回参考点两种方式，一般情况下都是使用手动返回参考点。

手动返回参考点就是用操作面板上的开关或者按钮将刀具移动到参考点位置，具体操作如下：

（1）先将机床工作模式旋转到方式；

（2）按机床控制面板上的 +Z 轴，使 Z 轴回到参考点（指示灯亮）；

（3）再按 +X 轴和 +Y 轴，两轴可以同时进行返回参考点。

自动返回参考点就是用程序指令将刀具移动到参考点。

例如执行程序：G91　G28　Z0；（Z 轴返回参考点）

X0　Y0；（X、Y 轴返回参考点）

注意：为了安全起见，一般情况下机床回参考点时，必须先使 Z 轴回到机床参考点后，再使 X、Y 返回参考点。X、Y、Z 三个坐标轴的参考点指示灯亮起时，说明三条轴分别回到了机床参考点。

3. 关机

关闭机床顺序步骤如下：

（1）首先按下数控系统控制面板的急停按钮；

（2）按下 POWER　OFF 按钮关闭系统电源；

（3）关闭机床电源；

（4）关闭稳压器电源；

（5）关闭总电源。

注：在关闭机床前，尽量将 X、Y、Z 轴移动到机床的大致中间位置，以保持机床的重心平衡。同时也方便下次开机后返回参考点时，防止机床移动速度过大而超程。

4. 手动模式操作

手动模式操作有手动连续进给和手动快速进给两种。

在手动连续（JOG）方式中，按住操作面板上的进给轴（+X、+Y、+Z 或者 −X、−Y、−Z），会使刀具沿着所选轴的所选方向连续移动。JOG 进给速度可以通过进给速率按钮进行调整。

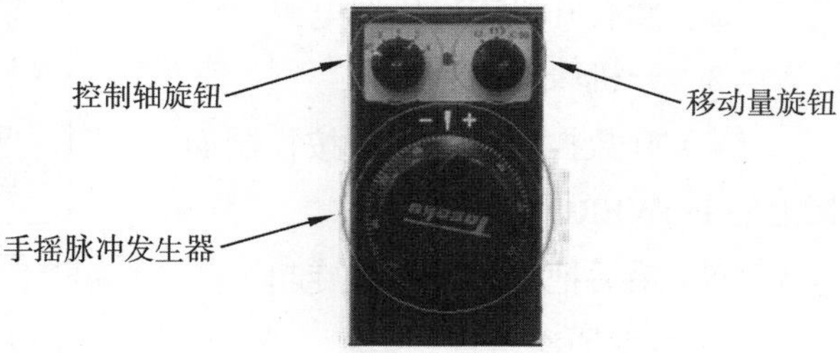

扫一扫 图 1-3-2　手轮

在快速移动（RIPID）模式中，按住操作面板上的进给轴及方向，会使刀具以快速移动的方式移动。RIPID 移动速度通过快速速率按钮进行调整。

手动连续进给（JOG）操作的步骤如下：

（1）按下方式选择开关的手动连续（JOG）选择开关；

（2）通过进给轴（+X、+Y、+Z 或者 −X、−Y、−Z），选择刀具移动的轴和方向。

按下相应按钮时，刀具以参数指定的速度移动。释放按钮，移动停止。

快速移动进给（RIPID）的操作与 JOG 方式相同，只是移动的速度不一样，其移动的速度跟程序指令 G00 的一样。

注：手动进给和快速进给时，移动轴的数量可以是 X、Y、Z 中的任意一个轴，也可以是 X、Y、Z 三个轴中的任意 2 个轴一起联动，甚至是 3 个轴一起联动，这个是根据数控系统参数设置而定。

5. 手轮模式操作

在 Fanuc OI Mate−MD 数控系统中，手轮是一个与数控系统以数据线相连的独立个体。它由控制轴旋钮移动量旋钮和手摇脉冲发生器组成，如图 1−3−2 所示。

在手轮进给方式中，刀具可以通过旋转机床操作面板上的手摇脉冲发生器微量移动。手轮旋转一个刻度时，刀具移动的距离根据手轮上的设置有 3 种不同的移动距离，分别为：0.001 mm　0.01 mm　0.1 mm。具体操作如下：

（1）将机床的工作模式拧到手轮（MPG）模式；

（2）在手轮中选择要移动的进给轴，并选择移动一个刻度移动轴的移动量；

（3）旋转手轮的转向相对应的方向移动刀具，手轮转动一周时刀具的移动相当于 100 个刻度的对应值。

注：手轮进给操作时，一次只能选择一个轴的移动。手轮旋转操作时，请按每秒 5 转以下的速度旋转手轮。如果手轮旋转的速度超过了每秒 5 转，刀具有可能在手轮停止旋转后还不能停止下来或者刀具移动的距离与手轮旋转的刻度不相符。

6. 手动数据输入（MDI 模式）

在 MDI 方式中，通过 MDI 面板，可以编制最多 10 行的程序并被执行，程序的格式和普通程序一样。MDI 运行用于简单的测试操作，比如：检验工件坐标位置、主轴旋转等一些简短的程序。MDI 方式中编制的程序不能被保存，运行完后，该程序会消失。

使用 MDI 键盘输入程序并执行的操作步骤如下：

（1）将机床的工作方式设置为 MDI 方式；

（2）按下 MDI 操作面板上的“PROG”功能键选择程序屏幕。通过系统操作面板输入一段程序，例如使主轴转动程序输入：S1000 M03；

（3）按下 EOB 键，再按下 INPUT 键，则程序结束符号被输入；

（4）按循环启动按钮，则机床执行之前输入好的程序。如：S1000 M03，该程序段的意思是主轴顺时针旋转 1 000 r/min。

7. 程序创建和删除

（1）程序的创建：首先进入 EDIT 编辑方式，然后按下 PROG 键，输入地址键 O，输入要创建的程序号，如：O0001，最后按下“INSERT”键，输入的程序号被创建。按编制好的程序输入相应的字符和数字，再按下 INPUT 键，程序段内容被输入。

（2）程序的删除：让系统处于EDIT方式，按下功能键“PROG”，显示程序显示画面，输入要删除的程序名：如O0001；再按下“DELETE”键，则程序O0001被删除。如果要删除存储器里的所有程序，则输入O–9999，再按下“DELETE”键即可。

8. 刀具补偿参数的输入

刀具长度补偿量和刀具半径补偿量由程序中的H或者D代码指定。H或者D代码的值可以显示在画面上，并借助画面上进行设定。设定和显示刀具补偿值的步骤如下：

（1）按下功能键“OFFSET/SETTING”；

（2）按下软键“OFFSET”或者多次按下“OFFSET/SETTING”键直到显示刀具补偿画面（图1–3–3）；

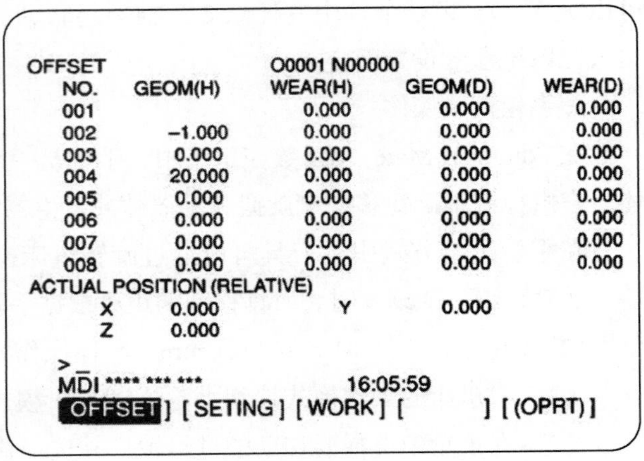

OFFSET O0001 N00000
NO. GEOM(H) WEAR(H) GEOM(D) WEAR(D)
001 0.000 0.000 0.000
002 –1.000 0.000 0.000 0.000
003 0.000 0.000 0.000 0.000
004 20.000 0.000 0.000 0.000
005 0.000 0.000 0.000 0.000
006 0.000 0.000 0.000 0.000
007 0.000 0.000 0.000 0.000
008 0.000 0.000 0.000 0.000
ACTUAL POSITION (RELATIVE)
X 0.000 Y 0.000
Z 0.000
>_
MDI **** *** *** 16:05:59
OFFSET] [SETING] [WORK] [ ] [(OPRT)]

图1–3–3 H和D补偿的显示界面

（3）通过页面键和光标键将光标移到要设定和改变补偿值的地方，或者输入补偿号码；

（4）要设定补偿值，输入一个值并按下软键“INPUT”。要修改补偿值，输入一个将要加到当前补偿值的值（负值将减小当前的值）并按下“+INPUT”。或者输入一个新值，并按下“INPUT”键。

9. 程序自动运行操作

机床的自动运行也称为机床的自动循环。确定程序及加工参数正确无误后，选择自动加工模式，按下数控启动键运行程序，对工件进行自动加工。程序自动运行操作如下：

（1）按下“PROG”键显示程序屏幕；

（2）按下地址键“O”以及用数字键输入要运行的程序号，并按下“OSRH”键；

（3）按下机床操作面板上的循环启动键（CYCLE START）。所选择的程序会启动自动运行，启动键的灯会亮。当程序运行完毕后，指示灯会熄灭。

在中途停止或者暂停自动运行时，可以按下机床控制面板上的暂停键（FEED HOLD），暂停进给指示灯亮，并且循环指示灯熄灭。执行暂停自动运行后，如果要继续自动执行该程序，则按下循环启动键（CYCLE START），机床会接着之前的程序继续运行。

要终止程序的自动运行操作时，可以按下MDI面板上的“RESET”键，此时自动运行被终止，并进入复位状态。当机床在移动过程中按下复位键“RESET”时，机床会减速直到停止。

二、对刀

在加工程序执行前，调整每把刀的刀位点，使其尽量重合某一理想基准点，这一过程称为对刀。对刀的目的是通过刀具或对刀工具确定工件坐标系与机床坐标系之间的空间位置关系，并将对刀数据输入到相应的存储位置。它是数控加工中最重要的工作内容，其准确性将直接影响零件的加工精度。对刀工作分为 X、Y 向对刀和 Z 向对刀。

1. X、Y 方向对刀

工件在机床上正确安装后，工件原点在机床坐标系中的坐标值即零点偏置值必须通过对刀才能获得，零点偏置值设定之后，机床就知道了工件的装夹位置。

（1）立铣刀 / 寻边器对刀

对于图 1-3-4 所示工件，粗略方法可以采用立铣刀试切工件对刀（图 1-3-5），精确方法可采用寻边器接触对刀（图 1-3-6），操作方法见表 1-3-1。

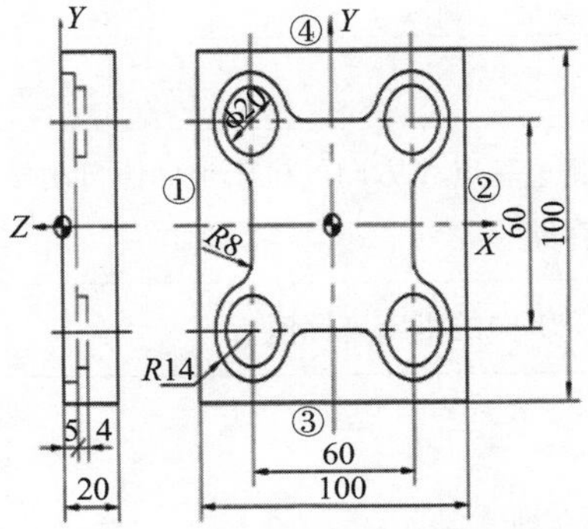

●—工件坐标系原点

图 1-3-4　工件

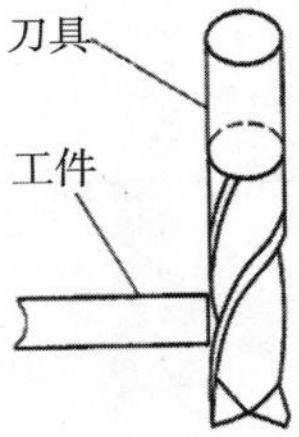

图 1-3-5　立铣刀侧刃对刀

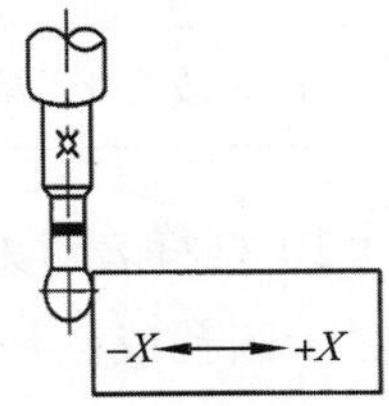

图 1-3-6　寻边器接触对刀

扫一扫 **表 1-3-1　立铣刀/寻边器对刀方法**

步骤	操作动作	机床动作或 CRT 显示画面
1	开机，执行手动回参考点	
2	将“方式选择”开关旋至“MDI”方式	
3	按 MDI 面板上“PROG”键	
4	按 MDI 面板上“字母、数字”键，在程序 O0000 中输入“M03 S200；”	

（续表）

步骤	操作动作	机床动作或 CRT 显示画面
5	按“CYCLE START”键	主轴以 200RPM 正转
6	选择“JOG”或“HANDLE”方式，控制刀具或寻边器在一定高度上接触工件的一边	如图 1-3-4 中①边
7	按 MDI 面板上“POS”键、［相对］软键	
8	输入“*X*”字符，按［归零］软键	*X* 相对坐标清为 0
9	抬高刀具或寻边器，移动接触工件另一边	如图 1-3-4 中②边，*X* 相对坐标显示一个数值，如 α，记住 $\alpha/2$
10	抬高刀具或寻边器，反向移动机床	控制机床移动到 *X* 相对坐标显示为 $\alpha/2$ 处
11	按“OFFSET SETTING”键、［工件系］软键、［操作］软键	
12	选定工件坐标系零点存储区	
13	在输入行中输入“*X*0”	
14	按［测量］软键	当前测量基点 *X* 方向的机床坐标值自动显示并存储
15	将 *X* 改为 *Y*，重复 6~14 步	可获得 *Y* 向的机床坐标值

（2）杠杆表对刀

对于圆孔或圆柱面，除可以用寻边器对刀外，还可以采用杠杆表对刀，如图 1-3-7 所示，其操作方法见表 1-3-2。

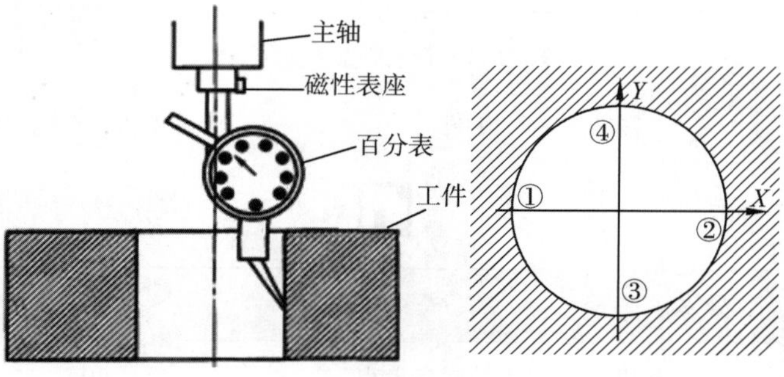

图 1-3-7　用杠杆表以孔对刀

拨动主轴转一周时，表针的摆动量在允许的对刀误差内（如 0.01 mm），此时可认为主轴的旋转中心与被测孔中心重合，则孔中心在机床坐标系下的坐标值可知。

表 1-3-2　杠杆表对刀方法

<table>
<tr><th>步骤</th><th>操作动作</th><th>机床动作或 CRT 显示画面</th></tr>
<tr><td>1</td><td>开机，执行手动回参考点</td><td></td></tr>
<tr><td>2</td><td>调整机床位置，让主轴的旋转中心与被测孔中心重合</td><td>图 1-3-7</td></tr>
<tr><td>3</td><td>按 MDI 面板上“OFFSET SETTING”键、［工件系］软键、［（操作）］软键</td><td></td></tr>
<tr><td>4</td><td>选定工件坐标系零点存储区</td><td></td></tr>
<tr><td rowspan="2">5</td><td>在 MDI 面板输入行中输入“X0”</td><td rowspan="2">孔中心位置 X 方向的机床坐标值自动显示并存储</td></tr>
<tr><td>按［测量］软键</td></tr>
<tr><td rowspan="2">6</td><td>在操作面板缓存区中输入“Y0”</td><td rowspan="2">孔中心位置 Y 方向的机床坐标值自动显示并存储</td></tr>
<tr><td>按［测量］软键</td></tr>
</table>

2. *Z* 向对刀 扫一扫

Z 向零点偏置值的设置与刀具长度补偿值的设定、编程方法有关，常用的三种方法如图 1-3-8、1-3-9、1-3-10 所示。工件坐标系 *Z* 向零点偏置值的设置方法不同，刀具长度补偿值、编程方法也需作相应的调整。

（1）主轴端面对刀及刀具长度补偿（表 1-3-3）

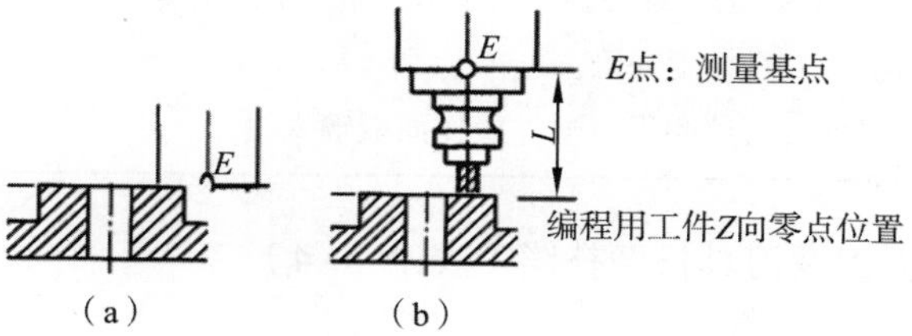

图 1-3-8　主轴端面对刀及刀具长度补偿

表 1-3-3　主轴端面对刀及刀具长度补偿方法

步骤	操作动作	机床动作或 CRT 显示画面
1	机床开机，执行手动回参考点	
2	手轮摇动主轴端面靠工件坐标系 *Z*=0 的平面	见图 1-3-8（a）
3	按 MDI 面板上“OFFSET SETTING”键、［工件系］软键、［（操作）］软键	

（续表）

步骤	操作动作	机床动作或 CRT 显示画面
4	选定工件坐标系零点存储区	
5	在缓存区中输入“Z0” 按［测量］软键	图 1-3-8（a）中 *E* 点 *Z* 向机床坐标值自动显示并存储
6	按 MDI 面板上“POS”键、［相对］软键	
7	输入“*Z*”字符，按［归零］软键	*Z* 相对坐标清为 0
8	抬起主轴，装上新刀，手轮摇动让刀具 *Z* 向刀位点靠工件坐标系 *Z*=0 的平面	如图 1-3-8（b）所示
9	按 MDI 面板上“OFFSET SETTING”键、［操作］软键	
10	在面板“移动光标”或按［搜索］软键搜索刀具补偿号	让光标定位在该刀具的“外形（H）”处
11	按［INP.C］软键	该刀具的“外形（H）”补偿值自动显现并存储（补偿值 $L>0$）
12	重复 8、9、10、11 步	完成所有刀具“外形（H）”值的设置
这种方法测量的外形（H）数据是刀具的实际长度 *L*，加工不同的零件时，通用刀具刀补数据不需要改变，适用于多刀加工，刀具长度补偿。 刀具实际长度 *L* 也可从机外对刀仪测得，通过操作面板输入。		

（2）标准刀具对刀及刀具长度补偿（表 1-3-4）

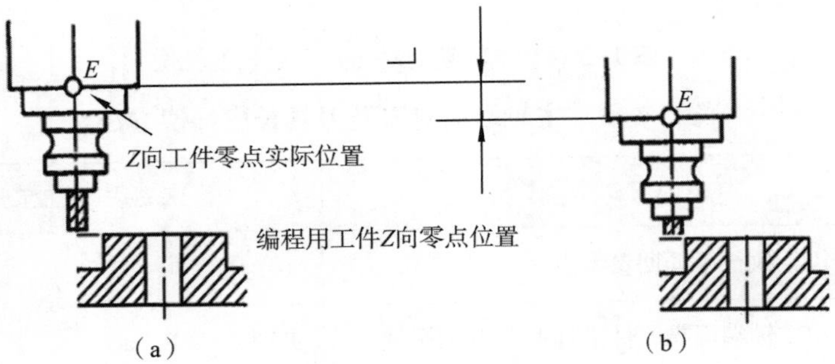

图 1-3-9　标准刀具对刀及刀具长度补偿

表 1-3-4　标准刀具对刀及刀具长度补偿方法

步骤	操作动作	机床动作或 CRT 显示画面
1	主轴安装标准刀具，手轮摇动标准刀具 Z 向刀位点靠工件坐标系 Z=0 的平面	见 1-3-9（a）
2	将机床坐标 Z 值设定为工件 Z 向零点偏置值	操作过程见主轴端面对刀及刀具长度补偿
3	Z 轴相对坐标值清 0	
4	更换新刀具，Z 向刀位点靠工件坐标系 Z=0 的平面	见图 1-3-9（b）
5	选定刀具补偿号	
6	按［INP.C］软键	完成所选刀具“外形(H)”值 L 的设置。补偿值 L 可“正”、可“负”、也可为“0”
7	重复 4、5、6 步骤	完成所有刀具“外形（H）”值的设置
这种方法设定的 Z 向零点偏置值是标准刀具的 Z 向刀位点靠工件坐标系 Z=0 平面时 E 点的机床坐标值，标准刀具长度补偿值是 0，其他刀具与标准刀具的长度差 L 作为该刀具的长度补偿值，可正可负，正负号由相对坐标值的正负号决定，L 不反映刀具的实际长度。加工不同工件时，需用标准刀具对刀重新设定 Z 轴零点偏置值，刀补长度 L 不变，适用于标准刀具单刀加工，刀具长度不补偿；也适合多刀加工，刀具长度补偿。 标准刀具实质上是其他刀具长度的比较基准，是对刀的第一把刀具，并非真正的标准。		

（3）Z 轴回零及刀具长度补偿值的设置（表 1-3-5）

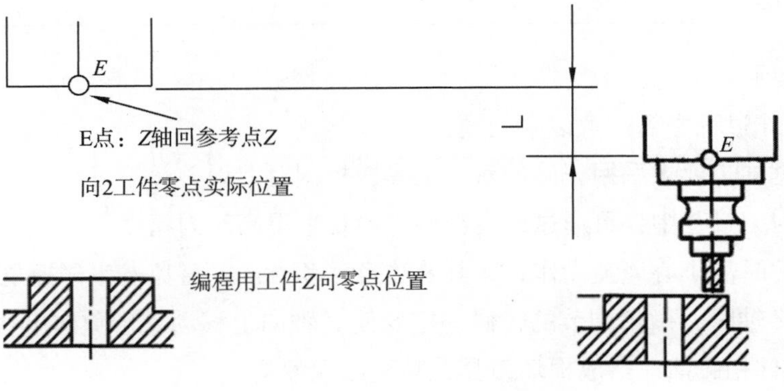

（a）　　　　（b）

图 1-3-10　Z 轴回零及刀具长度补偿值的设置

表 1-3-5 Z 轴回零及刀具长度补偿值的设置方法

步骤	操作动作	机床动作或 CRT 显示画面
1	开机，手动回参考点	见图 1-3-10（a）
2	按 MDI 面板上“OFFSETSETTING”键、[工件系]软键、[操作]软键	
3	选定工件坐标系零点存储区	
4	输入行中输入“Z0”	该存储区 Z 轴零点偏置值显示并存储为“0”
	按[测量]软键	
5	按 MDI 面板上“POS”键、[相对]软键	
	输入“Z”字符，按[归零]软键	Z 相对坐标清为 0
6	主轴上安装新刀，手轮摇动让刀具 Z 向刀位点靠工件坐标系 Z=0 的平面	见图 1-3-10（b）
7	按 MDI 面板上“OFFSET SETTING”键、[操作]软键	
	“移动光标”或按[搜索]软键搜索刀具补偿号	让光标定位在该刀具的“外形（H）”处
	按[INP.C]软键	该刀具的“外形（H）”补偿值 L 自动显现、存储
8	重复 6、7 步	完成所有刀具“外形（H）”值的设置
这种方法将 Z 轴零点偏置值设为参考点的机床坐标值（常为 0），将不同刀具的 L 值[见图 1-3-10（b）]设置成刀具长度补偿值，该值不反映刀具的实际长度。加工不同工件时，Z 轴零点偏置值保持为参考点的机床坐标值（常为 0），刀具长度补偿值 L 需重新设定，这种办法用得不多，适合于多刀加工，刀具长度补偿。		

3. 注意事项

在对刀操作过程中需注意以下问题：

（1）根据加工要求采用正确的对刀工具，控制对刀误差；

（2）在对刀过程中，可通过改变微调进给量来提高对刀精度；

（3）对刀时需小心谨慎操作，尤其要注意移动方向，避免发生碰撞危险；

（4）对 Z 轴时，微量调节的时候一定要使 Z 轴向上移动，避免向下移动时使刀具辅助刀柄和工件相碰撞，造成损坏刀具，甚至出现危险；

（5）对刀数据一定要存入与程序对应的存储地址，防止因调用错误而产生严重后果。

技能实训　对刀实例

准备项目	具体准备内容
防护用品准备	工作服，安全鞋，戴好工作帽，保护镜
场地准备	工作区打扫干净
工具、材料准备	100 × 60 × 30 的毛坯

Step 1　X，Y 向对刀

以精加工过的零件毛坯为例(图 1-3-11),采用寻边器对刀,其详细步骤如下:

1. 将工件通过夹具装在机床工作台上，装夹时，工件的四个侧面都应留出寻边器的测量位置;

2. 快速移动工作台和主轴，让寻边器测头靠近工件的左侧;

3. 改用手轮操作，让测头慢慢接触到工件左侧，直到目测寻边器的下部侧头与上固定端重合，将机床坐标设置为相对坐标值显示，按 MDI 面板上的按键 X，然后按下 INPUT，此时当前位置 X 坐标值为 0;

4. 抬起寻边器至工件上表面之上，快速移动工作台和主轴，让测头靠近工件右侧;

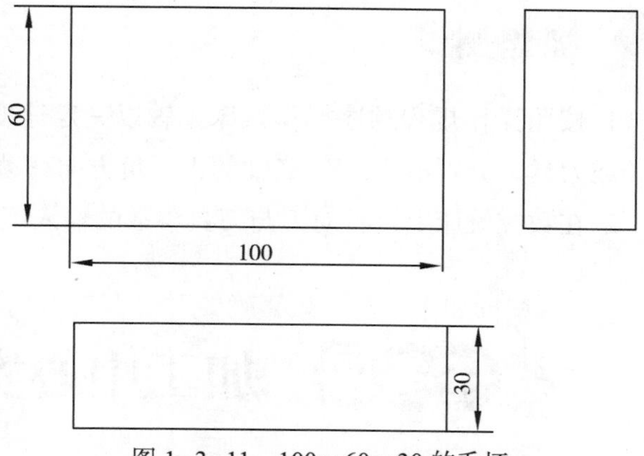

图 1-3-11　100 × 60 × 30 的毛坯

5. 改用手轮操作，让测头慢慢接触到工件右侧，直到目测寻边器的下部侧头与上固定端重合，记下此时机械坐标系中的 X 坐标值，若测头直径为 10 mm，则坐标显示为 110.000;

6. 提起寻边器，然后将刀具移动到工件的 X 中心位置，中心位置的坐标值为 110.000/2=55，然后按下 X 键，按 INPUT 键，将坐标设置为 0，查看并记下此时机械坐标系中的 X 坐标值。此值为工件坐标系原点 W 在机械坐标系中的 X 坐标值。

7. 同理可测得工件坐标系原点 W 在机械坐标系中的 Y 坐标值。

Step 2　Z 向对刀

1. 卸下寻边器，将加工所用刀具装上主轴；

2. 准备一支直径为 10 mm 的刀柄（用以辅助对刀操作）；

3. 快速移动主轴，让刀具端面靠近工件上表面低于 10 mm，即小于辅助刀柄直径；

4. 改用手轮微调操作，使用辅助刀柄在工件上表面与刀具之间的地方平推，一边用手轮微调 Z 轴，直到辅助刀柄刚好可以通过工件上表面与刀具之间的空隙，此时的刀具断面到工件上表面的距离为一把辅助刀柄的距离 10 mm；

5. 在相对坐标值显示的情况下，将 Z 轴坐标“清零”，将刀具移开工件正上方，然后将 Z 轴坐标向下移动 10 mm，记下此时机床坐标系中的 Z 值，此时的值为工件坐标系原点在机械坐标系中的 Z 坐标值；

Step3　将测得的 X、Y、Z 值输入到机床工件坐标系存储地址中

一般使用 G54−G59 代码存储对刀参数。

知识测试

1. 按照操作规程顺序操作机床主轴以一定速度正传、反转，手动操作机床的工作台（或刀具）分别沿 X、Y、Z 轴的正、负方向移动。

2. 在数控铣床上进行对刀与刀具参数的输入练习。

任务四　加工中心实训安全规程

任务描述

安全生产是国家的一项长期基本国策，旨在保护劳动者的安全、健康和国家财产，同时也是企业发展的保障。为保证人身安全、产品质量及设备安全，操作者在使用数控铣床和加工中心前，必须了解和掌握安全操作规程。

任务分析

本部分有以下内容：

1. 安全操作基本注意事项。

2. 基本操作，包括工作前的准备工作；工作过程中的安全注意事项；工作完成后的注意事项。

3. 警告标志及说明。

学习目标

知识目标

1. 熟练掌握加工中心安全操作规程。

2. 掌握贴在机床上的警告标志位置及含义。

技能目标

1. 了解操作的安全防护及安全操作注意事项。

2. 掌握实训加工前、加工过程中、加工完成后的各阶段注意事项。

素养目标

1. 培养安全生产、文明生产意识及责任感。

2. 培养团结协作、认真操作、规范操作的职业情操。

知识链接

一、安全操作基本注意事项

1. 学生进入数控车间实习，必须经过安全文明生产和机床操作规程的学习。

2. 进入加工中心实训场地后，应服从安排，不得擅自启动或操作机床数控系统。

3. 按规定穿好工作服、安全鞋，戴好工作帽、保护镜等劳动防护用品后，才能进入操作区。注意：不允许戴手套操作机床。

4. 禁止操作设备时打闹、闲谈、玩手机、睡觉等任何影响操作安全的行为。造成事故者按相关规定处分并赔偿相应损失。

5. 必须在老师指定的机床上操作，按正确顺序开、关机，文明操作，不得随意开他人的机床，当一人在操作时，他人不得干扰，以防造成事故。

6. 不要移动或损坏安装在机床上的警告标牌，并严格遵守“警告标签”上的禁止事项。

7. 不要在机床周围放置障碍物，工作空间应足够大。

二、基本操作

1. 工作前的准备工作

（1）机床工作开始工作前要有预热，应在自动操作的模式下，以机床最大转速的一半或 1/3 转速运转 10 或 20 分钟。

（2）认真检查润滑系统工作是否正常。

（3）检查压力计上的读数是否适当。

（4）调整工件所用工具不要遗忘在机床内。

（5）检查刀库工作状态，自动换刀空间是否足够。

（6）检查急停按钮是否正常。

2. 工作过程中的安全注意事项

（1）禁止用手接触刀尖和铁屑，铁屑必须要用铁钩子或毛刷来清理。

（2）禁止用手或其他任何方式接触正在旋转的主轴或其他运动部位。

（3）禁止在加工过程中测量工件，更不能用棉丝擦拭工件。

（4）机床运转过程中，操作者不得离开岗位，发现异常现象立即停机。

（5）在加工过程中，不允许打开机床防护门。

（6）必须在操作步骤完全清楚后进行操作，遇到问题立即向实训指导教师询问，禁止在不知道规程的情况下进行尝试性操作。操作中如机床出现异常，必须立即向指导教师报告。

（7）机床原点回归顺序为：首先是 Z 轴，其次是 X、Y 轴。

（8）编完程序或将程序输入机床后，须先进行图形模拟，准确无误后再进行机床试运行。

（9）程序运行注意事项：

①对刀应准确无误，刀具补偿号应与程序调用刀具号符合。

②检查机床各功能按键的位置是否正确。

③站立位置应合适，启动程序时，右手作按停止按钮准备，程序在运行当中手不能离开停止按钮，如有紧急情况立即按下停止按钮。

（10）加工过程中认真观察切削及冷却状况，确保机床、刀具的正常运行及工件的质量；关闭防护门，以免铁屑、润滑油飞出。

（11）如发生停电，应立即关闭主电源。未经许可，禁止打开电器箱。

（12）当完成一个工序要暂时离开机床时，应关闭操作面板上的电源与主要线路的开关。

（13）机床若数天不使用，则每隔半个月应对 NC 及 CRT 部分通电 2~3 小时。

3. 工作完成后的注意事项

（1）清除切屑、擦拭机床，使用机床与环境保持清洁状态。

（2）将机床的各机构回复到原来的状态。

（3）检查切削液、液压油与润滑剂是否污染，若污染严重则需更换；检查液面位置，如有需要则要添加。

（4）依次关掉机床操作面板上的电源和总电源。

三、警告标志及说明

图 1-4-1　危险标志

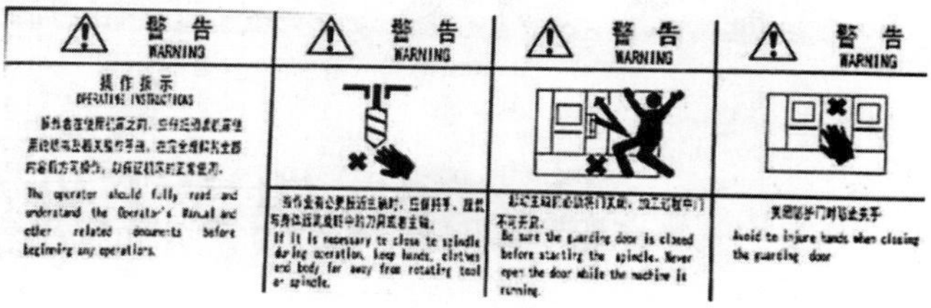

扫一扫　图 1-4-2　警告标志及说明

1. 危险标志（图 1-4-1）

高压电可造成严重的伤害或致人死亡，不要尝试去调试或修理电气线路，除非你对这些线路非常熟悉，或是对电气回路的处理已有可安全操作的资格，在进行机床维修作业前应随时关闭电源。

2. 警告标志（图 1-4-2）

（1）操作者在使用机床之前，应仔细阅读机床使用说明书及相关操作手册，在完全理解其全部内容后方可操作，以保证机床的正常使用。

（2）当作业有必要接近主轴时，应保持手、服装与身体远离旋转中的刀具或者主轴。

（3）起动主轴前必须将门关闭，加工过程中门不可开启。

（4）关闭防护门时防止夹手。

任务评价

评价内容	评价方式			权重
	自评	互评	教师评价	
基本知识				40%
技能水平				50%
工作态度（职业规范、对质量的追求、创造性、团队合作、安全文明生产等）				10%

项目二 加工中心基础

任务一 建立工件坐标系

任务描述

了解机床坐标系、工件坐标系、加工坐标系之间的关系。刀具的长度补偿、半径补偿等刀具参数的设置。能进行对刀、确定相关坐标系。

任务分析

机床坐标系和方向命名制定统一标准，工件坐标系是相对机械坐标系平移。对刀是确定工件坐标系。

学习目标

知识目标

1. 了解机床坐标系、工件坐标系、加工坐标系。

2. 掌握刀具的长度补偿、半径补偿等刀具参数的设置知识。

3. 能进行对刀、确定相关坐标系。

技能目标

1. 正确理解机床的关键点：机床原点、工件原点、参考点等。

2. 会试切对刀、打表对刀。

素养目标

1. 提高工件质量意识。

2. 牢固树立安全意识。

3. 培养端正负责、认真细致、服从管理、爱岗敬业的态度和团结协作、举一反三的能力。

知识链接

一、机床坐标系 扫一扫

1. 数控机床坐标系

为确定机床运动的方向和距离，通过坐标系来实现。这个坐标系叫机床坐标系（或叫机械坐标系）。

机床坐标系确定、运动方向确定的原则：（1）采用笛卡尔坐标系的原则；（2）假定刀具相对静止、工件运动的原则；（3）右手螺旋定则：如图 2-1-1 所示，大拇指分别指向 $+X$、Y、$+Z$ 方向，其余四指分别指向圆周进给运动的 $+A$、$+B$、$+C$ 方向。

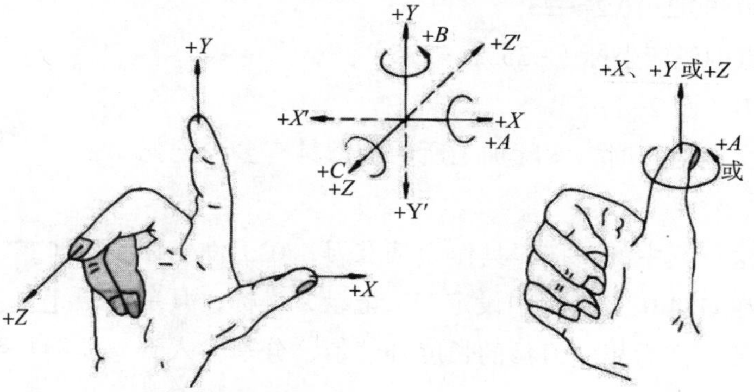

扫一扫 图 2-1-1　右手螺旋定则

2. 机床坐标轴确定的方法

（1）各个坐标轴确定：Z 坐标轴运动由传递切削动力的主轴规定，对于铣床，Z 轴是带动刀具旋转的主轴；X 轴一般是水平方向，垂直于 Z 轴且平行于工件的装夹平面（左右方向），Y 轴由右手笛卡尔坐标系在 X、Y 轴的基础上确定（前后方向）。

（2）坐标轴方向确定：刀具远离工件运动的方向为坐标轴的正方向。Z 轴方向向上远离工件为正方向；Y 轴方向远离操作者方向（操作者站在工作台前）为正方向；X 轴向右移动方向为正方向。

二、工件坐标系 扫一扫

1. 工件坐标系

由编程人员在编程和加工时使用的坐标系，也叫编程坐标系。一般建立在主轴与工件的上表面的交点。

2. 加工中心对刀

（1）对刀原理：确定工件坐标系与机床坐标系之间的空间位置关系。通过对刀，求出工件原点坐标在机床坐标系中的坐标，并将其输入到相应的存储器中。在程序调用时所有值都是针对设定的工件原点给定的。重要性：对刀是数控加工中的最重要操作内容，其准确性影响工件的精度。

（2）对刀方法：

① X、Y 向刀（图 2-1-2）

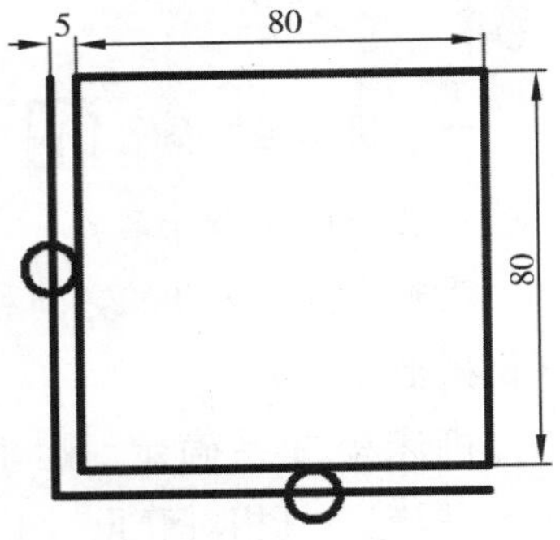

图 2-1-2　X、Y 向对刀示意图

机床坐标系的坐标是主轴端面中心坐标。求出刀具中心线的交点 K 在机床坐标系的坐标，以工件上任意点为工件原点。求出该点在机床坐标系的坐标（−400，−280）。则以工件的中心为工件原点，在 G54 中建立工件坐标系。

G54X=−400+80/2+10/2=−355

G54Y=−280+80/2+10/2=−235

则工件原点的机床坐标（−355，−235）。

② Z 向对刀（图 2-1-3）

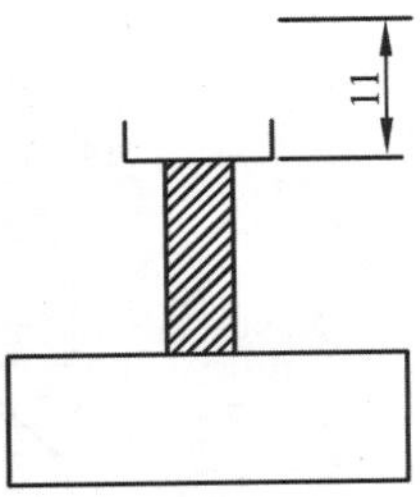

图 2-1-3　Z 向对刀示意图

加工中心 Z 向对刀时，实际加工所用的刀具有多少把就要对多少次刀。

第一种方法：其中的一把刀具作为基准刀，在工件坐标系中设定（如在 G54 中 Z 坐标中设定），记录 Z 坐标；其余的坐标与之相减，作为相应刀具的长度补偿值，分写输入到 H02、H03 中。如：G54Z=−11

第二种方法：不设定基准刀具，工件原点 Z 坐标的建立全部是长度补偿实现。在工件坐标系中设定 Z 值为 0（在 G54 中 Z 坐标进行设定）；而把相应的刀具补偿值设在 H01、H02、H03 中，这时不能取消长度补偿值 G49，否则会发生撞主轴情况。

③设置加工中心刀具补偿参数

a. 输入半径补偿参数

在 MDI 键盘上按下 OFFSET 键，进入补偿参数界面。

用光标移动键↓、↑选择所需要的番号，用光标移动键←、→确定需要设定的直径补偿是形状补偿还是磨耗补偿，将光标移动到相应的区域。

点击 MDI 键盘上的地址 / 数据键，输入刀尖直径补偿参数。

按软件“INPUT”键或“输入”，参数输入到指定区域。按 CAN 键逐字删除输入域中的字母。

b. 输入长度补偿参数

在 MDI 键盘上按下 OFFSET 键，进入补偿参数界面。

用光标移动键↓、↑选择所需要的番号，用光标移动键←、→确定需要设定的长度补偿是形状补偿还是磨耗补偿，将光标移动到相应的区域。

点击 MDI 键盘上的地址 / 数据键，输入刀具长度补偿参数。

按软件“INPUT”键或“输入”，参数输入到指定区域。按 CAN 键逐字删除输入域中的字母。

（3）对刀

使用 G54；零点偏置指令，将机床坐标系原点偏置到工件坐标系零点上。工件坐标系原点在工件左下角上表面处，通过对刀将偏置距离测出并输入存储到 G54 中。步骤如下：在 MDI 模式下，输入 M3S500 指令，按循环启动键，使主轴转动。

X 轴对刀：手轮模式下移动刀具，让刀具刚好接触工件左侧面，*Z* 方向抬起刀具，进行面板操作。按下 OFFSET 参数键，出现图 2-1-4 所示的界面。按坐标软键，出现图 2-1-5 所示的界面。光标移动到 G54 的 *X* 轴数据。输入刀具在工件坐标系的 *X* 坐标值，此处为 *X*−5，按测量软键，完成 *X* 对刀。

Y 轴对刀：手轮模式下移动刀具，让刀具刚好接触工件前侧面，*Z* 方向抬起刀具，进行面板操作。按下 OFFSET 参数键，出现图 2-1-4 所示的界面。按坐标软键，出现图 2-1-5 所示的界面。光标移动到 G54 的 *Y* 轴数据。输入刀具在工件坐标系的 *X* 坐标值，此处为 *Y*−5，按测量软键，完成 *Y* 对刀。

Z 轴向对刀：手轮模式下移动刀具，让刀具刚好接触工件上表面，进行面板操作。按下 OFFSET 参数键，出现图 2-1-4 所示的界面。按坐标软键，出现图 2-1-5 所示的界面。光标移动到 G54 的 *Z* 轴数据。输入 Z0，按测量软键，*Z* 方向抬起刀具，完成 *Z* 对刀。

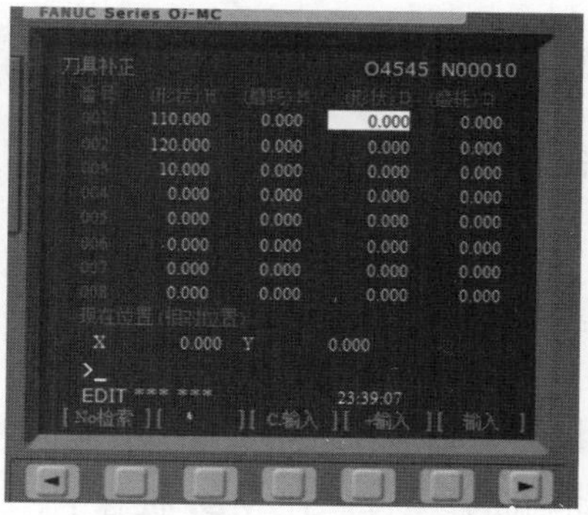

图 2-1-4　按下 OFFSET 界面

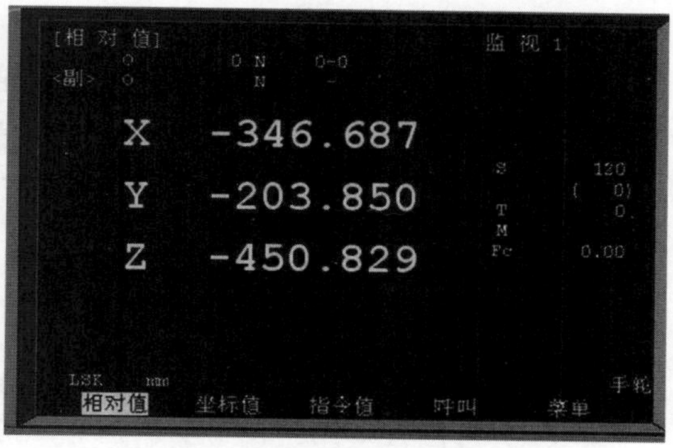

图 2-1-5　按坐标软键界面

技能实训

准备项目	具体准备内容
防护用品准备	
场地准备	
工具、材料准备	

Step 1　工件对刀

毛坯件 80×80×30 铝合金工件，工件原点在其上表面中心，完成对刀。

1. 工装

在机用虎钳，装夹毛坯件，用垫铁垫起工件，工件上表面露出钳口 20 mm。

2. 用试切法原理

（1）*X*、*Y* 方向对刀：通过试切，得到 *X*、*Y* 零偏值，输入到 G54 中。（工件坐标系 *X*、*Y* 零点位于工件的上表面中点）。

（2）*Z* 方向对刀：通过试切，得到 *Z* 零偏值，输入到 G54 中。（工件坐标系 *X*、*Y* 零点位于工件的上表面中点）。

3. 试切法对刀

X、*Y* 方向：分中对刀法。按下 MDI 键盘，按下 POS 键，按下手轮旋钮，*Z* 旋到 X100 挡，手动移动，工件上表面以下 5 mm；再旋到 *X* 轴，手动移动，铣到工件的左侧面，起屑或听到切削的声音；输入 *X*，点击起源，相对坐标 *X* 坐标为 0，旋到 *Z* 钮，抬起铣刀离开工件上表面 5 mm；再旋到 *X* 按钮，铣到工件的右侧面，起屑或听到切削的声音，把相对坐标的 *X*/2 的值输入到 G54 X 中，按软键盘测量，看到 *X* 行变化。

类似法，对 *Y* 向。

Z 方向：

按下 MDI 键盘，按下 POS 键，按下手轮旋钮，旋到 Z 旋到 X100 挡，手动移动，工件上表面；起屑或听到切削的声音；0 值输入到 G54 Z 中，按软键盘测量，看到 *Z* 行变化。

4. 检验对刀

（1）先检验 *XY* 向：在 MDI 状态下，输入 G90 G54 G21 X0 Y0；按下运行按钮，细看刀中心是否在工件的零点，如在零点，表示对刀正确。

（2）再检验 *Z* 向：在手动状态下，将刀移动到离开工件。在 MDI 状态下，输入 G90 G54 G2 Z0；按下运行按钮，看刀位点是否与工件上表面齐平，如齐平，对刀正确。

Step 2　加工中心 Z 向对刀

Z 向对刀：T01 ϕ10 立铣刀、T02 ϕ9.8 钻头、T03 ϕ6 倒角刀。用两种方法完成对刀。

第一种方法：选用基准刀。

T01 作为基准刀对刀之后，用 *Z* 向对刀仪，确定其余刀与基准刀 *Z* 向差值，输入相应的刀具补偿值。

注意：刀具刀号与刀补偿值一致。
第二种方法：不选用基准刀。
注意：刀具补偿值不能取消。

知识测试

1. 机械坐标系确定的原则。
2. 数控铣床的原点一般在什么位置？

任务评价

评价内容	评价方式			权重
	自评	互评	教师评价	
基本知识				
技能水平				
工作态度（职业规范、对质量的追求、创造性、团队合作、安全文明生产等）				

任务二　制定加工中心铣削加工工艺

任务描述

校正虎钳，合理地装夹工件。首先识读零件图，找出轮廓尺寸、定位基准，确定装夹位置。根据内轮廓圆角最小值选刀具直径，根据实际情况，选择合理的切削参数。选合理工艺路线。

任务分析

制定合理、可行的切削方案是提高效率和提高精度重要保证。

学习目标

知识目标

1. 掌握制定加工工艺的方法、步骤。
2. 掌握制定合理加工路线的方法技巧。
3. 会合理选择刀具，选择合理切削用量。
4. 会正确安装、夹紧工件。

技能目标

1. 会调整平行精度，使加工不发生干涉，而且能保证质量。
2. 根据实际合理安排加工顺序。

素养目标

1. 树立质量意识，防止工件装夹时变形、刀具变形。
2. 树立安全意识，保证人员及设备安全。

知识链接

一、装夹工件

1. 机用虎钳装夹零件

（1）利用百分表校正虎钳

①用磁力表座将百分表吸附在主轴端面，用测力表头接触虎钳的固定钳口。

②手动移动纵向工作台或横向工作台，调整虎钳的位置，使百分表的指针的摆差在允许的范围。

（2）利用定位键安装虎钳

虎钳底面的两端都有键槽，利用定位键连接虎钳和工作台，把工件装夹在机用虎钳内。

①若毛坯表面粗糙不平或是硬皮的表面，在两钳口垫纯铜皮。

②选择合适厚度的底部垫铁，垫在工件的下面，使工件加工面高出钳口。高出的尺寸以把加工余量全部加工完而不至于切到钳口为宜。

2. 用压板装夹零件

用压板装夹，工具有压板、垫铁、T 形螺栓、定位块。

（1）压板安装位置合适。压在工件刚性好的地方，加持力大小合适。

（2）垫铁的高度与工件相同或稍高于工件；底面与基准面垂直。

（3）压板螺栓尽量靠近工件，并且小于螺栓到垫铁的距离。

（4）在工件的光洁表面与压板之间安放垫片。

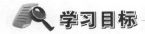

二、数控铣床应用刀具

1. 刀具

（1）端铣刀

端铣刀的圆周表面和端面上都有切削刃，端部的切削刃为副切削刃。硬质合金铣刀切削速度较高，加工效率高，加工表面质量好。

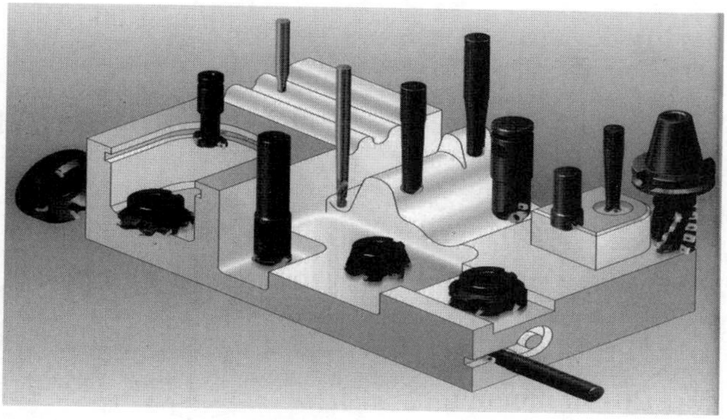

扫一扫　图 2-2-1　立铣刀

（2）立铣刀

数控铣床应用较多的是平底立铣刀和球头立铣刀如图 2-2-1 所示，普通立铣刀端面中心无切削刃，不能轴向进给；端面刃主要加工与侧面垂直的底平面；侧面的螺旋齿主要用于侧面切削。键槽刀有两个刀齿，圆柱面和端部有切削刃，端部刃延到中心，加工轴向进给到槽深，再沿键槽方向铣出全长。

（3）孔加工刀具

钻铰孔刀具：麻花钻、中心钻、CNC 钻、倒角钻、铣铰刀。

镗刀：整体式镗刀、大直径镗刀。

螺纹刀：铣螺纹刀、丝锥。

2. 刀具安装

以弹簧夹头刀柄的安装为例。

（1）将刀柄放在卸刀座中卡紧。

（2）选择与刀具尺寸相应的卡簧，清洁与刀具配合的表面。

（3）将卡簧装入锁紧螺母。

（4）将螺母装入刀柄，将立铣刀装入卡簧中。

（5）顺时针旋紧螺母。

刀具的伸出长度确定：最短不小于加工轮廓的深度，过长影响刀具刚度。

三、切削用量

切削用量包括：主轴转速（切削速度）、吃刀量、进给量。

对于不同的加工方法，相应选择不同的切削用量。切削用量选择的原则是：粗加工时，以提高生产率效为主，但是也要考虑经济性；半精加工和精加工时，以保证加工质量为主，但是也要考虑生产效率和经济性。

具体数值要根据机床、刀具、吃刀量，结合实际的经验综合确定。

（1）主轴转速 n（单位为 r/min）主要根据允许的切削速度 Vc 选取（切削速度与刀具的耐用度、加工材料及机床情况有关。切削速度增大，刀具耐用度下降）：

$$n = 1\,000\, V_C \;/\; \pi D$$

式中 V_C—切削速度，n/min；D—工件或刀具的直径。

注意：V_C 值大了，可以提高生产率，可以避开生成积屑瘤的临界速度，获得较小的表面粗糙度。

（2）进给率（进给速度）V_f（单位为 mm/min）

进给率是数控机床切削用量中的重要参数，根据加工精度和表面粗糙度及刀具和工件材料性质选取。当加工精度、表面粗糙度要求高时，进给量数值应选取小些，一般在 20~50 mm/min 范围内选取。最大进给量受到机床刚度及进给系统的性能的限制，并与脉冲当量有关。

$$V_f = F_Z Z n$$

式中 n—主轴转速，r/min；

Z—铣刀齿数；

F_Z—每齿进给量，mm/ 齿。

（3）切削速度 V_C

提高 V_C 可以提高生产率。当 V_C 受到限制，主轴功率有较大富裕和刀具刚性较好时，可以提高切削深度，提高生产率。

（4）切削宽度 a_p

影响因素：与刀具直径成正比，与切削深度成反比。

四、制定零件加工工艺

1. 正确识读零件图，制定装夹方案

（1）识读零件图

首先确定零件的上表面或下表面（或侧面），面、轮廓、槽、孔的加工。

（2）制定装夹方案

选择定位基准，选择夹具，选择夹紧面；防止加工中变形，防止加工干涉。

2. 刀具的选择

（1）刀具选择的原则

①刚性要好；

②耐用度要高；

③铣刀切削刃几何角度参数及排屑性能要好。

（2）刀具的选择

①根据加工的轮廓：加工内轮廓或槽时，刀具半径要小于内轮廓的最小圆弧轮廓半径和槽宽的一半；加工外轮廓时，刀具的直径要小于凸台与外轮廓距离；

②根据材料：钢件材料，用硬质合金刀具或高速钢；铝件材料，用高速钢刀具；

③孔的加工：定心用中心钻或 CNC 钻，粗加工用麻花钻，精加工用绞刀或镗刀。面的加工要用面铣刀。

3. 确定对刀点、换刀点、下刀路线、公共参数

（1）确定对刀点

对刀点：工件在机床上找正、装夹后，确定工件坐标系在机床坐标中的位置的基准点。对刀点一般设在工件上，与零件的编程原点一致。对刀：确定对刀点在机床坐标位置的操作。

（2）换刀点的确定

换刀分手动换刀和自动换刀。换刀时与其他部件不发生干涉。自动换刀设在机械零点。

（3）下刀路线

①直接下刀：对于有水平或竖直边的外轮廓沿水平或竖直边进退刀。这是最简单的方式。键槽铣削时，键槽刀底部有切削刃，可以直接下刀切削；一般平底刀中空，无切削刃，不能直接下刀。

②螺旋下刀：采用螺旋线的方式往下切削，螺旋半径和下刀螺旋角合理，立铣刀可以加工型腔。

③斜切下刀：采用斜插下刀的方式往下切削，下刀线段长度和斜插角合理，立铣刀可以加工型腔。

（4）公共参数的确定（图 2–2–2）

①安全高度：刀具快速移动不会发生碰撞的高度，在原点上 100 mm。

②参考高度：加工时避让凸台的高度，又称返回高度。

③下刀位置：也是 R 点，为了快进（G00）和工进（G01）的转换。比工件表面高 2~5 mm。

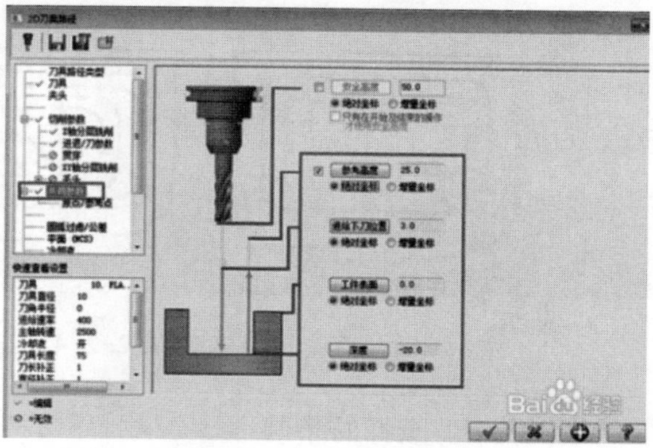

图 2–2–2　公共参数的确定

4. 进给路线的确定

（1）铣削外轮廓的进给路线

铣削外轮廓表面时，用立铣刀的侧面刃口切削。加工路线为：从起刀点到下刀点，沿起始点的延长线或切向切入工件，轮廓切削，刀具向上抬刀，退离工件，退回起刀点。

（2）铣削方法（图 2–2–3）

顺铣：铣刀旋转切入工件的方向与工件的进给方向相反。顺铣切削力 F 的水平方向分力 F_h 的方向与进给运动相同，切削厚度从最大到零，加工表面质量好；垂直向下分力 F_v 有助于定位夹紧，铣无硬皮的工件。

逆铣：铣刀旋转切入工件的方向与工件的进给方向相反。逆铣切削力 F 的水平方向分力 F_h 的方向与进给运动相反，切削厚度从零到最大，加工表面质量差；垂直向下的分力 F_v 有破坏定位的趋势，可铣带硬皮的高工件。

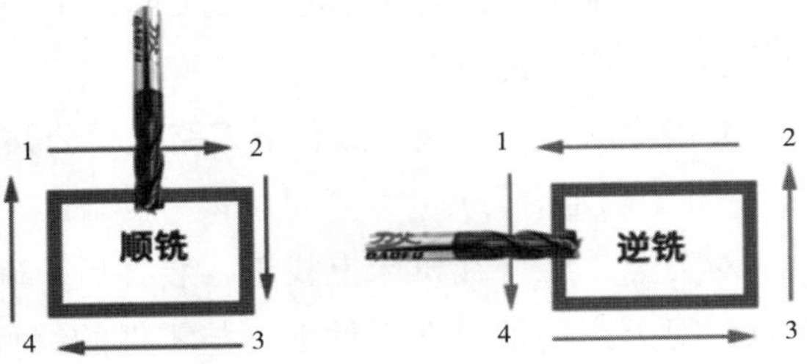

扫一扫 图 2-2-3 顺铣、逆铣

数控机床传动间隙小，顺铣优于逆铣。加工黑色锻件等硬皮工件，用逆铣合理。

（3）铣削内轮廓的进给路线

刀具不沿轮廓的法线切入和切出，如刀具可以沿一过渡圆弧切入和切出工件轮廓。

（4）铣削内槽进给路线

内槽是以封闭曲线为边界的平底凹槽。刀具选择：平底立铣刀，刀具圆角半径同凹槽的圆角半径对应。

进给路线：行切法［图 2-2-4（a）］、环切法［图 2-2-4（c）］。共同点：切净内腔中的全部面积，不伤轮廓；减少重复的搭接量。不同点：行切法进给路线短，每两次进给的端点留下残留面积，此处粗糙度高。环切法获得粗糙度低，到位点计算复杂。

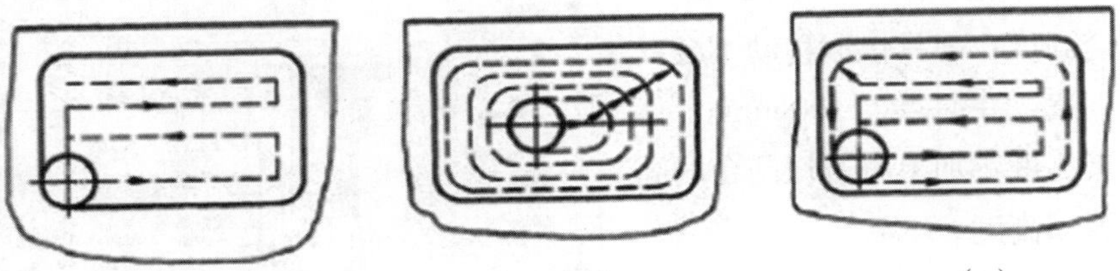

（a）　（b）　（c）

图 2-2-4 进给路线

优化方法：先行切中间余量，最后环切一刀。

（5）孔系最短加工路线

缩短走刀路线，减少空刀时间，节省定位时间，提高加工效率。

总之，确定进给路线的原则是：在保证加工精度和粗糙度的条件下，尽量缩短进给路线，提高生产率。

5. 切削参数的选择

前面已讲述。

技能实训

准备项目	具体准备内容
防护用品准备	
场地准备	
工具、材料准备	

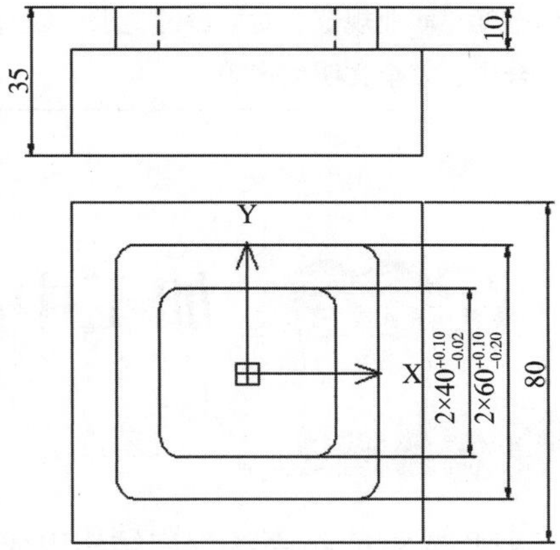

图 2-2-5

Step 1　图样识读

Step 2　工装

毛坯件80 × 80 × 35用机用虎钳装夹，底部用垫铁垫起，工件上表面高出钳口15 mm。

Step 3　制定工艺路线

1. 粗加工凸台

粗铣凸台外轮廓时，用 ϕ10 立铣刀，外轮廓余量 0.2 mm。

2. 精加工凸台

精加工外轮廓时，用 ϕ10 立铣刀，加工尺寸公差范围内。

3. 粗加工内槽

粗加工内轮廓时，用 ϕ10 立铣刀，加工内槽尺寸 39.8。

4. 精加工内槽

粗加工内轮廓时，用 ϕ10 立铣刀，加工 $40^{+0.1}_{-0.2}$。

Step 4　工艺规程和切削用量

刀具号	刀具规格	工序内容	f	a_p	n
H01	ϕ10	粗加工内外轮廓	80	5	420
H02	ϕ10	粗加工内外轮廓	120	5	800

知识测试

1. 主轴转速计算公式。
2. 进给速度计算公式。

任务评价

评价内容	评价方式			权重
	自评	互评	教师评价	
基本知识				
技能水平				
工作态度（职业规范、对质量的追求、创造性、团队合作、安全文明生产等）				

任务三 加工中心铣削编程的基础知识

任务描述

通过FANUC oi系统程序结构组成，G、M及其他地址含义，根据轮廓编写简单程序。

任务分析

根据简单零件图，编写程序。切削参数要小。

学习目标

知识目标

1. 理解数控程序的结构。
2. 了解 FANUC oi 系统的 G 代码、M 代码及其他地址含义。
3. 掌握极坐标的格式、坐标系旋转格式、可编程镜像的格式。

技能目标

1. 区别每个代码的含义、应用范围。
2. 利用坐标系旋转指令，可以简化程序。

素养目标

1. 树立合作意识，小组内讨论，编写程序，互相改错。
2. 态度要端正认真。

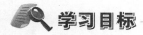

知识链接

一、程序结构、简化程序指令。扫一扫

1. 零件加工程序结构

分为主程序和子程序，其结构见表 2-3-1。

表 2-3-1　主程序和子程序结构形式

主程序	子程序
O1234；（ϕ10）	O0304；
N10 G90 G21 G40 G80 G49；	N120 G91 G00 Z−5；
N20 G54；	N130 G90 G41 G01 X−40 D01；
N30 G28 Z0；	N140 Y40：
N32 X0 Y0；	N150 X40；
N35 T02 D02；	N160 Y−40；
N38 G00 Z100：	N170 X−40；
N40 S2000 M03：	N190 G40 X−50 Y−50；
N50 X−50 Y−50；	N200 M99；
N60 Z2；	
N70 G01 Z0 F100；	
N80 M98 P0304 L2；	
N90 G00 Z100；	
N100 M30；	

程序组成：程序号、内容、程序结束。

（1）程序号

程序号由地址 + 四位阿拉伯数字组成，位于程序开头。在 FANUC 系统中，用英文字母 O 为程序号地址。

（2）程序内容

程序内容是程序核心，由程序段组成，每程序段又指令组成。程序执行时，每程序段内指令不分先后，受习惯影响。

2. 程序段格式

（1）N　G　X　Y　Z　I　J　K　P　Q　R　F　S　T　M

程序在运行中，不执行的程序段，可在程序段前加“/”，称为段跳跃。段跳跃必须被接口信号或软键触发才能生效。

（2）地址符号的功能及其含义（表 2-3-2）

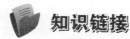

表 2-3-2　地址符号的功能及其含义

功能	地址符	取值范围	含义
程序号	O	1~9 999	程序号
顺序号	N	1~9 999	顺序号
准备功能	G	00~99	指定数控功能
尺寸定义	X、Y、Z	+9 999.999 mm	坐标位置值
	R	+9 999.999 mm	圆弧半径、圆角半径
	I、J、K	+9 999.999 mm	圆心坐标位置值
进给率	F	1~100 000 mm/min	进给值
主轴转速	S	1~4 000 r/min	主轴转速值
选刀	T	0~99	刀具号
辅助功能	M	0~99	辅助功能 M 代号
刀具偏置号	H、D	1~200	指定刀具偏置值
暂停或指定子程序号	P	0~99 999.999 ms 或 1~9 999	暂停或程序中某功能的开始使用的顺序号
重复次数	L	1~999	调用子子程序用
参数	Q	1~99 999 或 +99 999.999 mm	固定程序终止段号或固定循环中的定距

二、简化程序的指令

1. 极坐标（G15 和 G16）的使用

指令格式：

（G17）G16 X ______________ Y______________ Z ______________；

G16：设定极坐标，*X* 表示极轴的长度，*Y* 表示极轴的角度，*Z* 轴无影响。

G15：取消极坐标设定。

说明：角度正向第 1 轴逆时针转向，负向是顺时针转向；G90 G91 可用表示极绝对值指令角度。

> 实例：N10 G17 G90 G16；（指定极坐标指令，选择 *XY* 平面）。
> N20 G81 X100 Y30 Z−20 R−5 F200；（指定 100 mm 的长度，30° 的角度）。
> N30 Y150；（指定 100 mm 的长度和 150° 的角度）。
> N35 Y270.0；（指定 100 mm 的长度和 270° 的角度）
> N40 G15 G80；（取消极坐标指令）

相对指令角度。

实例：N10 G17 G90 G16；（指定极坐标指令，选择 *XY* 平面）。
N20 G81 X100 Y30 Z−20 R−5 F200；（指定 100 mm 的长度，30° 的角度）。
N30 G91 X120；（指定 100 mm 的长度和 150° 的角度）。
N35 Y120.0；（指定 100 mm 的长度和 270° 的角度）
N40 G15 G80；（取消极坐标指令）

2. 坐标系旋转指令（G68 和 G69）

指令格式：

G68　X____________Y____________R____________；

G68　设定坐标系旋转，*X*、*Y* 指定旋转中心，*R* 为旋转角度，逆时针为正。

G69　取消极坐标系旋转。

说明：当程序在绝对坐标编程方式下，G68 程序段后的第一程序段，使用绝对方式移动指令，才能确定旋转中心；使用增量方式移动指令，以当前位置为旋转中心，按 G68 给定的角度旋转坐标系。

3. 可编程镜像（G51.1 G50.1）

指令格式：

G51.1　IP____________（IP 指定对称轴或对称点，设置可编程镜像）。

G50.1　IP____________（IP 仅指对称轴，取消对称轴）。

说明：*X*、*Y* 的坐标值关于坐标轴或原点对称，但是指令本身不会使机床或刀具移动。

技能实训

准备项目	具体准备内容
防护用品准备	
场地准备	
工具、材料准备	

Step 1

1. 实例：用 ϕ4 键槽刀，加工图 2-3-1 所示外形轮廓，槽深 1 mm，两槽中心间距 30 mm，编写加工程序。

参考程序：

```
O0002
G90 G54 M03 S800；
G0 X20 Y0；
G43 Z100 H1；
Z2；
Z-1 F20；（下刀）
G2 I10 F100；（全圆铣削）
Z2；（抬刀）
G68 X0 Y0 R60；（调用坐标系旋转）
G0 X20 Y0；（水平方向定位绝对方式）
G1 Z-1 F20；
G2 I10 F200；
G69；（取消坐标系旋转）
G0 Z100；（退刀）
M30；
```

Step 2

实例：用 ϕ4 mm 的键槽刀加工图 2-3-2 所示外形轮廓，槽深 1 mm，编写加工程序。

参考程序：

```
O0004
G90 G54 M03 S800；
G0 X20 Y0；
G43 Z100 H1；
Z2；
G1 Z-1 F20；
G2 I10 F120；
G0 z2；
G51.1X0；（调用镜像）
G0 X20 Y0；

G1 Z-1 F20；
G2 I10 F1210；
G50.1 X0；（取消镜像）
G0 Z100；
M30；
```

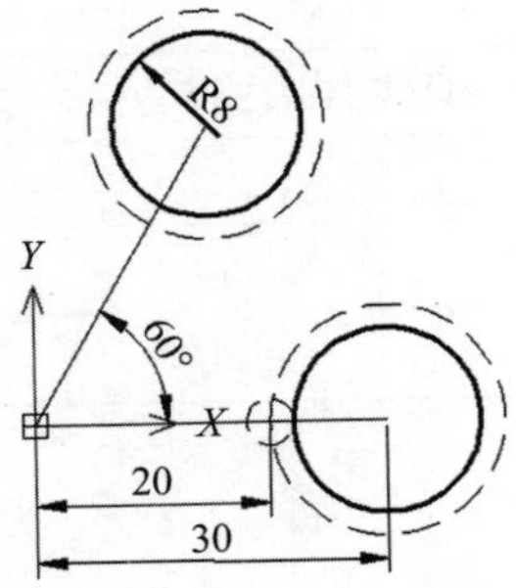

扫一扫 图 2-3-1 外形轮廓加工 1

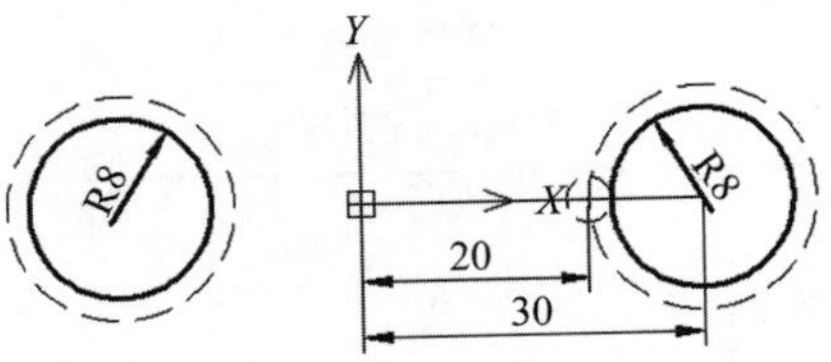

图 2-3-2 外形轮廓加工 2

知识测试

1. 极坐标指令的格式。
2. 可编镜像指令的格式。

任务评价

评价内容	评价方式			权重
	自评	互评	教师评价	
基本知识				
技能水平				
工作态度（职业规范、对质量的追求、创造性、团队合作、安全文明生产等）				

项目三 加工中心铣削加工基础

任务一 平口钳找正与百分表使用

任务描述

该任务是平口钳找正的首要任务，为了完成该项任务，必须了解平口钳的机构、零部件的名称、如何使用百分表等方面的知识。

任务分析

由于平口钳的种类特别多（以机用平口钳为例），尽可能组织学生进行现场操作，加强感性认识，做到举一反三、融会贯通。

学习目标

知识目标

1. 了解平口钳的种类、组成。
2. 观察平口钳活动原理。

技能目标

1. 熟练掌握平口钳每个配件的含义与用途。
2. 正确使用百分表并熟练掌握找正方法。

素养目标

树立质量意识和安全意识。

知识链接

扫一扫

一、平口钳介绍

平口钳（图 3-1-1）又名机用虎钳，是一种通用夹具，常用于安装小型工件，它是铣床、钻床的随机附件，将其固定在机床工作台上，用来夹持工件进行切削加工。

1. 平口钳的构造

平口钳的装配结构是可拆卸的螺纹连接和销连接；活动钳身的直线运动是由螺旋运动转变的；工作表面是螺旋副、导轨副及间隙配合的轴和孔的摩擦面。平口钳组成简练，结构紧凑。

2. 平口钳的工作原理

用扳手转动丝杠，通过丝杠螺母带动活动钳身移动，形成对工件的加紧与松开。被夹工件的尺寸不得超过平口钳最大张开长度。

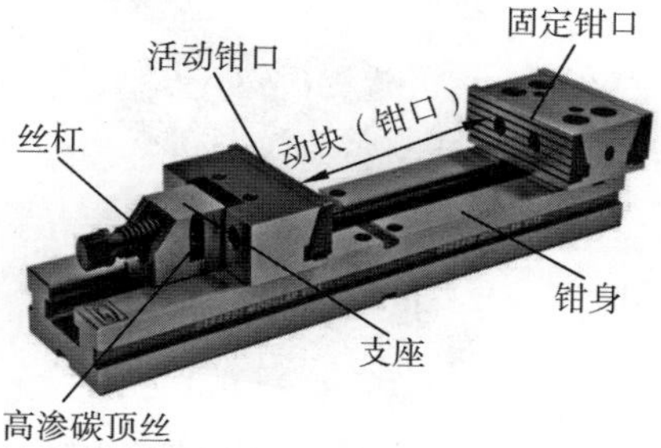

图 3-1-1　机用平口钳

二、平口钳的种类

1. 万向角度虎钳（图 3-1-2）

万向角度虎钳主要由固定钳体、活动钳体及底座，所述固定钳体的下部为球形体，底座上开有球窝，球形体的下部装在底座的球窝中，球形体的上部装有压板与底座连接。压板松开时，球形体可以在底座的球窝上转动，使虎钳能在三维空间的一定范围内任意调整钳口角度，满足了一次装夹即可对工件进行任意角度加工的需求，既可制成万向机用虎钳，又可制成万向台虎钳，具有结构简单合理、工作和使用方便等优点。

2. 导杆式平口钳（图 3-1-3）

这种平口钳主要由钳身、固定钳口、活动钳口以及导杆组成，有体积较小、重量比较轻、夹紧力比较大等优点。大多数用在多功能台钻上。

3. 工业级重型台虎钳（图 3-1-4）

重型台虎钳的活动钳身通过导轨与固定钳身的导轨作滑动配合。丝杠装在活动钳身上，可以旋转，但不能轴向移动，并与安装在固定钳身内的丝杠螺母配合。当摇动手柄使丝杠旋转时，就可以带动活动钳身相对于固定钳身做轴向移动，起夹紧或放松的作用。弹簧借助挡圈和开口销固定在丝杠上，其作用是当放松丝杠时，可使活动钳身及时退出。在固定钳身和活动钳身上，各装有钢制钳口，并用螺钉固定。钳口的工作面上制有交叉的网纹，使工件夹紧后不易产生滑动。钳口经过热处理淬硬，具有较好的耐磨性。固定钳身装在转座上，并能绕转座轴心线转动，当转到要求的方向时，扳动夹紧手柄使夹紧螺钉旋紧，便可在夹紧盘的作用下把固定钳身固紧。转座上有三个螺栓孔，用以与钳台固定。

4. 液压倍力平口钳（图 3-1-5）

该平口钳是对现有螺旋传动平口钳的改进，主要用于成批生产。它能实现快速夹紧与快速松开，且能保证夹紧力大小。这样就可以避免过去要夹紧一个较薄的零件时，因夹紧力没有办法确定调式的时间，同时因能实现快速夹紧与快速松开，从而大大地提高生产效率。为了实现快速夹紧与快速松开，将传统的螺纹改成液压传动，活动钳身通过液压缸来控制，从而实现活动钳身的快速移动，而夹紧力则由液压系统中的溢流阀来保证。我们可以通过调整溢流阀的压力来保证夹紧力的大小。

图 3-1-2　万向角度虎钳

图 3-1-3　导杆式平口钳

图 3-1-4　重型台虎钳

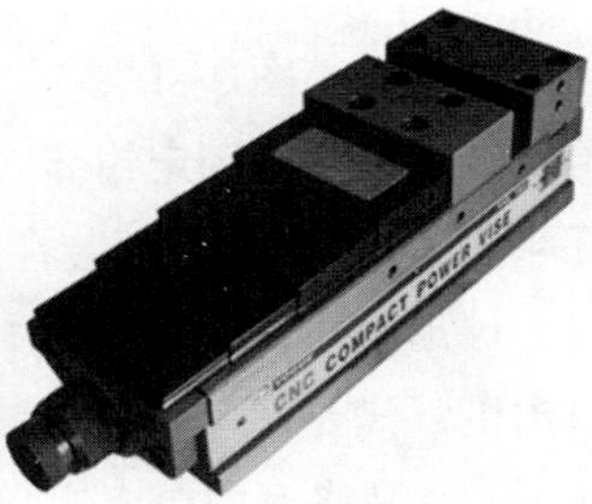

图 3-1-5　液压倍力平口钳

三、百分表的使用

百分表是一种精度较高的比较量具，它只能测出相对数值，不能测出绝对值，主要用于检测零件的形状和位置误差（如圆度、平面度、垂直度、跳动等），也可在机床上用于工件的安装找正。图 3-1-6 所示 543-390 为数显式千分表、2046S 为指针式百分表。

这里主要讲一下百分表（图 3-1-7）（千分表的原理、结构、读数方法跟百分表都类似）、百分表测量的准确度为 0.01 mm。

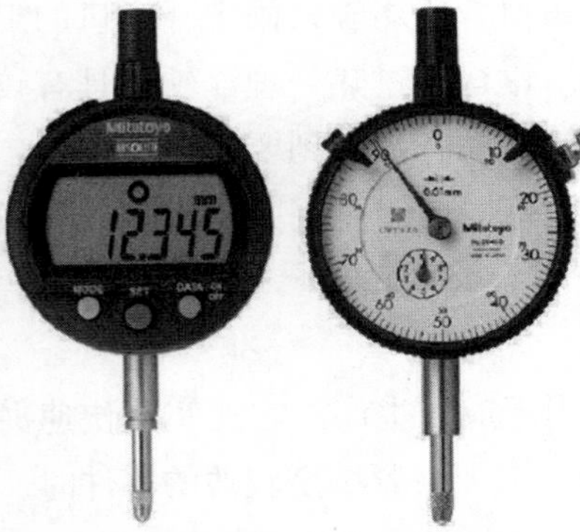

543-390　2046S

扫一扫 图 3-1-6　千分表与百分表

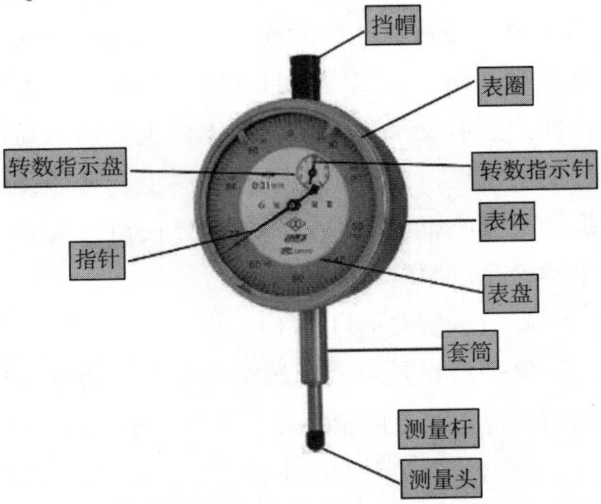

扫一扫 图 3-1-7　百分表的构造

1. 百分表的工作原理

如图 3-1-8 所示，当测量杆 1 向上或向下移动 1 mm 时，通过齿轮传动系统带动大指针 5 转一圈，同时小指针 7 转一格。大指针每转一格读数值为 0.01 mm，小指针每转一格读数为 1 mm。小指针处的刻度范围为百分表的测量范围。测量的大小指针读数之和即为测量尺寸的变动量。刻度盘可以转动，供测量时大指针对零用。

2. 测量方法

（1）百分表常装在常用的普通表架或磁性表架上使用，测量时要注意：百分表测量杆应与被测表面垂直。

（2）测量的应用举例如图 3-1-9 所示。其中：图 3-1-9（a）是检查外圆对孔的圆跳动、端面对孔的圆跳动；图 3-1-9（b）所示是检查工件两平面的平行度；图 3-1-9（c）内圆磨床上四爪卡盘安装工件时找正外圆。

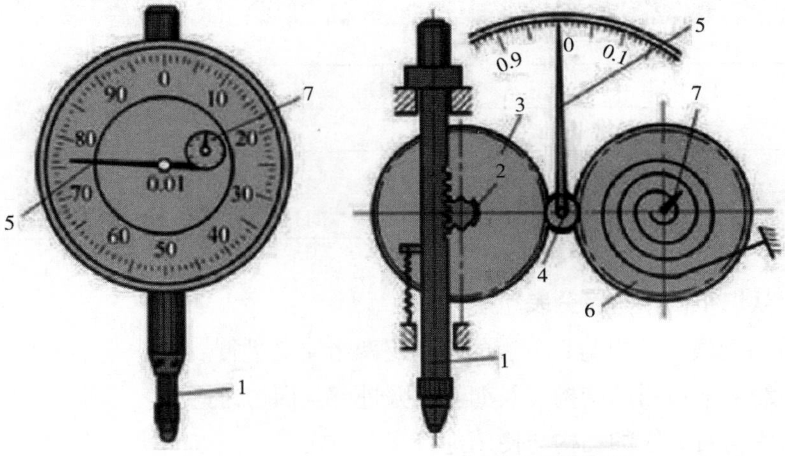

（a）百分表　　　　（b）传动原理

图 3-1-8

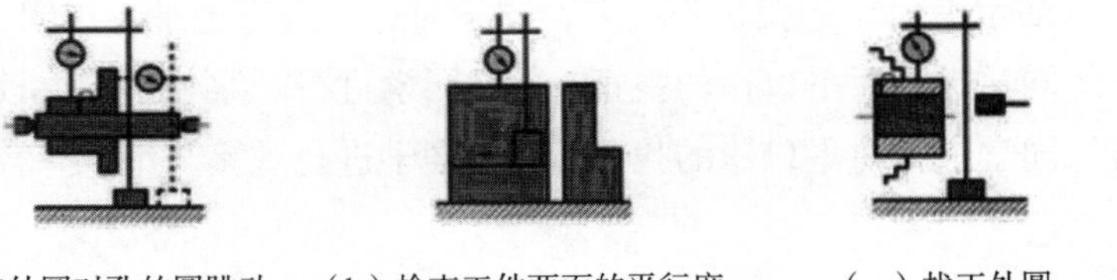

（a）检查外圆对孔的圆跳动　（b）检查工件两面的平行度　（c）找正外圆

图 3-1-9

四、平口钳的找正与定位

1. 使用百分表找正平口钳时，应检查测量杆活动的灵活性。即轻轻推动测量杆时，测量杆在套筒内的移动要灵活，没有任何滞卡现象，每次松开手后，指针能回到原来的刻度位置。

2. 安装平口钳前，必须清理机床工作平台，用细油石在工作台上均匀推动，将铁屑与锈痕等高低点清理干净，最后使用棉纱或无尘布将工作台擦到平整，用手摸台面无高低点为止。

3. 平口钳底部及侧部使用气枪清理干净后再用棉纱布清理。将等高垫铁垂直放在机床工作台最前端T型槽里，平口钳水平放在工作台上并贴紧等高垫铁。最后用眼睛目测平口钳并微调至平行。

扫一扫 图 3-1-10 磁力表座

4. 安装压板，用手将压板拧紧后安装磁力表座（图 3-1-10），将百分表调至合适位置后用手轮模式沿 X 方向左右移动，微调至表不动为止。

技能实训 机用平口钳装夹与找正

准备项目	具体准备内容
防护用品准备	劳保鞋、防护镜、工作服
场地准备	机用平口钳
工具、材料准备	油石、棉纱布、磁力表座、百分表

Step 1 认识平口钳与百分表

1. 分组观察平口钳与百分表的结构。两组交叉进行。
2. A 组对平口钳的结构以及如何区分进行实训与讨论。
3. B 组对百分表的结构与使用进行观察与实训。

Step 2 平口钳的找正

1. 教师演示平口钳的找正与装夹，同学对过程进行记录及提问。
2. A 组同学进行对平口钳的找正，B 组同学进行观察与记录，教师全程解答。
3. B 组同学进行对平口钳的找正，A 组同学进行观察与记录，教师全程解答。

知识测试

1. 如何区分平口钳的种类？
2. 平口钳的结构有哪些？
3. 百分表的精度如何区分？
4. 如何区分百分表是否达到使用精度？
5. 找正平口钳之前要做哪些准备工作？

任务评价

评价内容	评价方式			权重
	自评	互评	教师评价	
理论基本知识掌握				
实际操作水平掌握				
工作态度（职业规范、对质量的追求、创造性、团队合作、安全文明生产等）				

任务二　编制平面加工程序

任务描述

任务二主要概括数控机床常用代码的种类以及格式。以 FANUC 为例，讲述 M 代码及 S、T 代码的使用方法。快速定位、直线插补、固定循环等 G 指令的用法。

学会选择合理的刀具以及参数进行平面铣削，并制定加工工艺。

任务分析

1. 分析平面铣削在制定加工工艺中的特点。
2. 选择切削参数时该如何进行选择。
3. 机床代码的使用以及应用。

学习目标

知识目标

了解常用代码的种类及格式含义。

技能目标

1. 掌握平面铣削的加工工艺。
2. 学会正确选用平面铣削的切削刀具及切削参数。
3. 掌握平面铣削的粗、精走刀路线。

素养目标

1. 注重职业道德和职业素质的培养。
2. 树立质量意识，培养工匠精神。

知识链接

一、常用 M 代码及 S、T 代码的使用方法

1．辅助功能（M 功能）

通常一个程序段只能指定一个 M 代码，但在设定了参数的情况下也可以在一个程序段中指定多个 M 代码（表 3-2-1）。

（1）程序结束（M02、30）

指令功能：它们表示主程序的结束，自动进行停止，控制返回到程序开头。

（2）程序暂停（M00）

指令功能：执行 M00 时，程序运行暂停，所有模态信息保持不变，按循环起动键后，自动运行恢复运行。

（3）选择停止（M01）

指令功能：执行 M01 时，自动进行暂停，按循环起动键后，程序继续运行，但只有当机床控制面板上的“选择停”键被选中，这个代码才有效，否则无效。

（4）子程序调用（M98）

（5）子程序结束（M99）

指令功能：M99 表示子程序结束，执行 M99 使控制返回到主程序。

（6）换刀指令（刀具交换）（M06）

格式：T——M06

T——（　　）指刀号

指令功能：执行 M06 语句，按指定的刀具号调用所需的刀具。

表 3-2-1　M 代码一览表

M 代码	功能	M 代码	功能
M00	* 程序停止		
M01	* 程序任选停		
M02	* 程序结束	M19	主轴定向
M03	主轴正转		
M04	主轴反转		
M05	* 主轴停止	M29	刚性攻丝
M06	换刀指令	M30	程序结束
		M38	倍率消除
M08	冷却接通	M39	倍率消除解除
M09	* 冷却断开		

（续表）

M 代码	功能	M 代码	功能
M10	工件夹紧＋上料门关	M66	高压冷却 2 启动
M11	工件松开＋上料门开	M67	高压冷却 2 停止
M12	夹具托盘落下		
M13	夹具托盘抬起		
M14	工件着座气检		
M16	ATC 低速旋转设定		

2. 主轴速度功能（S 功能）

加工中心的主轴速度由 S 后的最多 5 位数值（rpm）指定，指定的是主轴速度的单位，其最高转速取决于机床的规定。

3. 刀具功能（T 指令）

在地址 T 后指定数值选择机床上的刀具。

加工中心换刀指令格式：T（　　）M06

例：T12　M06（调 12 刀为主轴上挡前刀具）

T0　M06（空换刀，有换刀动作，T0 表示没有刀具）

二、快速定位、直线插补等 G 指令的用法

1. 快速定位（G00）

（1）功能：指令刀具从当前位置快速移动到目标点。

（2）格式：G00　X______Y______Z______。

（3）说明：在图 3-2-1 中，当 *A* 点快速移动到 *B* 点时，程序应该为 G00　X20.　Y20。

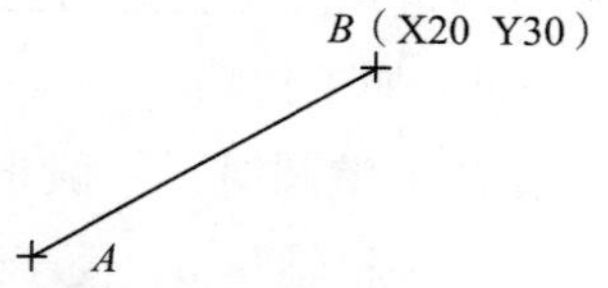

扫一扫　图 3-2-1　G00 指令示例

X、*Y*、*Z*：为绝对编程时，快速定位终点在工件坐标系中的坐标；

X、*Y*、*Z*：为增量编程时，快速定位终点相对于起点的位移量；

（4）用途：加工前快速定位或加工后快速退刀。

（5）注意事项：

在执行 G00 指令时由于各轴以各自速度移动，不能保证各轴同时到达终点，因而联动直线轴的合成轨迹不一定是直线。

常见的做法是将刀具移动到安全位置，再放心地执行 G00 指令。

2. 直线插补（G01）

（1）功能：G01 指令刀具以联动的方式，按 *F* 规定的合成进给速度，从当前位置

按线性路线（联动直线轴的合成轨迹为直线）移动到程序段指令的终点。

（2）指令格式：G01　X________Y________Z________F________

（3）说明：在图 3–2–1 中，当 *A* 点快速移动到 *B* 点时，程序应该为 G01　X20.　Y20.　F100。

X、*Y*、*Z*：为绝对编程时终点在工件坐标系中的坐标；

X、*Y*、*Z*：为增量编程时终点相对于起点的位移量；

*F*________：合成进给速度。

3. 圆弧插补指令（G02、G03）

（1）如何区别 G02、G03

G02 顺时针圆弧插补：沿着刀具进给路径，圆弧段为顺时针。

G03 逆时针圆弧插补：沿着刀具进给路径，圆弧段为逆时针。

（2）圆弧半径编程

格式：G02/G03　X________Y________Z________R________F________

移到圆弧初始点；

G02/G03+ 圆弧终点坐标 +*R* 圆弧半径。[圆弧 < 或 = 半圆用 +*R*；大于半圆（180 度）小于整（360 度）用 –*R*。圆弧半径 *R* 编程不能用于整圆加工]

（3）用 *I*、*J*、*K* 编程（整圆加工）

格式：G02\G03 X______Y______Z______I______J______K______F______

I、*J*、*K* 分别表示 *X**Y**Z* 方向相对于圆心之间的距离，*X* 方向用 *I* 表示，*Y* 方向用 *J* 表示，*Z* 方向用 *K* 表示（G17 平面 *K* 为 0）。正负判断方法：刀具停留在轴的负方向，往正方向进给，也就是与坐标轴同向，那么就取正值，反之为负。

（4）加工技巧

在加工整圆时，一般把刀具定位到中心点，下刀后移动到 *X* 轴或 *Y* 轴的轴线上，这样就有一根轴是 0，便于编程。

三、编制平面铣削加工程序

1. 分析零件工艺性能

图 3–2–2 所示零件，外形尺寸长 × 宽 × 高 =100 × 80 × 20，属于小零件。高度尺寸 20 为自由公差，大平面表面粗糙度为 *Ra*3.2。

2. 选用毛坯或明确来料状况

所用材料：45# 钢

半成品外形尺寸：101 × 81 × 21。

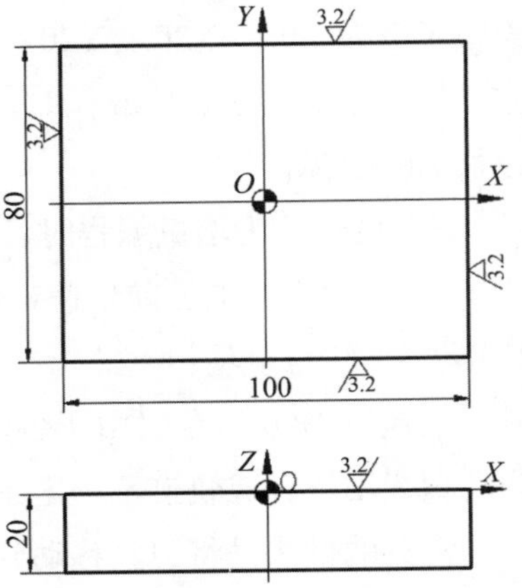

图 3–2–2　平面铣削练习

3. 确定装夹方案

选用机用平口虎钳装夹工件。底面朝下垫平，工件毛坯面高出钳口 12 mm，夹 80 两侧面；100 任一侧面与虎钳侧面取平夹紧，实际上限制六个自由度，工件处于完全定位状态。

4. 确定加工方案

由于该零件已进行粗加工，因此采用端面铣刀直接进行精加工。

加工方案及选用刀具见表 3-2-2。

表 3-2-2　加工方案与刀具选择

序号	加工方案	刀具	刀具号
1	精铣平面	φ80 mm 面铣刀	T1

5. 填写工艺卡片

工艺卡片见表 3-2-3。

表 3-2-3　数控加工工序卡片

<table>
<tr><td colspan="2" rowspan="2">数控实训基地</td><td colspan="2" rowspan="2">数控加工工序卡片</td><td colspan="2">产品名称或代号</td><td>零件名称</td><td>材料</td><td>零件图号</td></tr>
<tr><td colspan="2">平板类零件</td><td>凸块</td><td>45</td><td>30-3001</td></tr>
<tr><td colspan="2">工序号</td><td>程序编号</td><td colspan="2">夹具名称</td><td>夹具编号</td><td>使用设备</td><td colspan="2">车间</td></tr>
<tr><td colspan="2">31</td><td>O0001</td><td colspan="2">机用平口虎钳</td><td>200</td><td>VDL850A</td><td colspan="2">数控实训基地</td></tr>
<tr><td>工步号</td><td>工步内容</td><td>刀具号</td><td>刀具规格</td><td>主轴转速（r/min）</td><td>进给速度（mm/min）</td><td>背吃刀量（mm）</td><td>量具</td><td>备注</td></tr>
<tr><td>1</td><td>精铣大平面</td><td>T1</td><td>φ80mm面铣刀</td><td>600</td><td>120</td><td>0.5</td><td>游标卡尺</td><td></td></tr>
<tr><td colspan="2">编制</td><td></td><td>审核</td><td colspan="2"></td><td colspan="2">共　页</td><td>第　页</td></tr>
</table>

6. 选用刀具

高速钢面铣刀一般用于加工中等宽度的平面，标准铣刀直径范围为 80~250 mm，硬质合金面铣刀的切削效率及加工质量均比高速钢铣刀高，故目前广泛使用硬质合金面铣刀加工平面。

图 3-2-3 所示为整体焊接式面铣刀。该刀结构紧凑，较易制造。但刀齿磨损后整把刀将报废，故已较少使用。

图 3-2-4 为机夹焊接式面铣刀。该铣刀是将硬质合金刀片焊接在小刀头上，再采用机械夹固的方法将刀装夹在刀体槽中。刀头报废后可换上新刀头，因此延长了刀体的使用寿命。

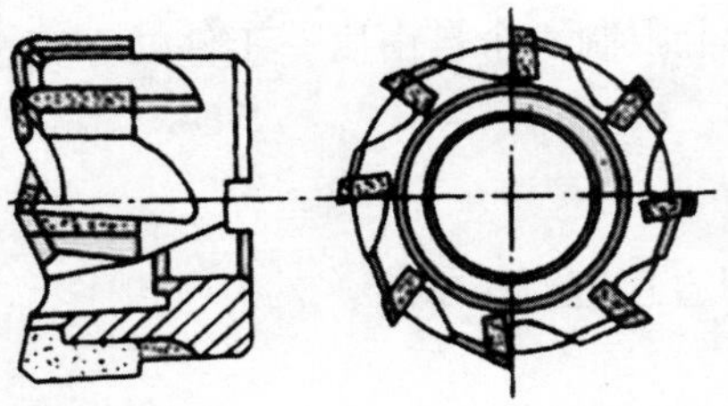

扫一扫 图 3-2-3 整体焊接式面铣刀

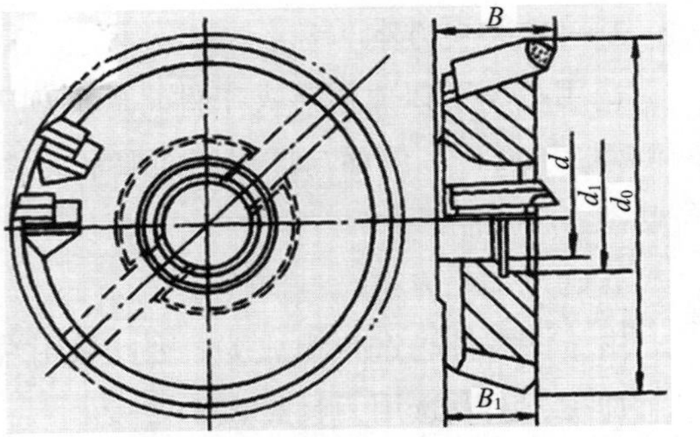

扫一扫 图 3-2-4 机夹焊接式面铣刀

7. 操作过程

在对水平面铣削前，一般还没有进行工件坐标系的设定（即还没有进行“对刀”），因此水平面的铣削加工在 MDI 方式下进行。其操作过程为：

（1）工件装夹完毕后，把面铣刀刀柄装入数控机床主轴。

（2）选择 MDI（A）方式，进入相关操作界面，输入“M3S600”后，按“启动”。

（3）转到手动方式，利用手持单元选择 *X*、*Y* 轴移动，使面铣刀处在图 3-2-5 中 A 上方的位置；选择 *Z* 轴使面铣刀下降（图 3-2-6），当面铣刀接近工件表面时，把手持单元的进给倍率调到“×10”，然后继续下降，当进入切削后，根据工件上表面平整及粗糙度情况确定切深（背吃刀量 a_p，一般取 0.3~0.5 mm）。

（4）再次进入 MDI（A）方式，输入加工程序后按“启动”进行切削加工。

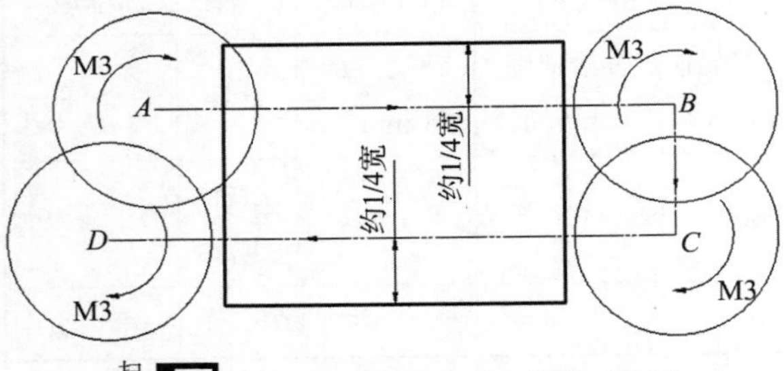

扫一扫 图 3-2-5 铣平面刀具移动轨迹

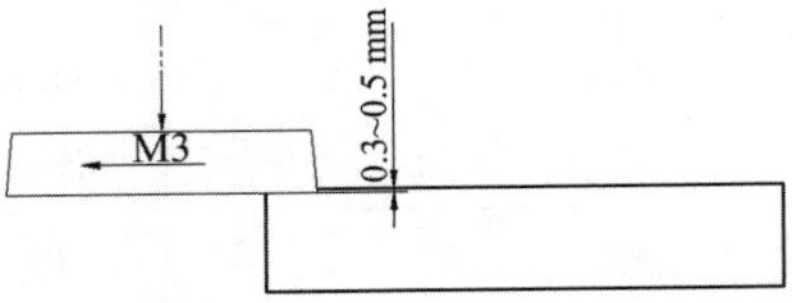

图 3-2-6 铣平面时的下刀与背吃刀量 a_p

四、程序编制

```
O0000
G0   G90   Z50.   M8
G0   G90   X-98.   Y16.   S600   M3
Z10.
G1   Z-0.5   F2000.
X98.   F120.
Y-16.
```

X-98.
G0　Z50.
M5　M9
M30

技能实训　编制平面加工程序

准备项目	具体准备内容
防护用品准备	劳保鞋、防护镜、工作服
场地准备	数控铣床、机用平口钳
工具、材料准备	ϕ80 盘铣刀、游标卡尺

Step 1　常用代码及代码的使用方法

1. 在数控铣床上练习输入程序代码。
2. 用常用的代码编写简单平面程序。

Step 2　大平面编辑程序铣削

1. 了解数控铣床运动轨迹、并指定合理加工工艺。
2. 学会制定大平面铣削加工程序。
3. 输入加工程序并进行对刀试切。

知识测试

1. 掌握用面铣刀在 MDI（A）方法下对工件进行水平面的铣削加工；
2. 了解各种对刀方法，掌握用试切法进行对刀操纵；
3. 掌握刀具补偿及工件坐标系的设置。

任务评价

评价内容	评价方式			权重
	自评	互评	教师评价	
理论基本知识掌握				
实际操作水平掌握				
工作态度（职业规范、对质量的追求、创造性、团队合作、安全文明生产等）				

任务三 简单外轮廓加工

任务描述

任务三第一部分主要描述了数控铣削加工中对刀具的认识以及加工中对各种毛坯零件能够自主选择切削用量。第二部分主要概括对简单零件的程序编写以及实训中零件的切削。

任务分析

1. 选择合适的刀具和切削用量。
2. 圆弧插补、刀具半径补偿等指令编程。
3. 操作加工中心加工出合格的凸台类零件。

学习目标

知识目标

掌握数控铣床的刀具种类及名称。

技能目标

1. 熟练操作铣刀的安装与拆卸。
2. 能独立编写简单轮廓零件程序。
3. 独立掌握机床操作并输入程序进行零件的简单加工。

素养目标

1. 注重职业道德和职业素质的培养。
2. 树立质量意识，培养工匠精神。

知识链接

选择合适的刀具和切削用量

1. 面铣刀

如图 3-3-1 所示，面铣刀的圆周表面和端面上都有切削刃，端部切削刃为副切削刃。面铣刀多制成套式镶齿结构，刀齿材料为高速钢或硬质合金，刀体材料为 40Cr。按照国家标准规定，高速钢面铣刀直径 d=80~250 mm，螺旋角 β=100，刀齿数 Z=10~26。

图 3-3-1

硬质合金面铣刀与高速钢面铣刀相比，铣削速度较高，加工效率高，加工表面质量也较好，并可加工带有硬皮和淬硬层的工件，因此得到应用。

2. 立铣刀

立铣刀是数控铣床上应用较多的一种铣刀，图 3-3-2（a）所示为平底立铣刀，图 3-3-2（b）所示为球头立铣刀。

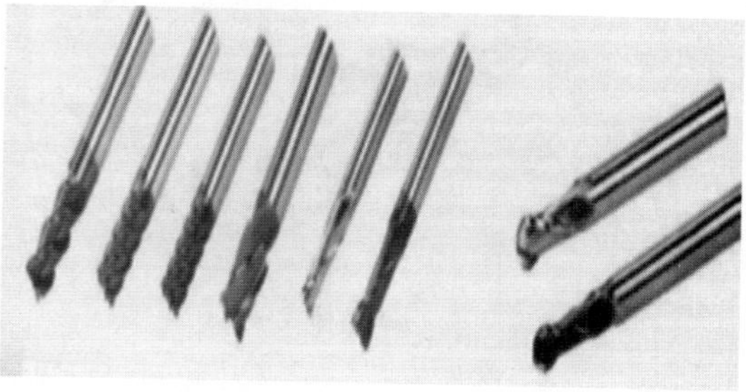

（a）平底立铣刀　（b）球头铣刀

图 3-3-2　立铣刀举例

（1）整体式立铣刀：直径较小的立铣刀，一般制成带柄的形式，称为整体式立铣刀。直径为 2~12 mm 的立铣刀制成直柄；直径为 6~63 mm 的立铣刀制成莫氏锥柄；直径为 25~80 mm 的立铣刀制成 7 : 24 的锥柄，内有螺孔用来拉紧刀具；直径大于 40~60 mm 的立铣刀可做成套式结构。整体硬质合金刀具一般为直柄。

（2）可转位立铣刀：可转位立铣刀的柄部有直柄、削平型直柄和莫式锥柄。铣刀工作部分采用高速钢或硬质合金制造。小规格的可转位铣刀多制成整体结构，直径在 6 mm 以上的制成机夹可转位刀片结构。图 3-3-3 所示为两种常用的可转位铣刀。

（3）键槽铣刀：键槽铣刀有两个刀齿，圆柱面和端面都有切削刃，端面刃延至中心，既像立铣刀，又像钻头，如图 3-3-4 所示。加工时先轴向进给达到槽深，然后沿键槽方向铣出键槽全长。

图 3-3-3　可转位铣刀

图 3-3-4　键槽铣刀

（4）孔加工刀具：钻铰孔刀具如图 3-3-5 所示。

（a）浅孔钻　（b）麻花钻　（c）中心钻　（d）铰刀

扫一扫　图 3-3-5　孔加工刀具

（5）镗刀　如图 3–3–6 所示。

整体式镗刀如图 3–3–6（a）所示，小孔径微调精镗刀如图 3–3–6（b）所示。

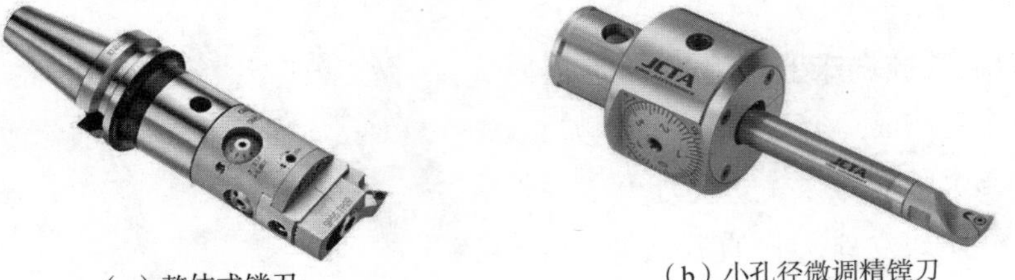

（a）整体式镗刀　（b）小孔径微调精镗刀

图 3–3–6　镗刀

3. 刀柄

数控铣床使用的刀具通过刀柄与主轴相连，刀柄通过拉钉和主轴内的拉刀装置固定在主轴上，由刀柄夹持传递速度、扭矩。刀柄与主轴的配合锥面一般采用 7∶24 的锥度。在我国应用最为广泛的是 BT40 和 BT50 系列刀柄和拉钉。在此列举几种常用的刀柄。

弹簧夹头刀柄及卡簧、拉钉如图 3–3–7 所示，用于装夹各种直柄立铣刀、键槽铣刀、直柄麻花钻、中心钻等直柄刀具。

（a）BT40 刀柄　（b）弹簧夹头　（c）拉钉

图 3–3–7　弹簧夹头刀柄、卡簧拉钉

4. 铣削刀具的选择

选择刀具时，要使刀具的尺寸与被加工工件的表面尺寸和形状相适应。生产中，加工平面零件的周边轮廓常采用立铣刀，铣削平面采用硬质合金面铣刀，加工凸台、凹槽采用高速钢立铣刀，加工毛坯表面或粗加工孔可采用镶硬质合金的玉米齿铣刀。

立铣刀的尺寸一般按下列经验数据选取：

（1）刀具半径 R 应小于零件内轮廓面的最小曲率半径 ρ，一般取 $R=(0.8\sim0.9)\rho$。

（2）零件的加工高度 $H\leqslant(1/4\sim1/6)R$，以保证刀具具有足够的刚度。

（3）对于不通孔（深槽），选取 $L=H+(5\sim10)$ mm（L 为刀具切削部分长度，H 为零件高度）。

（4）加工外形及通槽时，选取 $L=H+r+(5\sim10)$ mm（r 为刀尖半径），如图 3–3–8 所示。

（5）粗加工内轮廓面时（图 3–3–9），铣刀最大直径 D_1 可按式（1–1）来计算。

$$D_1=2\left[\delta\sin(\phi/2)-\delta_1\right]/\{\left[1-\sin(\phi/2)\right]\}+D \qquad (1\text{–}1)$$

式中　D——轮廓的最小凹圆角直径；

δ——圆角邻边夹角等分线上的精加工余量；

δ_1——精加工余量；

ϕ——圆角两邻边的夹角。

（6）加工肋板时，刀具直径 $D=(5\sim10)\,b$（b 为肋板的厚度）。

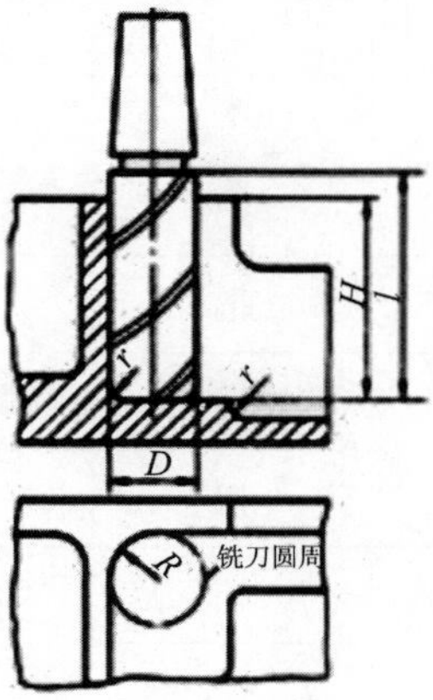

图 3-3-8　立铣刀尺寸选择

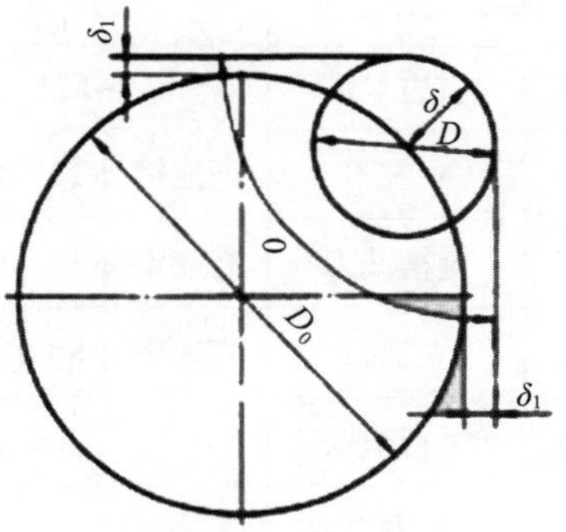

图 3-3-9　粗加工铣刀直径估算

技能实训　操作加工中心加工出合格的凸台类零件

一、零件图及工量具清单

1. 凸台类零件

如图 3-3-10 所示，已知毛坯尺寸为 125 mm × 125 mm × 35 mm 材料为 45 钢，按单件生产安排其数控加工工艺，试编写出凸台外轮廓加工程序并利用数控铣床加工出该零件。

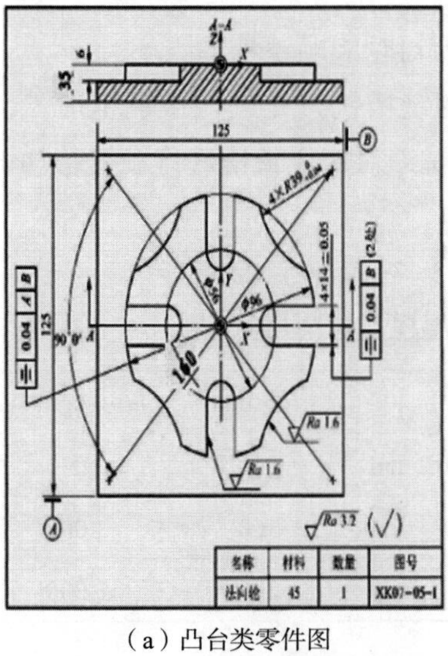

（a）凸台类零件图

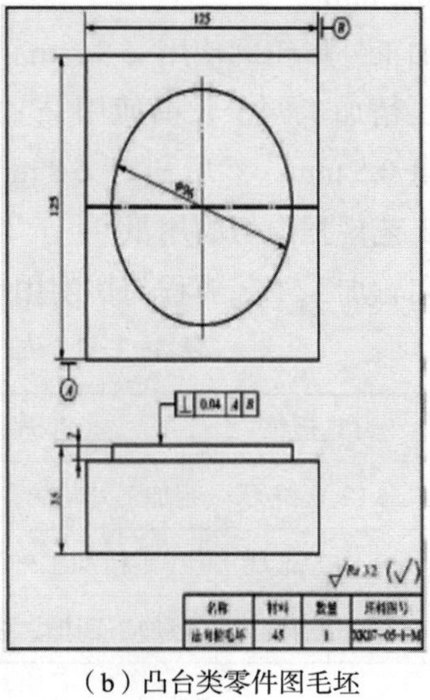

（b）凸台类零件图毛坯

扫一扫　图 3-3-10　凸台类零件

2. 加工所用工、量、刃具清单（表 3–3–1）

表 3–3–1　加工用工、量、刃具清单

工、量、刃具清单			图号	XK07–05–1	
序号	名称	规格	精度	单位	数量
1	*Z* 轴设定器	50	0.01	个	1
2	右边卡尺	0~150	0.02	把	1
3	立铣刀	高速钢 ϕ12（3 刃）		把	1
4	键槽铣刀	高速钢 ϕ12（3 刃）		把	1
5	立铣刀	高速钢 ϕ8（3 刃）		把	1
6	平行垫铁			幅	若干
7	机用平口钳			个	1
8	铜棒			个	1

二、工艺方案

1. 工装

本课题采用机用虎钳装夹的方法，底部用垫铁垫起。

2. 加工路线

粗加工外形轮廓使用 ϕ12 mm 的立铣刀对轮廓先进行粗加工，单边留精加工余量 0.2 mm。

精加工外形轮廓使用 ϕ8 mm 的立铣刀对轮廓顺铣精加工。

粗、精加工四个长槽使用 ϕ12 mm 的键槽铣刀先进行逆铣粗加工，单边留加工余量 0.5 mm，然后利用 ϕ8 mm 的立铣刀对四个长槽进行顺铣精加工。

3. 工艺规程与切削用量

法向轮加工工艺规程与切削用量见表 3–3–2。

表 3–3–2　加工工艺规程与切削用量表

刀具号	刀具规格	工序内容	*f*/（mm/min）	*n*/（r/min）	刀具偏置
T01	ϕ12 立铣刀	粗加工外轮廓，留余量 0.2 mm	500	2 000	D01
T02	ϕ8 立铣刀	精加工外轮廓和槽	300	3 000	D02
T03	ϕ12 键槽铣刀	粗加工四槽，留余量 0.5 mm	200	1 000	D03

三、操作要点

1. 加工准备

（1）仔细阅读零件图，并按照毛坯图纸检查毛坯尺寸。

（2）机床开机，回机床参考点。

（3）输入程序并检查程序的正确性。

（4）安装平口钳并找正。

（5）工件装夹，底面为定位安装面，用平行垫铁垫起毛坯，找正工件，用机用平口钳加紧。

（6）准备刀具：本课题使用三把立铣刀，把不同类型的刀具分别安装到对应的刀柄上，按序号依次放置在刀架上，分别检查每把刀具安装的正确性和牢固性。

2. 对刀、正确输入刀具补偿号

（1）*X*、*Y* 向对刀

本课题选择 $\phi 96$ 外圆中心为工件坐标系 *X*、*Y* 轴的零点，通过寻边器对圆钢的 *X* 向（或 *Y* 向）的对称点进行对刀操作，得到 *X*、*Y* 零偏值，并输入到 G54 中。

（2）*Z* 向对刀

依次安装三把刀具，每把刀都在参考点运动到工件表面高度时读数，记录此时上表面在机床坐标系中的 *Z* 值，并输入到对应的刀具补偿号（H01、H02、H03）中，从而把零件的上表面定义为工件坐标系的 $Z=0$ 面。

3．程序调试

（1）锁住机床，将加工程序编入数控系统，在“图形模拟”功能下，实现图形轨迹的校验。

（2）把工件坐标系的 *Z* 值朝正方向平移 50 mm，方法是在 G54 后的 *Z* 值中输入 50，按下启动键，适当降低进给速度，检查刀具运动是否正确。

4．工件加工

把工件坐标系的 *Z* 值恢复原值，将进给速度调到低挡，按下启动键。机床加工时适当调整转速和进给速度，保证加工正常。

5．尺寸测量

程序执行完毕后，用游标卡尺测量外径尺寸，利用圆弧样板检查圆弧是否合适，根据测量结果，修改相应刀具补偿值的数据，重新执行程序，加工工件，直到加工出合格产品。

6．结束加工

松开夹具，卸下工件，清理机床。

任务四 复杂外轮廓加工

任务描述

任务四复杂外轮廓加工，以 FANUC 为例，讲述 M 代码及 S、T 代码的使用方法。快速定位、直线插补、固定循环等 G 指令的用法。

任务分析

本任务要求选择合理的刀具以及参数，并制定加工工艺，进行平面铣削加工。

学习目标

知识目标

能够正确地对复杂零件进行工艺分析。

技能目标

1. 掌握数控铣床的编程技巧，能够对复杂零件进行加工。

2. 掌握工件精度检验与测量方法，能够根据测量结果分析产生误差的原因。

素养目标

1. 注重职业道德和职业素质的培养。

2. 树立质量意识，培养工匠精神。

知识链接

1. 首先，打开 Mastercam 2018 软件。第一步要把自动保存打开，避免软件因各种原因强制性退出，或者电脑卡顿、程序未响应等。设置目录（软件左上方，点击文件、自动保存、按照相应的数据进行保存），如图 3-4-1、图 3-4-2 所示。

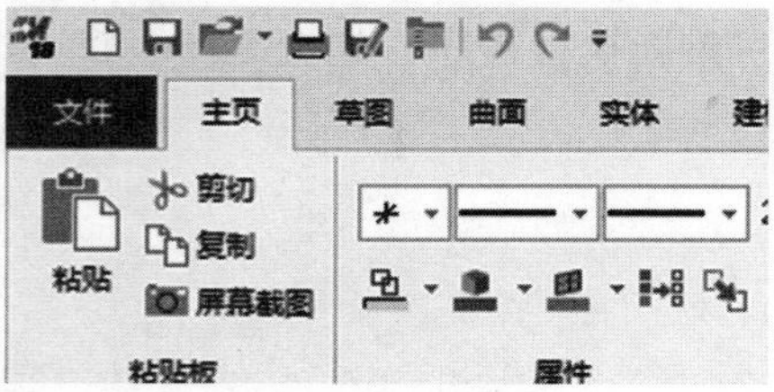

图 3-4-1　设置目录

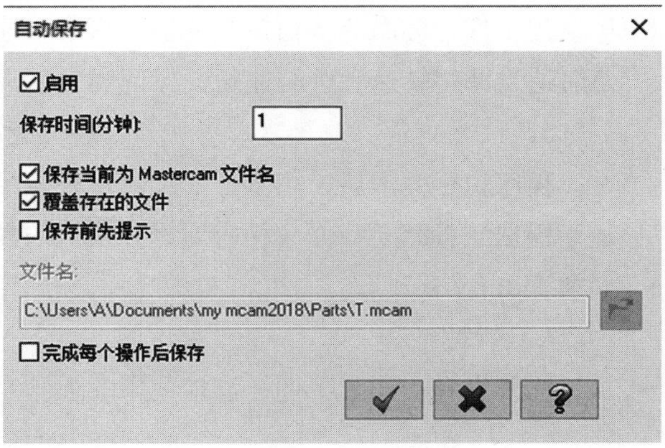

图 3-4-2　启用自动保存

2. 自动保存设置好以后，下一步要做的就是快捷键的设置了。快捷键的设置提升了我们画图的速度以及编程的速度，让键盘代替了各功能的使用。下面是我的快捷键设置，大家可以参考一下，设置方法如下：在软件右上角空白区域点击右键、选择自定义功能区、点击左下角自定义，设置完以后一定要保存。如图 3−4−3、图 3−4−4、图 3−4−5、图 3−4−6 所示。

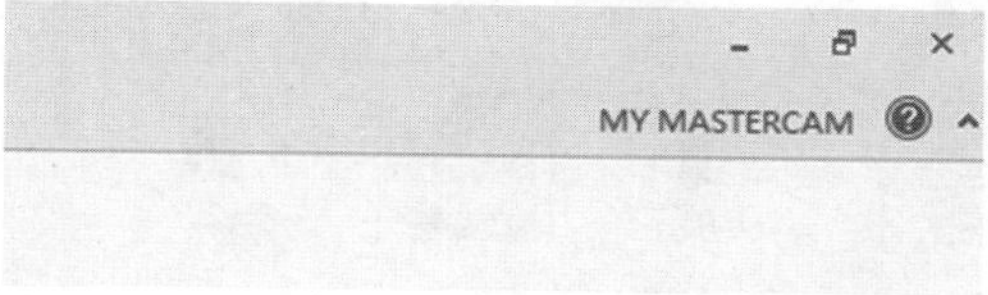

图 3−4−3　快捷键设置

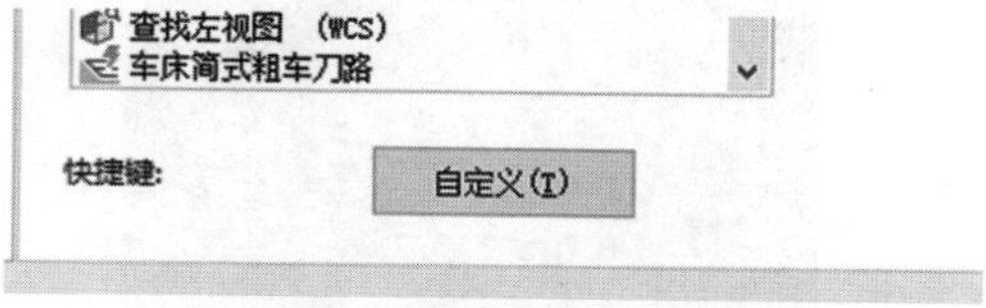

图 3−4−4　自定义快捷键

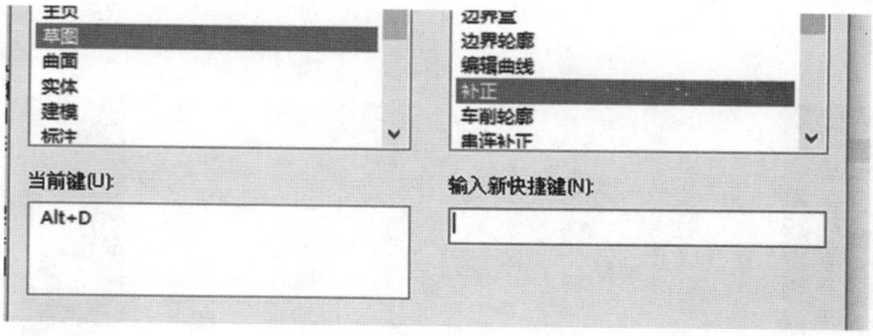

图 3−4−5　补正

已知点画圆	Alt+z
圆角矩形	Alt+x
连续线	Alt+c
倒角	Alt+b
倒圆角	Alt+v
平行线	Alt+a
修剪打断	Alt+s
补正	Alt+z
镜像	Alt+z
旋转	Alt+z
平移	Alt+z
投影	Alt+z

图 3−4−6　快捷键

3. 第三步是试验我们的电脑与机床连接是否成功，因为软件自身是没有传输系统的，所以需要我们借助 CIMCO 传输软件来进行传输。软件设置方法如下：点击软件左上方文件、配置、启动 / 推出、编辑器、更改成 CIMCO。如图 3−4−7、图 3−4−8、图 3−4−9 所示。

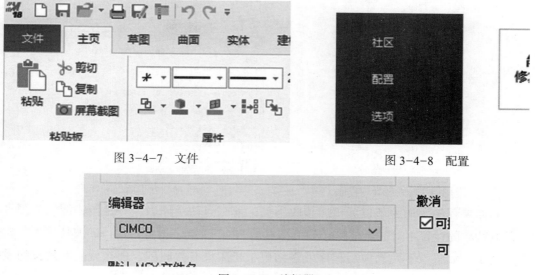

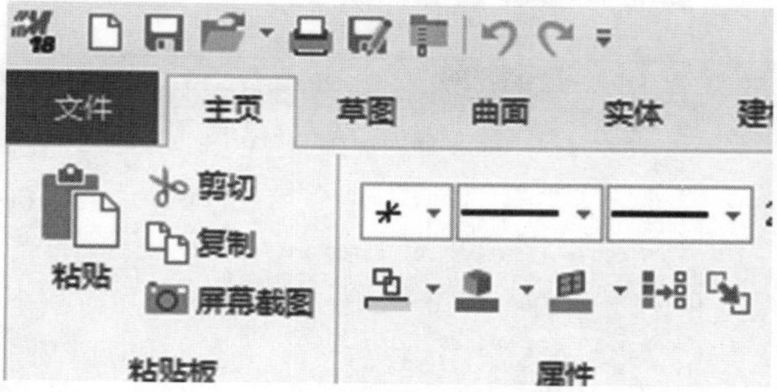

图 3−4−7　文件

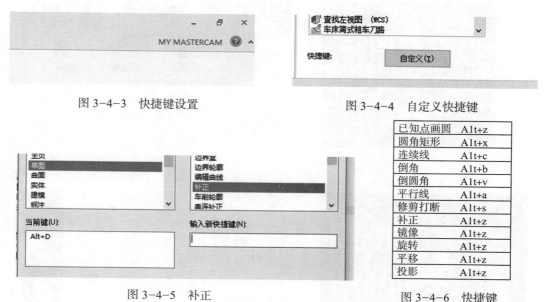

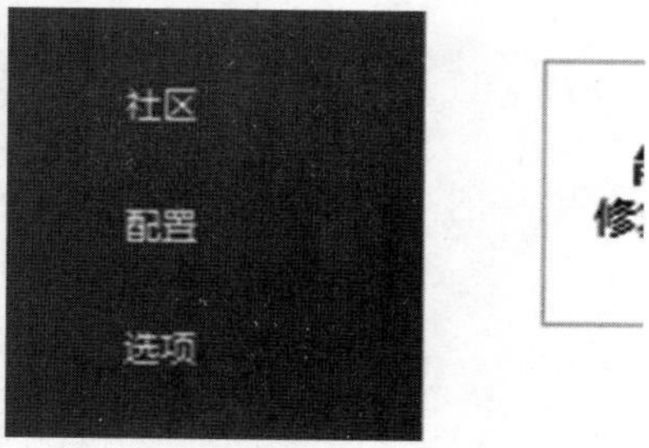

图 3−4−8　配置

图 3−4−9　编辑器

4. 传输。首先在画图页面（俯视图）画一个图形（内容自定），然后编一个程序生成 G 代码，发送到机床里。具体方法如下：G17 平面画个圆、点击铣床外形刀路、生成刀路、点击刀路状态栏（G1）生成后处理代码、发送。如图 3-4-10、图 3-4-11、图 3-4-12、图 3-4-13、图 3-4-14、图 3-4-15 所示。

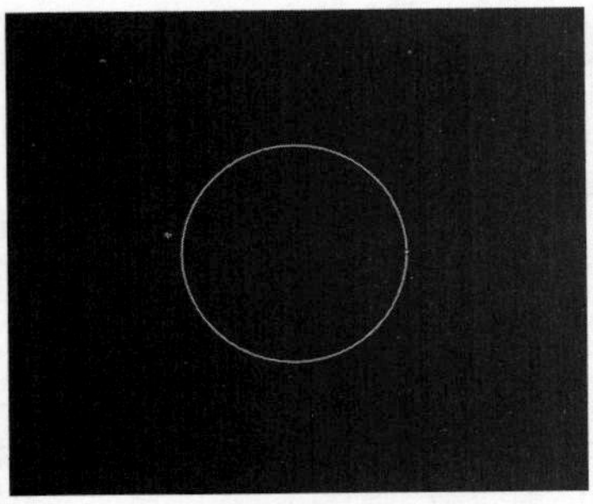

图 3-4-10　画圆

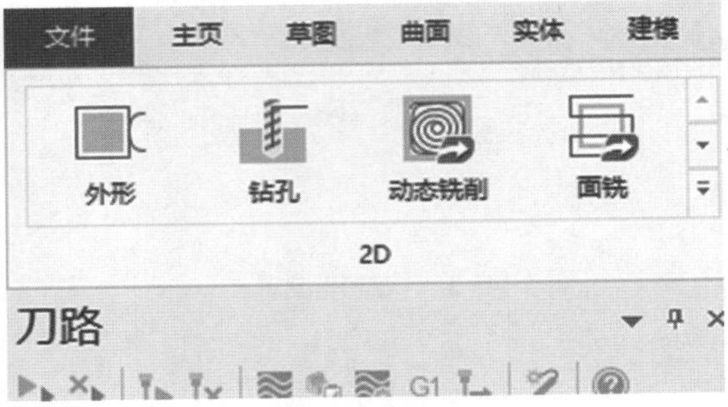

图 3-4-11　点击“外形刀路”

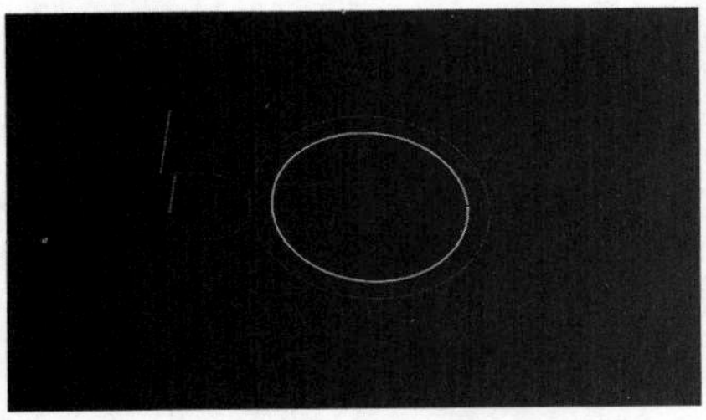

图 3-4-12　生成刀路

图 3-4-13　刀路状态栏

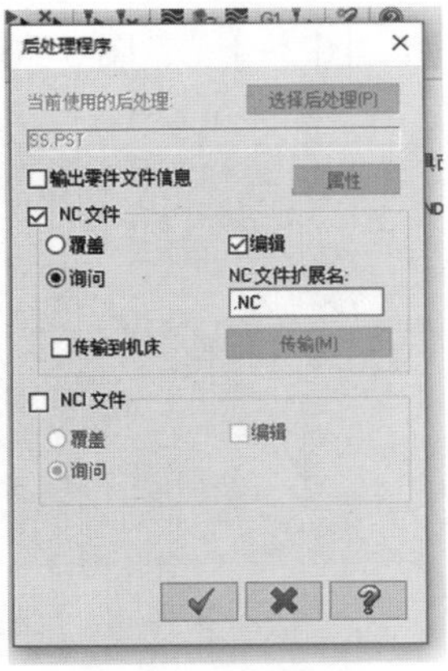

图 3-4-14　后处理程序

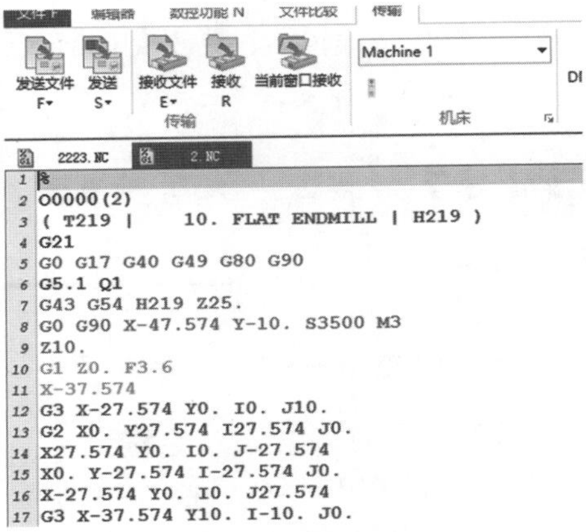

图 3-4-15　发送后处理代码

5. 如果程序发送完了以后机床接收不到，那么有两个原因，一是传输线的故障，二是波特率的设置不对。具体操作如下：点击 DNC 设置、设置、端口、波特率（与机床一致），如果点了发送以后程序发送结束了机床没有接收到，那么就是等待按钮没有打开。具体操作如下：点击 DNC 设置、设置、发送、等待 X0n 打钩。

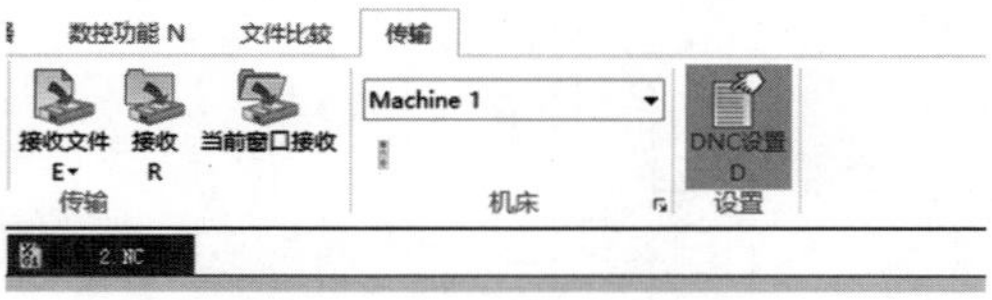

图 3-4-16　点击“DNC 设置”

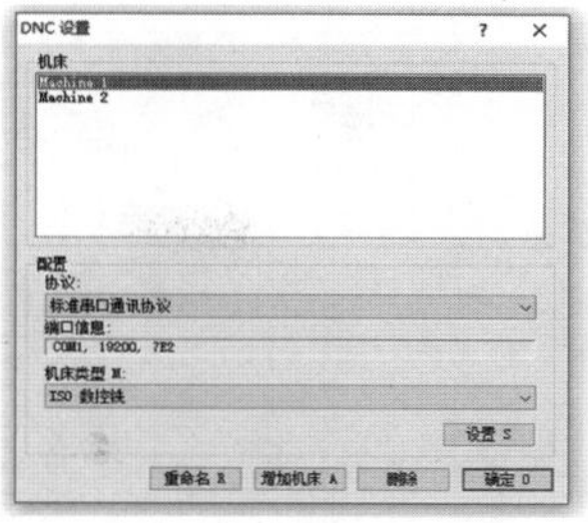

图 3-4-17　DNC 设置

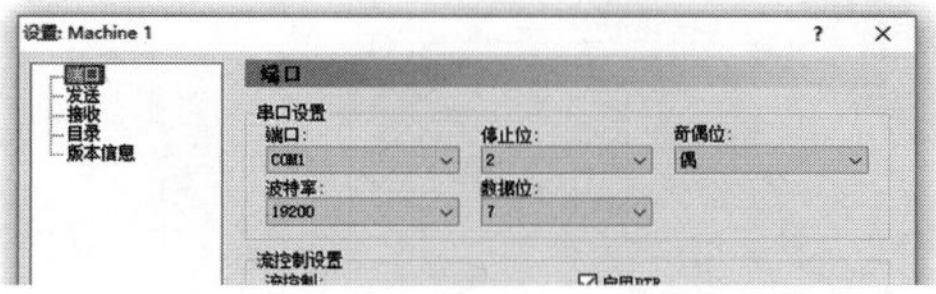

图 3-4-18　设置 Machine 1 端口

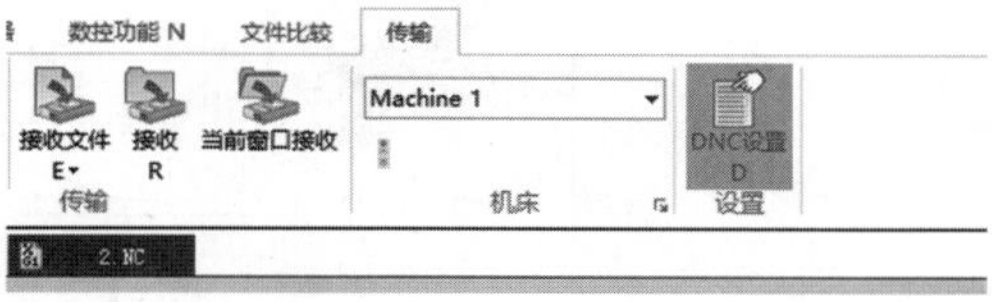

图 3-4-19　DN 设置 D 设置

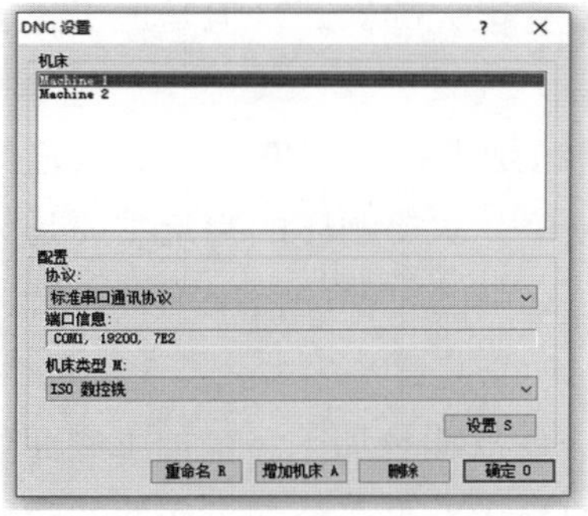

图 3-4-20　DNC 设置 Machine 1

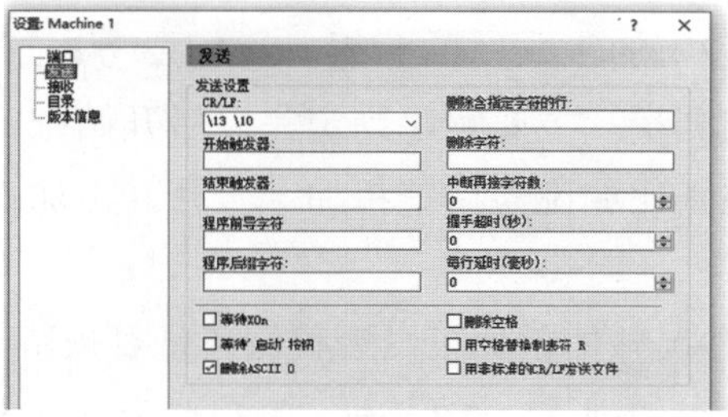

图 3-4-21　发送

6. 开始画图。拿到图纸以后不要着急画图，对比立体图分析零件的加工工艺，分析完以后决定加工思路以及粗加工顺序。决定第一个粗加工面 *A* 面。对比左右视图加立体图寻找它的深度尺寸以及轮廓相关尺寸。粗加工的顺序是按照先外后内，轮廓由大到小、内腔由小到大。为了加工速度，也可以先加工容易画的地方，局部优先粗加工。孔不做粗加工，如果必要可以留 0.2 mm 余量钻孔，铰孔前蹚一刀，从而保证孔的位置度与精度不受影响。当然，特殊零件需要留工艺台，留工艺台的目的就是为了保证反面粗加工不会受难夹持、加持力小等影响。至于工艺台留在哪里，完全是看图纸轮廓受不受力、夹持会不会变形、会不会妨碍后来的加工、会不会浪费时间等，处理好这些问题以后开始粗加工。下面就以图 3-4-22 图纸为例分析一下加工工艺与加工过程。

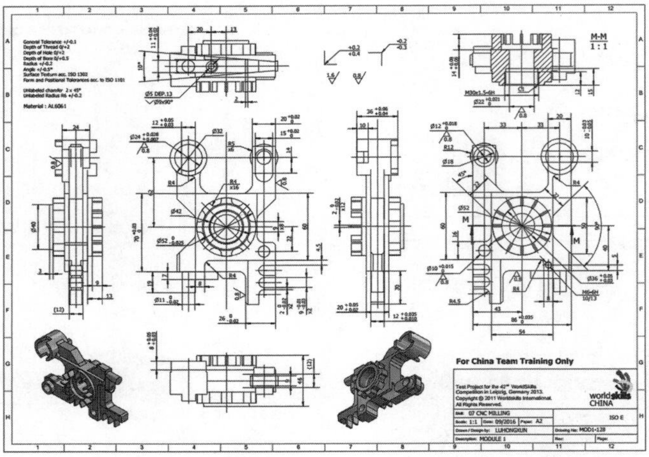

扫一扫 图 3-4-22 铝件图纸

（1）首先，这是一个模块一的铝件，因为铝件局部会有变形结构，所以我们采用两面粗加工模式，这种方式加工对零件的整体质量有很大的保障，但是加工速度慢，需要我们对整体加工有一个好的规划。

（2）加工顺序的分析。我们要考虑这装夹问题是否符合零件自身的工艺性、是否影响测量。主要顺序判定完以后开始判定次要顺序。次要顺序的判定主要是为了加工方便。比如说先局部粗加工个孔，粗加工个槽，在画图方便的情况下，进行局部粗加工。

（3）整体粗加工以后我们还是要预留夹位，方便反面精加工。精加工底面的时候一般底面切削 0.2~0.3 mm，侧刃切削 0.1mm。目的是让刀刃在精加工底面的时候能把侧刃的余量做一刀微量的半精加工，因为我们在整体粗加工以后在去装夹工件的时候，需要重新找工件的基准点，二次装夹再去找基准会有误差。侧修 0.1 mm 就是为了让它的余量更加均匀。

（4）底面精加工完以后就要开始半精加工，半精加工采用刀具补偿的方式进行。将零件的整体余量做到 0.01~0.03 mm。转速进给参数同精加工不变。

为什么要进行两次半精加工呢？有什么意义呢？

进行两次侧壁半精加工是为了让工件的余量变得更均匀，从而做到次要尺寸合格，它的意义在于给精加工做铺垫。在比赛中，我们使用的设备大多是第一次使用，没有人会告诉你它的精度怎么样，达到一定参数后设备会不会失去稳定性。所以我们第一次半精加工是让零件余量更稳定，第二次是实验在零件余量稳定的情况下，刀具切削尺寸的稳定性。比如说精加工余量是 0.02，半精加工以后得到的结果是 0.035，那么精加工的时候余量是 0；假设有 0.005 的让刀，那么精加工完这一刀以后，精加工的结果可能是 0.01 左右。

建议大家画图的时候，外轮廓画上差，内腔画下差。

7. 精加工的时候，我们可以单独选取有公差的轮廓进行精加工，这样就省了很大一部分时间。为了使精加工尺寸更详细些，也可以根据尺寸分组加工（X方向的一组，Y方向的一组），这样更好地避免了反向间隙，增加了精加工的精度。

任务评价

评价内容	评价方式			权重
	自评	互评	教师评价	
基本知识掌握情况				
独立完成情况				
学习积极性				

任务五　简单型腔轮廓加工

任务描述

型腔是指封闭轮廓的平底或曲底凹坑。

扫一扫

任务分析

1. 分析型腔轮廓加工的特点。
2. 选择切削参数时该如何进行选择。
3. 确定零件的定位基准和装夹方式。

学习目标

知识目标

熟悉常用代码的种类及格式含义。

技能目标

1. 掌握型腔轮廓的加工工艺。
2. 学会正确选用型腔轮廓加工的切削刀具及切削参数。

素养目标

1. 注重职业道德和职业素质的培养。
2. 树立质量意识，培养工匠精神。

知识链接

一、概述

1. 型腔是指具有封闭边界轮廓的平底或曲面凹坑，而且可能具有一个或多个加工岛屿，当型腔底面为平面时即为二维型腔。

2. 刀具：加工平底型腔时一律用平底铣刀，且刀具边缘部分的圆角半径应符合型腔的图样要求，大直径刀具粗加工，小直径刀具清角加工。

二、二维型腔加工的一般过程

1. 型腔的切削步骤：第一步，型腔内部去余量；第二步，型腔轮廓粗加工（粗加工阶段）；第三步，型腔轮廓精加工（精加工阶段）。

2. 既要保证型腔轮廓边界，又要将型腔轮廓的多余材料全部铣掉，不留死角、不伤轮廓、减少重复走刀的搭接量，同时还要具有尽可能高的效率。

3. 粗加工阶段：从型腔轮廓线向里偏置铣刀半径 R 并且留出粗加工余量 y。采用端铣刀，用环切法或行切法铣去型腔多余的材料，型腔较深可使用分层加工。

三、工艺规程与切削底板加工工艺规程与切削用量（表 3–5–1）

表 3–5–1　底板加工工艺规程与切削用量

刀具号	刀具规格	工作内容	F/（mm/min）	a /mm	S/（r/min）
T01	ϕ110 端铣刀	粗铣上表面 B、留精铣余量 0.5 mm	180	1.5	600
		精铣上表面 B 至尺寸	140	0.5	800
T02	ϕ10 键槽铣刀	粗铣键槽 1#、2#、3#，宽度至 11.0 mm	80	5.0	800
T03	ϕ10 立铣刀	半精加工键槽 1#、2#、3#，宽度至 11.6 mm	80	0.8	800
		精铣键槽 1#、2#、3#，至重要尺寸	80	0.2	400
T04	ϕ16 键槽铣刀	粗铣键槽 4#、5#，宽度要求至 16 mm	80	5.0	400
T05	ϕ16 立铣刀	半精铣键槽 4#、5#，宽度至 17.6 mm	50	0.2	400

四、二维型腔加工的下刀方法

预钻削起始孔。不推荐这种方法，这需要增加一种刀具，从切削的观点看，刀具通过预钻削孔时因切削力而产生不利的振动。当使用预钻削孔时，常常使刀具损坏。最佳的方法之一是 X、Y 和 Z 方向的线形坡走切割，以达到全部轴向深度的切割。第二是以螺旋形式进行圆插补铣，这是一种非常好的方法，因为它可以产生光滑的切削作用，而只要求很小的空间。

五、零件图、毛坯图及工、量、刃具清单

1. 零件图

盖板零件如图 3-5-1 所示，零件的上平面和矩形腔及封闭凹槽需要加工。

2. 毛坯图

盖板毛坯如图 3-5-2 所示。

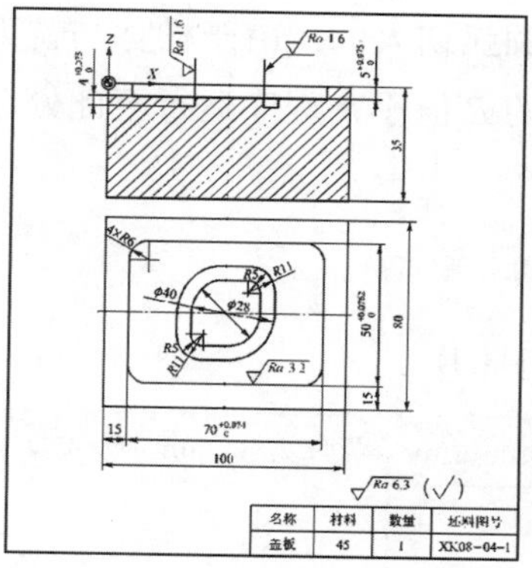

图 3-5-1　盖板零件

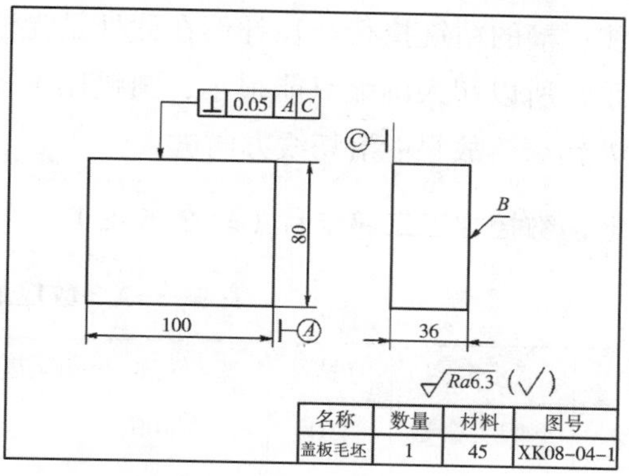

图 3-5-2　盖板毛坯

3. 图样识读

除毛坯的上表面需要加工外，还需要加工矩形腔以及封闭凹槽，盖板三维效果如图 3-5-3 所示。

扫一扫　图 3-5-3　盖板三维效果

六、工艺分析、加工方案的确定及走刀路线的安排

1. 该零件由方槽、岛屿、十字槽组成，槽宽及深度要求较高，上表面及加工部位的表面粗糙度为 *Ra*3.2，其余尺寸精度按未标注公差要求处理，其余表面 *Ra*6.3 不加工，由于深度公差小，间接反映出加工表面与边的垂直误差应在深度公差以内，整体加工要求较高。

2. 确定加工方案，根据图中内凹半径大小决定铣刀小于 0.9*R*，选用 ϕ16 铣刀进行十字槽的粗铣→精铣；根据方槽的深度决定铣刀小于 0.9*L*，选用 ϕ8 铣刀进行方槽的粗铣→ ϕ6 铣刀粗铣。由于采用多把刀具进行加工，故选用 VMC850 加工中心进行加工。

3. 刀具在 K1 点 x 下方任取一点作为半径补偿的引入点，至 K1 点建立在半径

补偿后→K（斜进刀）→S→P→Q→W→V→U→N→M→K 抬刀，撤销半径补偿。定位至 A1 上方取一点作为半径补偿的引入点，至 A1 点建立半径补偿后→A→B→C→D→E→F→H→I→J→A→抬刀，撤销半径补偿。

4. 槽的内、外轮廓由直线和圆弧组成，形状不算太复杂，但需要计算好走刀次数，槽轮廓的各几何元素清楚，条件充分。材料为 Q235−A，切削工艺性较好，加工表面的质量要求一般，可以铣削一次完成。

注：槽的精铣执行半径补偿在此处是无法进行圆弧切入的，由于槽宽与铣刀半径的关系，所以切入圆弧只能很小，圆弧比半径补偿的 R 值小，程序运行至此处会提示圆弧 R 错误，故只能沿切线方向进入。

七、数控加工工序卡片（表 3−5−2）

表 3−5−2　数控加工工序卡片

工序号	工步内容	刀具号	主轴转速 r/min	进给速度 mm/min	背吃刀量 /mm	侧吃刀量 /mm
1	型腔去余量	T01	400	100	4	
2	轮廓粗加工	T02	400	120	4	0.7
3	轮廓精加工	T03	600	60	4	0.3

八、刀具及切削参数的确定（表 3−5−3）

表 3−5−3　数控加工刀具

序号	刀具号	刀具名称	刀具规格 /mm		补偿值 /mm		刀补号		备注
			直径	长度	半径	长度	半径	长度	
1	T01	键槽铣刀	φ12	实测	6.36	实测	D01　D02		硬质合金

任务六　子程序编程的应用

任务描述

数控编程时利用子程序简化编程指令可以大大缩短程序长度，提高编程效率，对于手工编程，掌握子程序简化编程指令非常重要。在对子程序的应用范围进行总结的基础之上重新认识子程序编写技术中的一些新问题。

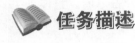

任务分析

1. 分析子程序在制定加工工艺中的特点。
2. 该如何选择切削参数。
3. 机床代码的使用以及应用。

学习目标

知识目标

熟悉常用代码的种类及格式含义。

技能目标

1. 掌握子程序的加工工艺。
2. 学会正确选用子程序的切削刀具及切削参数。
3. 掌握子程序的粗、精走刀路线。

素养目标

1. 注重职业道德和职业素质的培养。
2. 树立质量意识，培养工匠精神。

知识链接

一、子程序

在许多应用程序中，常常需要多次使用某功能的指令序列。这时，为了减少重复编写程序，节约内存空间，把这一功能的指令序列组成一个相对独立的程序段。在程序运行时，如果需要使用这个给定的功能，就转移到这个独立的程序段，待这个独立的程序段指令序列执行完毕后，又返回原来的位置继续运行程序。我们把这个相对独立的程序段叫作子程序或过程。

二、调用程序

编制程序时，按需要转向子程序，称为子程序调用，或称为过程调用。调用子程序的程序称为调用程序或子程序。主、子程序是相对而言的，但子程序一定是受调用程序或主程序调用的。

三、子程序 M98、M99

在程序中含有某些固定顺序或重复出现的区域时，这些顺序或区域可以作为“子程序”存入存储器内，反复调用以简化程序。子程序以外的加工程序为“主程序”。

子程序编程是计算机程序设计中的基本功能，现代 CNC 系统一般都提供调用子程序功能。但子程序调用不是数控系统的标准功能，不同的数控系统所用的指令和格式不同。

图 3-6-1 所示为铣床上铣出三个完全相同的图案。可把其中一个图案的加工程序作为子程序，在主程序中调用三次。

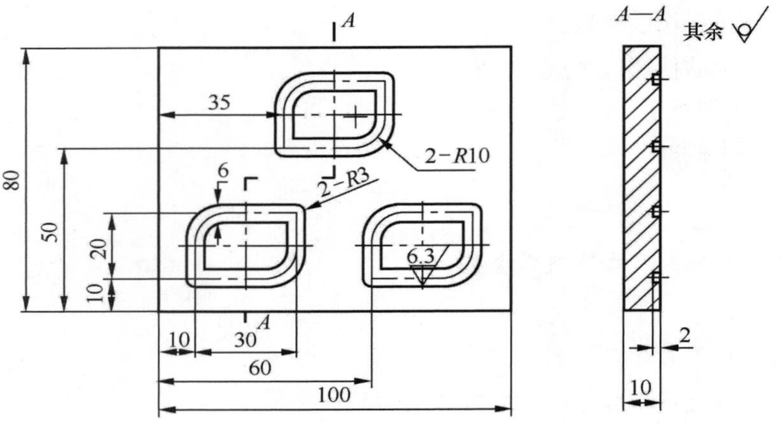

图 3-6-1　铣出三个完全相同的图案

1. 指令

M98：调用子程序，M99：子程序结束

2. 格式

M98　P××× ××××，子程序格式：O××××（子程序号）⋮ M99

3. 说明

（1）P 后的前 3 位数为子程序被重复调用的次数，当不指定重复次数时，子程序只调用一次。后 4 位数为子程序号；

（2）M99 为子程序结束，并返回主程序；

（3）M98 程序段中，不得有其他指令出现。

4. 子程序的嵌套（图 3-6-2）

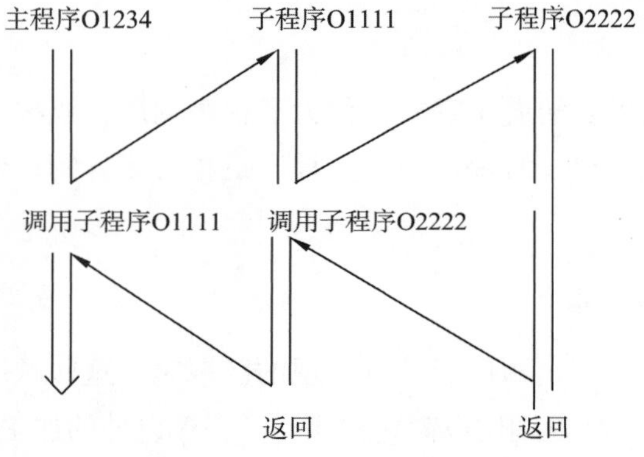

图 3-6-2　子程序的嵌套

5. 子程序的调用与执行

子程序的调用格式（大多数数控系统用下列格式）：

M98　P__ L__ 主程序调用子程序

M99　子程序结束并返回主程序

6. 应用

课题案例编程：编程原点选择在毛坯左下角，采用逆铣。考虑到立铣刀不能垂直切入工件，下刀点选择在图形的左下角（图 3-6-3），采用斜线切入工件。数控加工程序编制如下：

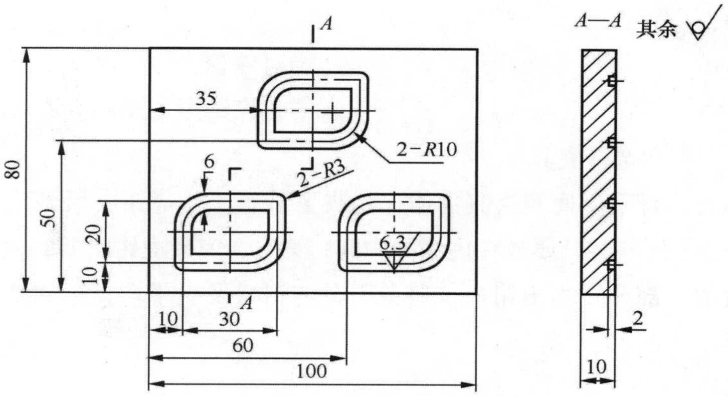

图 3-6-3　下刀点的选择

O5656	程序名
N010 G90　G54　X0　Y0；	设置编程原点
N015 T01；	选择刀具
N020 M03 S1100；	启动主轴正转 1000 r/min
N030 G43 H01 Z2；	建立长度补偿
N040 G00　X10　Y20　M07；	快进到（10，20），开启冷却液
N050 M98　P8080；	调用 P8080 子程序，加工槽
N060 G00　X60　Y20；	快进到安全平面 P 点
N070 M98　P8080；	调用 P8080 子程序，加工槽
N080 G00　X35　Y60；	快进到安全平面 M 点
N090 M98　P8080；	调用 P8080 子程序，加工槽
N100 G49G00 Z100 M09；	刀具 Z 向快退至起始平面
N110 X0 Y0 M05；	刀具回起刀点，主轴停转
N120 M02；	主程序结束

O8080	子程序名

```
N1010 G91;                          增量编程
N1020 G01 Y-10 Z-4   F100;          刀具斜线下刀
N1030 G01   X20    F100;            刀具 Z 向退刀到工件上表平面处
N1040 G03 X10 Y10 R10;
N1050 G01 Y10;
N1060 X-20;
N1070 G03 X-10 Y-10 R10;
N1080 G01 Y-10;
N1085 Z4;
N1090 G90;                          绝对编程
N1095 M99                           子程序结束，返回主程序
```

7. 定装夹方案和选择夹具

该工件不大，可采用通用夹具虎钳作为夹紧装置。用虎钳夹紧该工件时要注意以下几点：第一，工件安装时要放在虎钳的中间；第二，安装虎钳时要对固定钳口找正；第三，工件被加工部分要高出钳口，避免刀具与钳口发生干涉；第四，安装工件时，注意工件上浮。

8. 刀具选择

铣刀材料和几何参数主要根据零件材料切削加工性、工件表面几何形状和尺寸大小选择；切削用量是依据零件材料特点、刀具性能及加工精度要求确定。通常为提高切削效率要尽量选用大直径的铣刀；侧吃刀量取刀具直径的三分之一到二分之一（即 Z 方向一次吃刀深度），背吃刀量应小于半径；切削速度和进给速度应通过试验选取效率和刀具寿命的综合最佳值。精铣时切削速度应高一些。

9. 进给路线

铣外轮廓时，刀具沿零件轮廓切向切入，切向切入可以是直线切向切入，也可以是圆弧切向切入。

铣削内轮廓时，可以钻工艺孔下刀，或者是倾斜下刀到孔中心。然后建立半径补偿直线切削到圆弧加工起点。

10. 选择切削用量

切削用量的具体数值，应根据数控机床使用说明书的规定，被加工工件材料的类型（如铸铁、钢材、铝材等），加工工序（如车铣、钻等精加工、半精加工）以及其他工艺要求，并结合实际经验来确定。

任务七　极坐标编程应用

任务描述

极坐标是以半径和角度来确定编程点的位置，编程方法和画 AUTOCAD 相似。基本格式为 G16/G15X_Y_。其中 G16 为建立极坐标指令，G15 为取消极坐标指令。X_ 为极坐标半径，用所选平面的第一轴地址来指定（用正值表示）。Y_ 为极坐标角度，极角的正向是所选平面的第 1 坐标轴沿逆时针转动的方向，而负向是沿顺时针转动的方向。

任务分析

1. 分析极坐标编程的特点。
2. 分析极坐标的概念及格式。

学习目标

知识目标

了解极坐标的概念及应用。

技能目标

掌握采用极坐标编写程序的方法。

素养目标

1. 注重职业道德和职业素质的培养。
2. 树立质量意识，培养工匠精神。

知识链接

一、极坐标概念及格式

1. 极坐标是以半径和角度来确定编程点的位置，编程方法和画 AUTOCAD 相似。基本格式为 G16/G15X_Y_。其中 G16 为建立极坐标指令，G15 为取消极坐标指令。X_ 为极坐标半径，用所选平面的第一轴地址来指定（用正值表示）。Y_ 为极坐标角度，极角的正向是所选平面的第 1 坐标轴沿逆时针转动的方向，而负向是沿顺时针转动的方向。极径和极角均可以用绝对值指令或增量值指令（G90，G91）指定。

2. 当绝对值编程时（G90　G17　G16），极坐标半径值为程序段终点坐标到工件坐标系原点的距离。极坐标角度为程序段终点与工件坐标系原点连线与 X 轴的夹角。当增量值编程时（G91　G17　G16），极坐标半径值为程序段终点坐标到刀具起点位置的距离。极坐标角度为前一坐标系原点与刀具起点位置连线与当前轨迹的夹角。

3. 在一个加工程序中，如果其中有些加工内容完全相同或相似，为了简化程序，可以把这些重复的程序段单独列出，并按一定的格式编写成子程序。主程序在执行过程中如果需要某一子程序，通过调用指令来调用该子程序，子程序执行完后又返回到主程序，继续执行后面的程序段。

4. 第一个用极坐标来确定平面上点的位置的是牛顿。他的《流数法与无穷级数》大约于 1671 年写成，出版于 1736 年。此书包括解析几何的许多应用，例如按方程描出曲线，书中创见之一，是引进新的坐标系。瑞士数学家 J. 贝努利于 1691 年在《教师学报》上发表了一篇基本上是关于极坐标的文章，所以通常认为 J. 贝努利是极坐标的发现者。J. 贝努利的学生 J. 赫尔曼在 1729 年不仅正式宣布了极坐标的普遍可用，而且自由地应用极坐标去研究曲线。在平面内建立直角坐标系，是人们公认的最容易接受并且被经常采用的方法，但它并不是确定点的位置的唯一方法。有些复杂的曲线用直角坐标系表示，形式极其复杂，但用极坐标表示，就变得十分简单且便于处理，在此基础上解决平面解析几何问题也变得极其简单。通过探究极坐标在平面解析几何中的广泛应用，使我们能够清楚地认识到，用极坐标来解决某些平面解析几何问题和某些高等数学问题比直角坐标系具有很大的优越性。

二、极坐标系的建立

1. 极坐标的定义

（1）在平面内取一个定点 O，叫作极点，引一条射线 OX，叫作极轴，选定某个长度，某个角度单位（常取弧度），规定角度的正方向（通常取逆时针方向），这样建立的坐标系叫作极坐标系。

（2）对于平面内任意一点 M，ρ 表示极点与点 M 的距离，叫作点 M 的极径；θ 表示以 OX 为始边，OM 为终边的角，叫作 M 的极角，有序数对（ρ，θ）就叫作 M 的极坐标。

（3）指令代码及格式

G □□ G ○○ G16；启动极坐标指令（极坐标方式）

G ○○ IP_；

G16 极坐标指令

G15 极坐标指令取消

G □□极坐标指令的平面选择（G17，G18 或 G19）

G ○○ G90 指定工件坐标系的零点作为极坐标系的原点，从该点测量半径。

G91 指定当前位置作为极坐标系的原点，从该点测量半径。

IP_ 指定极坐标系选择平面的轴地址及其值。

第 1 轴：极坐标半径

第 2 轴：极坐标角度

（4）局部坐标指令格式

为了方便编程，可以设定工件坐标系的子坐标系，子坐标系称为局部坐标系，使用及其简便，设格式：G521P；（设定局部坐标系）

G52IPO；（取消局部坐标系），

其中 IP 指局部坐标系的原点在工件坐标系中的位置（坐标值表示）。

G52 的实质是将坐标系平移到 *XYZ* 处。

注意：当执行 G521P 时，刀具不移动。而当局部坐标系设定后，以绝对值方式（G90）指令的移动是局部坐标子中的坐标值。

（5）极坐标有四个要素：①极点；②极轴；③长度单位；④角度单位及它的方向。极坐标与直角坐标都是一对有序实数确定平面上一个点，在极坐标系下，一对有序实数对应唯一点 $P(\rho, \theta)$，但平面内任一个点 P 的极坐标不唯一。一个点可以有无数个坐标，这些坐标是有规律可循的，$P(\rho,\theta)$（极点除外）的全部坐标为 $(\rho, \theta+2k\pi)$ 或 $[-\rho, \theta+(2k+1)\pi]$，$(k \in Z)$。极点的极径为 0，而极角任意取。若对 ρ、θ 的取值范围加以限制。则除极点外，平面上点的极坐标就唯一了，如限定 $\rho>0, 0\leqslant\theta<2\pi$ 或 $\rho<0, -\pi<\theta\leqslant\pi$ 等。极坐标与直角坐标的不同是，在直角坐标系中，点与坐标是一一对应的，而在极坐标系中，点与坐标是一多对应的。即一个点的极坐标是不唯一的。

2. 极坐标系

（1）数轴

它使直线上任一点 P 都可以由唯一的实数 x 确定。

（2）平面直角坐标系

在平面上，当取定两条互相垂直的直线的交点为原点，并确定了度量单位和这两条直线的方向，就建立了平面直角坐标系。它使平面上任一点 P 都可以由唯一的实数对 (x, y) 确定。

（3）空间直角坐标系

在空间中，选择两两垂直且交于一点的三条直线，当取定这三条直线的交点为原点，并确定了度量单位和这三条直线方向，就建立了空间直角坐标系。它使空间上任一点 P 都可以由唯一的实数对 (x, y, z) 确定。

（4）直角坐标与极坐标的互化

极坐标系和直角坐标系是两种不同的坐标系，同一个点可以用极坐标表示，也可以用直角坐标表示，这两种坐标在一定条件下可以互相转化。教学时，首先假设极坐标系的极点和直角坐标系的原点重合，极轴和 X 轴重合，极坐标系和直角坐标系的长度单位相同；然后，由此推出平面上任意一点 P 的极坐标与直角坐标之间的关系。

（5）关于极坐标编程

通过相关铺垫知识的介绍，即可进入本任务的教学重点。通常情况下，开机时，数控系统默认采用目标点的直角坐标编程。要想使用极坐标编程，必须告知数控系统，生效极坐标系编程。为此，首先应介绍极坐标生效指令，然后指定极点位置等。

极坐标生效指令 z 指令格式（G16）。z 指令说明。

当使用极坐标指令后，即以极径和极角来确定点的位置。当使用 G17、G18、G19 选择好加工平面后，用所选平面的第一轴地址来指定极径，并用正值表示；用所选平面的第二坐标地址来指定极角，极轴为极角零度，逆时针方向衡量的为极角用正值表示，否则，用负值表示。

（6）极点指定

极点指定至关重要，关系到编程的方便与否。有两种指定方式可供采用，一种是以工件坐标系的零点作为极坐标原点；另一种是以刀具当前的位置作为极坐标系原点。教学中，介绍以工件坐标系的零点作为极坐标原点即可。

（7）极坐标取消指令 G15

极坐标系编程结束后，为避免带来不必要的麻烦，建议取消极坐标编程，以恢复直角坐标编程。

（8）极坐标编程

由于极坐标编程与直角坐标编程没有本质区别，教学中，建议以本任务复习提问之零件编程为例进行。以此，突出极坐标编程带来的方便。作为两种不同的坐标系，极坐标与直角坐标系都可以确定点的坐标，但又各具特点。通常在运动的过程中，若点作平移变动时，则点的位置采用直角坐标描述较方便；若点做旋转变动时，则点的位置采用极坐标描述较方便。

在平面（例如 XY 平面）直角坐标系中，平面内的一条曲线可以用含有 X、Y 两个变量的方程表示。类似地，在极坐标系中，平面内的一条曲线可以用含有 ρ、θ 这两个变数的方程 $f(\rho, \theta)=0$ 来表示。一般地，如果一条曲线上任意一点都有一个极坐标适合方程 $f(\rho, \theta)=0$；反之，极坐标适合方程 $f(\rho, \theta)=0$ 的点在曲线上，那么这个方程称为这条曲线的极坐标方程，这条曲线称为这个极坐标方程的曲线。当然，由于点的极坐标表示不唯一，导致曲线的极坐标方程也不唯一。例如，以极点 O 为圆心，5 为半径的圆可以用 $\rho=5$ 表示，也可以用方程 $\rho=-5$ 表示。

三、极坐标系指令编程举例

1.FANUC 系统极坐标指令编程（表 3-7-1）

表 3-7-1　FANUC 系统极坐标指令编程

（G15、G16）	G01Z-5F30	Y300
G54G90G40G17G15G0Z100	G42G01X25Y0D1F60	Y360
X35Y0	G16	G15
Z10	Y60	G40G01X35Y0
M03S400	Y120	G0Z100
M08	Y180	M30
	Y240	

2.SIEMENS 系统极坐标指令编程

（1）G110（表 3-7-2）

表 3-7-2　G110 指令编程

G110/G111/G112	G42G01AP=180RP=10D1F60	G110X0Y0
M30	G110X0Y0	AP=0RP=25
G54G90G40G17G0Z100	AP=120RP=25	G110X0Y0
X35Y0	G110X0Y0	AP=60RP=25
Z10	AP=180RP=25	Y10
M03S400	G110X0Y0	G40G01X35Y0
M08	AP=240RP=25	G0Z100
G110X0Y0	G110X0Y0	M05
G01Z-5F30	AP=-60RP=25	M09

（2）G111（表 3-7-3）

表 3-7-3　G111 指令编程

G54G90G40G17G0Z100	G01Z-5F30	AP=300	M09
X35Y0	G42G01RP=25AP=0D1F60	AP=360	M30
Z10	AP=60	Y10	
M03S400	AP=120	G40G01X35Y0	
M08	AP=180	G0Z100	
G111X0Y0	AP=240	M05	

（3）G113（表 3-7-4）

表 3-7-4　G113　指令编程

G54G90G40G17G0Z100	G112X-10Y0	AP=0RP=25
X35Y0	AP=120RP=25	G112X25Y=0
Z10	G112X-12.5Y=25*SIN（60）	AP=60RP=25
M03S400	AP=180RP=25	Y10
M08	G112X-25Y=0	G40G01X35Y0
G110X0Y0	AP=240RP=25	G0Z100
G01Z-5F30	G112X-12.5Y=-25*SIN（60）	M05
G42G01AP=180RP=10D1F60	AP=-60RP=25	M09
	G112X12.5Y=-25*SIN（60）	M30

数控编程是数控加工准备阶段的重要环节，数控程序编制的品质高低直接影响零件的加工精度和生产效率。编程方法包括手动编程和自动编程，随着自动编程软件的发展，自动编程的难度越来越低，手动编程被人们忽视，但自动编程存在程序冗长、难以检查、轨迹非理想轨迹等不足之处，而手动编程却能弥补这些缺点。作为一个数控从业人员，手工编程是基础，只有熟练掌握数控编程规则才能进行程序编制。手工编程既能锻炼从业人员的编程能力，又能弥补自动编程的不足。

在数控机床的加工中，手工编程加工形状比较复杂和图形具备一定规则的工件时，必须使用一定的技巧，如宏程序的编制、镜像、比例缩放、极坐标等。G15、G16 是目前使用广泛的 FANUC 系统使用的极坐标指令，一般适用于圆周分布的孔类零件、图样尺寸以角度与距离（半径）形式表示的零件的比较简单的手工编程。

①极坐标指令格式

建立极坐标系，终点的坐标值用极坐标（极径，极角）表示，指令格式如下：

G71（G18/G19）　G90（G91）

G16（指定极坐标编程方式）

G15（取消极坐标方式）

其中 G17（G18/G19）设定平面选择，例如 G17 的第一轴 X 表示极径，第二轴 Y 表示极角。G18 则以 Z/X，分别表示极径 / 极角。

G90（G91）设为极点。G90 指定工件坐标系的零点为极坐标系的原点，从该点确定极径，G91 指定当前位置为极坐标系的原点，从该点确定极径。极角用 G90 指定时，表示极轴逆时针至极径位置的角度。极角用 G90 指定时，以前段极径逆时针旋转当前极径位置的角度表示。

采用极坐标编程，可以减少编程时的计算工作量，在具体编程时，可以使用 G52 与 G90 指定当前位置为极点，便于计算极径 / 极角，则根据需要选用 G90 或 G91。

工件坐标系的零点被设定为极坐标系的原点，当使用局部坐标系时，局部坐标系的原点变成极坐标的中心。

②局部坐标系指令格式

为了方便编程，可以设定工件坐标系的子坐标系，子坐标系称为局部坐标系，使用极其简便，其指令格式如下：

G52　IP0；（取消局部坐标系）

其中 IP 指局部坐标系的原点在工件坐标系中的位置（坐标值表示）。

G52 的实质是将坐标系平移到 X′ __Y′ __ Z′ 处。

注意：当执行 G52 IP 时，刀具不移动。

而当局部坐标系设定后，以绝对值方式（G90）指令的移动是局部坐标系中的坐标值。

在产品加工中，一般选择 G54 标准工件坐标系，在此基础上，根据自己的需要通过 G52 任意完成工件坐标系的平移与设定。

任务八　坐标变换编程应用

任务描述

学习数控铣床坐标系统与坐标变换、世界坐标系到页面坐标系的变换、坐标转换知识，了解程序镜像、旋转、缩放等功能的用法及格式，简化加工程序的同时提高加工效率。

任务分析

1. 分析坐标在制定加工工艺中的特点。
2. 坐标系转换即在同一地球椭球下，空间点的不同坐标表示形式间进行变换。
3. 基准变换是指空间点在不同的地球椭球间的坐标转换。

学习目标

知识目标

常用代码的种类及格式含义。

技能目标

1. 掌握坐标变换编程。
2. 学会正确使用坐标变换编程应用。

素养目标

1. 注重职业道德和职业素质的培养。
2. 树立质量意识，培养工匠精神。

知识链接

一、镜像功能 G24，G25

指令功能：

当工件（或某部分）具有相对于某一轴对称的形状时，可以利用镜像功能和子程序的方法，简化编程。

镜像指令能将数控加工刀具轨迹沿某坐标轴作镜像变换而形成对称零件的刀具轨迹。

对称轴可以是 *X* 轴、*Y* 轴或 *X*、*Y* 轴。

指令格式：

G24　X__Y__Z__　　　　　　建立镜像

（M98　P_）

G25　X__Y__Z__　　　　　　取消镜像

或　G25

指令说明：

建立镜像由指令坐标轴后的坐标值指定镜像位置（对称轴、线、点）。

G24、G25 为模态指令，可相互注销，G25 为缺省值。

有刀补时，先镜像，然后进行刀具长度补偿、半径补偿。

例如：当采用绝对编程方式时

G24　X-9.0

表示图形将以 *X*=-9.0 的直线（//*Y* 轴的线）作为对称轴，

G24　X6.0　Y4.0

表示先以 *X*=6.0 对称，然后再以 *Y*=4.0 对称，两者综合结果即相当于以点（6.0，4.0）为对称中心的原点对称图形。

G25　X0

表示取消前面的由 G24X__ 产生的关于 *Y* 轴方向的对称。

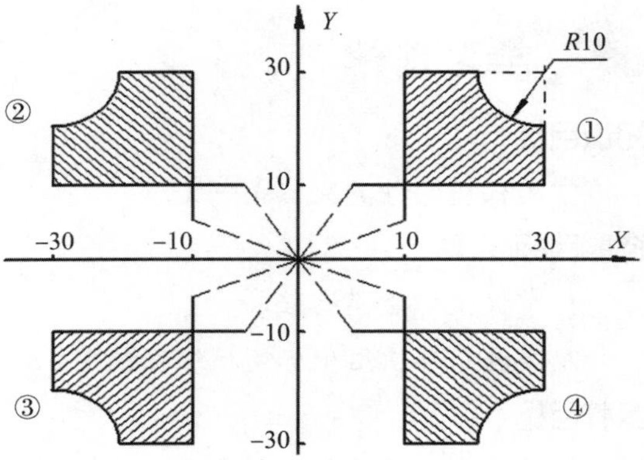

图 3-8-1　加工图

主程序

%0008

G92　X0　Y0　Z25.0

G90　G17　G00　Z5.0　M03

M98　P100　　　　加工图 3-8-1

G24　X0　　　　　坐标变换

```
M98 P100
G24 Y0
M98 P100
G25 X0
M98 P100
G25 Y0
Z25.0 M05 M30
```

子程序

```
%100
G41 X10.0 Y4.0 D01
Y5.0
G01 Z-28.0 F200
Y30.0
X20.0
G03 X30.0 Y20.0 R10.0
G01 Y10.0
X5.0
G00 Z5.0
G40 X0 Y0
M99
```

二、旋转变换功能 G68，G69

指令功能：

该指令可使编程图形按照指定旋转中心及旋转方向旋转一定角度。

通常和子程序一起使用，加工旋转到一定位置的重复程序段。

格式 G17 G68 X__Y__P__

G18 G68 X__Z__P__ 坐标旋转功能

G19 G68 Y__Z__P__

G69 取消坐标旋转功能

其中：

X、*Y*、*Z* 是旋转中心的坐标值；

P 为旋转角度，单位是（ ° ），$0 \leqslant P \leqslant 360°$

逆时针旋转时为“+”，顺时针旋转时为“-”

在有刀具补偿的情况下，先进行坐标旋转，然后才进行刀具半径补偿、刀具长度补偿。在有缩放功能的情况下，先缩放后旋转。如图 3-8-2 所示。

主程序

```
%0009
G92  X0  Y0  Z25.0
G90  G17  G00  Z5.0  M03
M98  P100
G68  X0  Y0  P90.0
M98  P100
G69
G68  X0  Y0  P180.0
M98  P100
G69
G68  X0  Y0  P270.0
M98  P100
G69
Z25.0  M05  M30
```

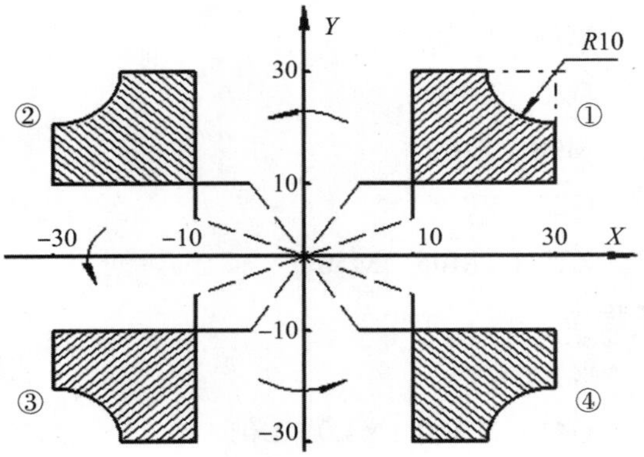

图 3-8-2　将基本图形分别旋转 90°、180°、270°

三、缩放功能 G50，G51

格式：　G51　X_Y_Z_P_　　缩放开
　　　　（M98　P_）
　　　　　　G50　　　　缩放关

其中：*X*、*Y*、*Z* 给出缩放中心的坐标值，*P* 后跟缩放倍数。

G51 既可指定平面缩放，也可指定空间缩放。

G51、G50 为模态指令，可相互注销，G50 为缺省值。

有刀补时，先缩放，然后进行刀具长度补偿、半径补偿。

缩放指令编程

使用缩放指令可实现同一程序加工出形状相同、尺寸不同的工件。如图 3-8-3 所示。

主程序

```
%0007
G92  X0  Y0  Z25.0
G90  G00  Z5.0  M03
     G01  Z-18.0  F100
```

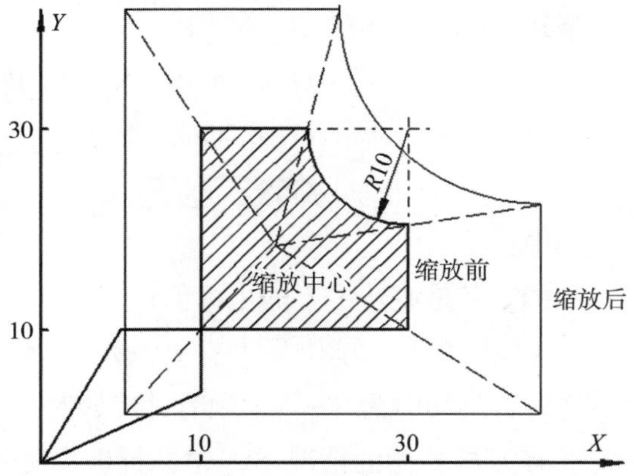

图 3-8-3　缩放功能

```
M98   P100
        G01   Z-28.0
G51   X15.0   Y15.0   P2
M98   P100
G50
G00   Z25.0   M05   M30
```

子程序

```
%100
G41   G00   X10.0   Y4.0   D01
G01   Y30.0
      X20.0
G03   X30.0   Y20.0   R10.0
G01   Y10.0
      X5.0
G40   G00   X0   Y0
M99
```

任务评价

评价内容	评价方式			权重
	自评	互评	教师评价	
基本知识掌握情况				
独立完成情况				
学习积极性				

任务九　零件精度检验

任务描述

扫一扫

反映测量结果与真值接近程度的量称为精度，它与误差的大小相对应，因此可用误差大小来表示精度的高低，误差小则精度高，误差大则精度低，并进行检验。

任务分析

1. 分析加工后的实际几何参数与图纸参数符合的程度。

2. 分析工艺过程的稳定性、确定机床的调整精度。

3. 分析统计每个区间内的零件个数。

学习目标

知识目标

1. 熟悉零件的尺寸公差精度等级。

2. 熟悉零件的几何公差特征项目、公差等级要求。

技能目标

熟悉零件的表面粗糙度要求，并进行正确标注。

素养目标

1. 注重职业道德和职业素质的培养。

2. 树立质量意识，培养工匠精神。

知识链接

一、测量工具

1. 游标卡尺

游标卡尺（图 3–9–1），是一种测量长度、内外径、深度的量具。游标卡尺由主尺和附在主尺上能滑动的游标两部分构成。主尺一般以毫米（mm）为单位，而游标上则有 10、20 或 50 个分格。根据分格的不同，游标卡尺可分为十分度游标卡尺、二十分度游标卡尺、五十分度游标卡尺等。游标为 10 分度的有 9 mm，20 分度的有 19 mm，50 分度的有 49 mm。游标卡尺的主尺和游标上有两副活动量爪，分别是内测量爪和外测量爪，内测量爪通常用来测量内径，外测量爪通常用来测量长度和外径。

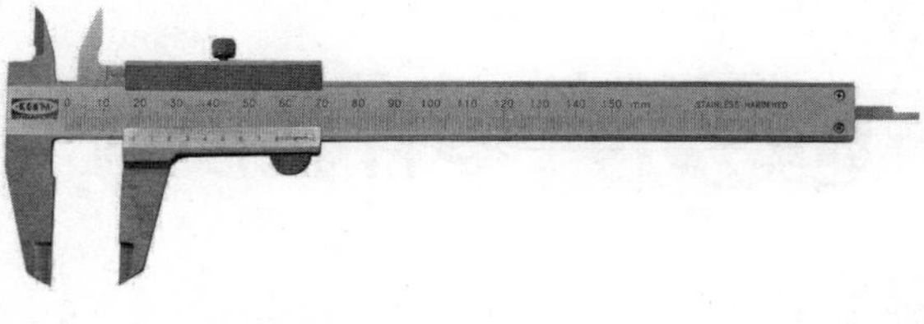

扫一扫 图 3–9–1　游标卡尺

2. 螺旋测微器

螺旋测微器又称为千分尺、螺旋测微仪、分厘卡（图 3–9–2），是比游标卡尺更精密的测量长度的工具，用它测长度可以准确到 0.01 mm，测量范围为几个厘米。它的一部分加工成螺距为 0.5 mm 的螺纹，当它在固定套管 B 的螺套中转动时，将前进或后退，活动套管 C 和螺杆连成一体，其周边等分成 50 个分格。螺杆转动的整圈数由固定套管上间隔 0.5 mm 的刻线去测量，不足一圈的部分由活动套管周边的刻线去测量，最终测量结果需要估读一位小数。

3. 深度千分尺

深度千分尺（图 3-9-3）是应用螺旋副转动原理将回转运动变为直线运动的一种量具。主要用于测量零件的深槽、深孔。

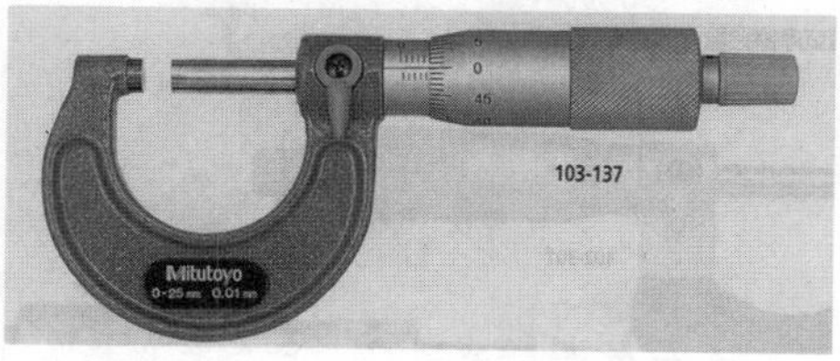

扫一扫　图 3-9-2　螺旋测微器

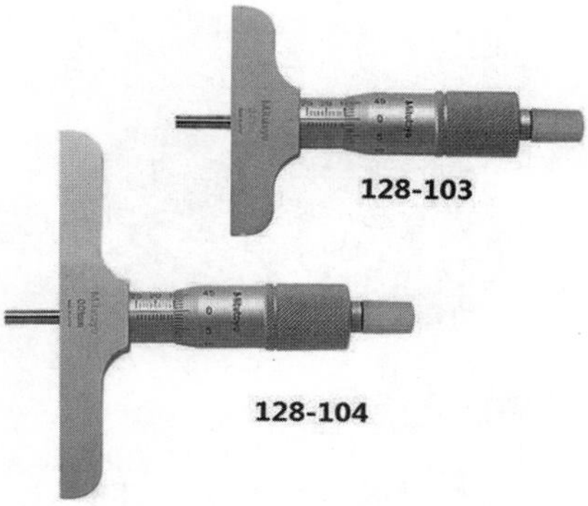

图 3-9-3　深度千分尺

4. 内径千分尺

内径千分尺（图 3-9-4、图 3-9-5）用于内尺寸的精密测量。内径尺测量孔时，将其测量触头测量面支撑在被测表面上，调整微分筒，使微分筒一侧的测量面在孔的径向截面内摆动，找出最小尺寸。然后拧紧固定螺钉取出并读数，也有不拧紧螺钉直接读数的。这样就存在着姿态测量问题。姿态测量：即测量时与使用时的一致性。例如：测量 75~600/0.01 mm 的内径尺时，接长杆与测微头连接后尺寸大于 125 mm 时，其拧紧与不拧紧固定螺钉时读数值相差 0.008 mm，这既为姿态测量误差。

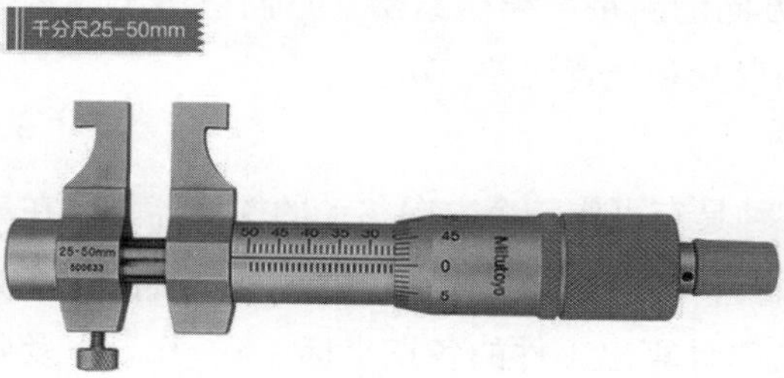

扫一扫　图 3-9-4　内径千分尺

图 3-9-5　三点式内径千分尺

5. 螺纹环规

螺纹环规（图 3-9-6）用于测量外螺纹尺寸的正确性，通端为一件，止端为一件。

止端环规在外圆柱面上有凹槽。当尺寸在 100 mm 以上时，螺纹环规为双柄螺纹环规型式。规格分为粗牙、细牙、管子螺纹三种。螺距为 0.35 mm 或更小的 2 级精度及高于 2 级精度的螺纹环规和螺距为 0.8 mm 或更小的 3 级精度的螺纹环规都没有止端。

6. 螺纹塞规

螺纹塞规（图 3-9-7）是测量内螺纹尺寸的正确性的工具。此塞规种类可分为普通粗牙、细牙和管子螺纹三种。螺距为 0.35 mm 或更小的，2 级精度及高于 2 级精度的螺纹塞规，以及螺距为 0.8 mm 或更小的 3 级精度的螺纹塞规都没有止端测头。100 mm 以下的螺纹塞规为锥柄螺纹塞规，100 mm 以上的为双柄螺纹塞规。

扫一扫 图 3-9-6　螺纹环规

扫一扫 图 3-9-7　螺纹塞规

7. 百分表

百分表（图 3-9-8）是利用精密齿条齿轮机构制成的表式通用长度测量工具。通常由测头、量杆、防震弹簧、齿条、齿轮、游丝、圆表盘及指针等组成。常用于形状和位置误差以及小位移的长度测量。百分表的圆表盘上印制有 100 个等分刻度，即每一分度值相当于量杆移动 0.01 mm。若在圆表盘上印制有 1 000 个等分刻度，则每一分度值为 0.001 mm，这种测量工具即称为千分表。改变测头形状并配以相应的支架，可制成百分表的变形品种，如厚度百分表、深度百分表和内径百分表等。如用杠杆代替齿条可制成杠杆百分表和杠杆千分表，其示值范围较小，但灵敏度较高。此外，它们的测头可在一定角度内转动，能适应不同方向的测量，结构紧凑。它们适用于测量普通百分表难以测量的外圆、小孔和沟槽等的形状和位置误差。

8. 三坐标测量仪

三坐标测量仪（图 3-9-9）可定义为一种具有可作三个方向移动的探测器，可在三个相互垂直的导轨上移动，此探测器以接触或非接触等方式传送讯号，三个轴的位移测量系统（如光学尺）经数据处理器或计算机等计算出工件的各点坐标（X、Y、Z）及各项功能测量的仪器。三坐标测量仪的测量功能应包括尺寸精度测量、定位精度测量、几何精度测量及轮廓精度测量等。任何形状都是由三维空间点组成的，所有的几何量测量都可以归结为三维空间点的测量，因此精确地进行空间点坐标的采集，是评定任何几何形状的基础。

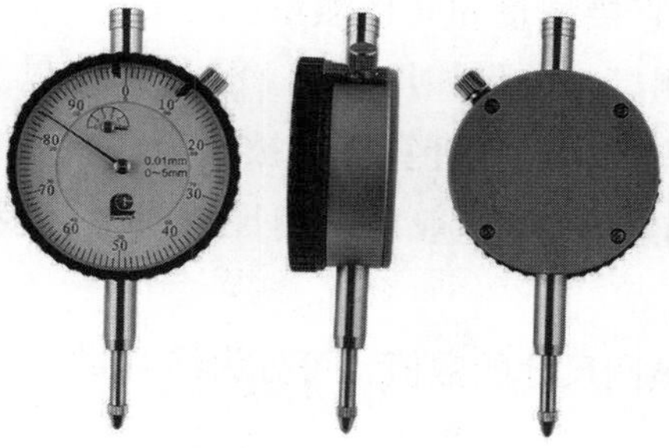

图 3-9-8　百分表

扫一扫　图 3-9-9　三坐标测量仪

二、加工精度知识

1. 加工精度

加工精度与加工误差都是评价加工表面几何参数的术语。加工精度用公差等级衡量，等级值越小，其精度越高；加工误差用数值表示，数值越大，其误差越大。加工精度高，就是加工误差小，反之亦然。公差等级从 IT01、IT0、IT1、IT2、IT3 至 IT18 一共有 20 个，其中 IT01 表示该零件最高的加工精度，IT18 表示该零件最低的加工精度，一般来说，IT7、IT8 表示加工精度中等级别。任何加工方法所得到的实际参数都不会绝对准确，从零件的功能看，只要加工误差在零件图要求的公差范围内，就认为保证了加工精度。机器的质量决定零件的加工质量和机器的装配质量，零件加工质量包含零件加工精度和表面质量两大部分。机械加工精度是指零件加工后的实际几何参数（尺寸、形状和位置）与理想几何参数相符合的程度，它们之间的差异称为加工误差。加工误差的大小反映了加工精度的高低，误差越大加工精度越低，误差越小加工精度越高。

2. 尺寸精度

尺寸精度是指加工后零件的实际尺寸与零件尺寸的公差带中心的相符合程度，形状精度是指加工后的零件表面的实际几何形状与理想的几何形状的相符合程度，位置精度是指加工后零件有关表面之间的实际位置精度差别。通常在设计机器零件及规定零件加工精度时，应注意将形状误差控制在位置公差内，位置误差又应小于尺寸公差，即精密零件或零件重要表面，其形状精度要求应高于位置精度要求，位置精度要求应高于尺寸精度要求。

3. 调整方法

试切法调整通过试切—测量尺寸—调整刀具的吃刀量—走刀切削—再试切，如此反复直至达到所需尺寸。此法生产效率低，主要用于单件小批生产。

4. 测量方法

加工精度根据不同的加工精度内容以及精度要求，采用不同的测量方法。一般来说有以下几类方法：

（1）按是否直接测量被测参数，可分为直接测量和间接测量。

直接测量：直接测量被测参数来获得被测尺寸。例如用卡尺、比较仪测量。

间接测量：测量与被测尺寸有关的几何参数，经过计算获得被测尺寸。

显然，直接测量比较直观，间接测量比较烦琐。一般当被测尺寸或用直接测量达不到精度要求时，就不得不采用间接测量。

（2）按量具量仪的读数值是否直接表示被测尺寸的数值，可分为绝对测量和相对测量。

绝对测量：读数值直接表示被测尺寸的大小、如用游标卡尺测量。

相对测量：读数值只表示被测尺寸相对于标准量的偏差。如用比较仪测量轴的直径，需先用量块调整好仪器的零位，然后进行测量，测得值是被测轴的直径相对于量块尺寸的差值，这就是相对测量。一般来说相对测量的精度比较高些，但测量比较麻烦。

（3）按被测表面与量具量仪的测量头是否接触，分为接触测量和非接触测量。

接触测量：测量头与被接触表面接触，并有机械作用的测量力存在。如用千分尺测量零件。

非接触测量：测量头不与被测零件表面相接触，非接触测量可避免测量力对测量结果的影响。如利用投影法、光波干涉法测量等。

（4）按一次测量参数的多少，分为单项测量和综合测量。

单项测量：对被测零件的每个参数分别单独测量。

综合测量：测量反映零件有关参数的综合指标。如用工具显微镜测量螺纹时，可分别测量出螺纹实际中径、牙型半角误差和螺距累积误差等。综合测量一般效率比较高，对保证零件的互换性更为可靠，常用于完工零件的检验。单项测量能分别确定每一参数的误差，一般用于工艺分析、工序检验及被指定参数的测量。

（5）按测量在加工过程中所起的作用，分为主动测量和被动测量。

主动测量：工件在加工过程中进行测量，其结果被直接用来控制零件的加工过程，从而及时防治废品的产生。

被动测量：工件加工后进行的测量。此种测量只能判别加工件是否合格，仅限于发现并剔除废品。

（6）按被测零件在测量过程中所处的状态，分为静态测量和动态测量。

静态测量：测量相对静止。如千分尺测量直径。

动态测量：测量时被测表面与测量头模拟工作状态中做相对运动。动态测量方法能反映出零件接近使用状态下的情况，是测量技术的发展方向。

5. 加工精度及其检验

（1）尺寸精度及其检验

①尺寸精度：尺寸精度是指实际零件的尺寸和理想零件的尺寸相符合的程度，即尺寸准确的程度，尺寸精度是由尺寸公差（简称公差）控制的。同一基本尺寸的零件，公差值的大小就决定了零件的精确程度，公差值小的，精度高，公差值大的，精度低。

②尺寸精度的检验：尺寸精度常用游标卡尺、百分尺等来检验。若测得尺寸在最大极限尺寸与最小极限尺寸之间，零件合格。若测得尺寸大于最大实体尺寸，零件不合格，需进一步加工。若测得尺寸小于最小实体尺寸，零件报废。

（2）形状精度及其检验

①形状精度：零件的形状精度是指同一表面的实际形状与理想形状相符合的程度。一个零件的表面形状不可能做得绝对准确，例如一个轴的尺寸均在公差范围内，其形状却可能有八种不同，用这八种不同形状的轴装在精密机械上，效果显然会有差别。为满足产品的使用要求，对零件表面形状要加以控制。轴的形状误差按照国家标准（GB/T 1182—1996 及 GB/T 1183—1996）规定，表面形状的精度用形状公差来控制，形状公差有六项及形状公差符号。

②常用形状精度的检验：形状精度通常用直尺、百分表、轮廓测量仪等来检验。

a. 直线度检测：在平面上给定方向的直线度公差带是在该方向上距离为公差值的两平行直线之间的区域。直线度检测方法是将刀口形直尺沿给定方向与被测平面接触，并使两者之间的最大缝隙为最小，测得的最大缝隙即为此平面在该素线方向的直线度误差。当缝隙很小时，可根据光隙估计；当缝隙较大时可用塞尺测量。

b. 平面度检测：平面度距离为公差值的两平行平面之间的区域为平面度公差带。平面度检测方法，将刀口形直尺与被测平面接触，在各个方面检测其中最大缝隙的读数值，即为平面度误差。圆度在同一正截面上半径差为公差值的两同心圆之间的区域为圆度公差带。

c. 圆度检测：检测方法是将被测零件放置在圆度仪上，调整零件的轴线，使其与圆度仪的回转轴线同轴，测量头每转一周，即可显示该测量截面的圆度误差。测量若干个截面，其中最大的误差值即为被测圆柱面的圆度误差。圆柱度半径差为公差值的两同轴圆柱面之间的区域为圆柱度公差带。

d. 圆柱度检测：圆柱度的检测方法与圆度的测量方法基本相同，所不同的是测量头在无径向偏移的情况下，要测若干个横截面，以确定圆柱度误差。

（3）位置精度及其检验

位置精度是指零件点、线、面的实际位置与理想位置相符合的程度。正如零件的表面形状不能做得绝对准确一样，表面相互位置误差也是不可避免的。位置公差符号按照国家标准 GB/T 1182—1996 及 GB/T 1183—1996 的规定，相互位置精度用位置公差来控制。位置公差有八项。位置精度常用游标卡尺、百分表、直角尺等来检验。当平行度给定一个方向时，平行度公差带是距离为公差值且平行于基准面（或线）的两平行面（或线）之间的区域。

①平行度检测：平行度的检测方法是将被测零件放置在平板上，移动百分表，在被测表面上按规定进行测量，百分表最大与最小读数之差值，即为平行度误差。当垂直度给定一个方向时，垂直度公差的公差带是距离为公差值且垂直于基准面（或线）的两平行平面（或线）之间的区域。

②垂直度检测：垂直度检测方法是将 90° 角尺宽边贴靠基准 A，测量被测平面与 90° 角尺窄边之间的缝隙，方法同直线度误差的测量，最大缝隙即垂直度误差。

③同轴度检测：同轴度公差带是直径为公差值，且与基准轴线同轴圆柱面内的区域。同轴度检测的方法是将基准面的轮廓表面的中段放置在两高的刃口状 V 形铁上。沿轴向截面测量，在径向截面的上下分别放置百分表，测得各对应的；转动零件，按上述方法测量若干个轴向截面，取各截面的 $|Ma-Mb|$max 作为该零件的同轴度误差。

④圆跳动检测：径向圆跳动公差带是在垂直于基准轴线的任一测量平面内半径差为公差值，且圆心在基准轴线上的两个同心圆之间的区域（端面圆跳动和斜向圆跳动定义略）。检测方法是在振摆仪上检测圆跳动。零件旋转一周时，百分表最大与最小读数之差，即为径向或端面圆跳动。

知识测试

1. 分辨零件的主要尺寸及次要尺寸。
2. 对零件所有的尺寸形成检测报告。
3. 正确填写零件检测报告及评分表。

任务评价

评价内容	评价方式			权重
	自评	互评	教师评价	
理论基本知识掌握				
实际操作水平掌握				
工作态度（职业规范、对质量的追求、创造性、团队合作、安全文明生产等）				

任务十　宏程序应用

任务描述

宏程序提供了循环语句、分支语句和子程序调用语句，利于编制各种复杂的零件加工程序，减少乃至免除手工编程时进行烦琐的数值计算，以及精简程序量。

任务分析

1. 分析宏程序的特点。
2. 选择切削参数时该如何进行选择。
3. 用户宏程序的特点及应用。

学习目标

知识目标

掌握宏程序的基础知识。

技能目标

1. 能使用坐标系旋转指令编制程序。
2. 能使用椭圆参数方程编制程序和铣削工件。
3. 能使用条件跳转语句编制程序。
4. 能使用刀具半径补偿功能对内、外轮廓进行编程和铣削。

素养目标

1. 注重职业道德和职业素质的培养。
2. 树立质量意识，培养工匠精神。

知识链接

一、什么是宏程序

用变量的方式进行数控编程。

二、宏程序和普通程序的区别

普通程序	宏程序
只能使用常量	可以使用变量，并给变量赋值
常量之间不可以运算	变量之间可以运算
程序只能顺序执行，不能跳转	程序可以跳转

三、变量

#1 ~ #33

在宏程序中储存数据，在程序中对其赋值。赋值是将一个数据赋予一个变量。例如 #1=0，表示 #1 的值就是 0，其中 #1 代表变量，# 是变量符号，0 就是给变量 #1 赋的值。

例如

G0　X0　Y0；#1=100；#1=50；

G01　X100　F500；G0　X0　Y0；#2=50；

G01　X#1　F500；G0　X0　Y0；

G01　X［#1+#2］　F500；

四、变量之间的运算

变量之间可以进行加、减、乘、除及函数等各种运算

例如

#1=60；

#2=SIN#1；

运算顺序和一般数学上的定义相同

例如

#1=#2+3*SIN#4

括号嵌套

最里层的括号优先

例如

#6=COS［［［#5+#4］*#3+#2］*#1］

比较难理解的一种情况

#1=10；

G0　X#1　Y0；

#1=#1+1；

G0　X#1　Y0；

五、转移和循环

在程序中使用 GOTO 和 IF 可以改变程序执行顺序

1. GOTO 语句——无条件转移

例如

G0　X0　Y0；

G01　X100　Y100　F100；

X500；

GOTO　01；

Y500；

N01　X550；

Y550；

G0　Z200；

2. IF 语句

（1）IF［条件表达式］GOTO n

如果指定的表达式满足，则转移到标有顺序号 n 的程序段，如果不满足指定的条件表达式，则顺序执行下一个程序段。

例如

IF［#1　GT　100］GOTO　01；

G0　X0　Y0；

N01　X200；

运算符

运算符	含义
EQ	等于 =
NE	不等于≠
GT	大于 >
GE	大于或等于≥
LT	小于 <
LE	小于或等于≤

典型例子

#1=0；

#2=1；

N01　IF［#2　GT　100］GOTO　02；

#1=　#1+#2；

#2=　#2+#1；

GOTO　01；

N02　M30；

3. 循环（WHILE 语句）

在 WHILE 后制定一个条件表达式，当指定条件满足时，则执行从 DO 到 END 之间的程序，否则，转到 END 后的程序段。

例如

#2=10；

#3=20；

WHILE［#2　LT　#3］DO01；

#2=#2−1；

END01；

实例运用

O2012（螺旋铣孔）

#1=50；圆孔直径

#2=40；圆孔深度

#3=30；刀具直径

#4=0；*Z* 坐标设为自变量，赋值为 0

#17=1；*Z* 坐标每次递增量

#5=［#1−#3］/2；刀具回转直径

S1000　M3；

G54　G90　G00　X0　Y0　Z30；

G00　X#5

Z［−#4+1］；

G01　Z−#4　F200；

WHILE［#4　LT　#2］DO01；

#4=#4+#17；

G03　I−#5　Z−#4　F1000；

END　01；

G03　I−#5；

G01　X［#5−1］；

G0　Z100；

M30；

O2013（群孔）

#1=40；最内圈孔圆心所在直径

#2=30；每列孔间隔

#3=12；孔的列数

```
#4=10；空间隔
#5=6；每列孔个数
S1000  M3；
G54  G90  G00  X0  Y0  Z30
G16；
#6=1；
WHILE［#6  LE  #3］DO  01；
#7=1；
WHILE［#7  LE  #5］DO  02；
#8=  #1/2+［#7-1］*#4
#9=［#6-1］*#2；
G98  G81  X#8  Y#9  Z-60  R3  F100；
#7=#7+1；
END  02；
#6=#6+1；
END  01；
G80  Z30；
G15；
M30；
```

O2013（可变式深孔钻）

```
#1=3；每次进给钱的缓冲高度
#2=20；第一次钻深
#3=0.5；递减比例
#4=35；孔总深
#5=5.；R点
M3  S1000；
G54  X0  Y0；
G0  Z#5；
WHILE［#4  GT  0］DO  01；
G01  Z-#2  F1000；
G0  Z#5；
Z［-#2+#1］；
#7=#2*#3；
#2=#2+#7；
```

```
#4=#4-#2;
END  01;
G0Z100;
M30;
```

O2014（铣平面）

```
#1=1000; 工件长度
#2=1000; 工件宽度
#3=10; 刀具直径
#4=-#2/2; Y设为自变量，初始值赋值为 -#2/2
#14=0.8*#3; 递增量
#5=[#1+#3]/2+2.; 开始X坐标
S1000  M3;
G54  G90  G00  X0  Y0  Z30;
X#5  Y#4;
Z0;
WHILE [#4  LT  #2/2] DO01;
G01  X-#5  F1000;
#4=  #4+#14;
Y#4;
X#5;
#4=  #4+#14;
Y#4;
END  01;
G0  Z30;
M30;
```

另一种编程方式

```
#1=1000; 工件长度
#2=1000; 工件宽度
#3=10; 刀具直径
#4=-#2/2; Y设为自变量，初始值赋值为 -#2/2
#14=0.8*#3; 递增量
#5=[#1+#3]/2+2.; 开始X坐标
S1000  M3;
G54  G90  G00  X0  Y0  Z30;
```

```
X#5   Y#4;
Z0;
N01   G01   X-#5   F1000;
#4=   #4+#14;
Y#4;
X#5;
#4=#4+#14;
Y#4;
IF［#4   LT   #2/2］GOTO   01;
G0   Z30;
M30,
```

O2015（铣三角形）

```
#1=1000；三角形高
#2=0.;
#3=1. X 方向减增量
#4=1.5；Z 方向递减量
G43   Z53   H01;
WHILE［#1   GT   0］DO   01;
G01   Z#1   F1000;
X#2;
Z［#1-#4］;
X［-#2-#3］;
#2=［#2+#3］;
#1=#1-2*#4;
END   01;
G0   Z300;
M30;
```

O2016（铣圆形）

基本数学知识

圆的方程式；

标准方程 X2+Y2=R2

参数方程 X=R*COSA

Y=R*SINA

在宏程序中 SQRT 是平方根的意思，例如 #12= #2，那么 #1=SQRT#2

所以则有 X=SQRT［R2−Y2］

Y=SQRT［R2−X2］

```
#1=50；圆半径
#4=1；每次下降深度
#6=2500；半径的平方
G43  Z60  H01；
WHILE［#1  GT−50］DO  01；
G01  Z#1  F2000；
#7=SQRT［#6−#1*#1］；
X#7；
#5=#1−#4；
Z#5；
#8=SQRT［#6−#5*#5］；
X−#8；
#1=#1−2*#4；
END  01；
Z200；
M30；
```

O2017（铣椭圆）

基本数学知识

椭圆方程

标准方程 X2/A2+Y2/B2=1

参数方程 X=A*COS α

Y=B*SIN α（中心在原点）

其中 A 为长半轴 B 为短半轴

```
#1=50；长半轴
#2=30；短半轴
#3=0.；
G90  G1  X#1  Y0.；
G43  Z0.  H01；
G01  Z−10.；
WHILE［#3  GT  360］DO  01；
#13=  #1*COS#3；
#14=  #1*SIN#3；
```

```
G01 X#13 Y#14 F1000;
#3= #3+1.;
END 01;
G0 Z100.;
M30;
O2018（铣球）
M3 S1000;
G0 G54 G90 X0 Y0;
#1=10;
#4=90;
G43 Z50 H21;
Z［#1+1］;
WHILE［#4 GT -90］DO 01;
#5= #1*SIN#4;
#6= #1*COS#4;
G0 X#6 Y0;
GO Z#5 F1000;
G03 I-#6;
#4= #4-2;
END 01;
G0 Z200.;
M30;
O2019（两个圆柱垂直相接）
#1=35.;
#10=1444;
#11=3364
#2=SQRT［#10-#1*#1］;
#3=SQRT［#11-#2*#2］;
G54 G90 G80 X-#3 Y#2;
G43 Z40 H12;
G01 Z#1 F1000;
WHILE［#1 GT 0］DO01;
G01 Z#1;
#2=SQRT［#10-#1*#1］;
```

```
#3=SQRT［#11−#1*#1］;
G02  X−#3  Y−#2  R−58F1000;
#1=  #1−2;
G01  Z#1  F1000;
#2=SQRT［#10−#1*#1］;
#3=SQRT［#11−#2*#2］;
G03  X−#3  Y#2  R−58  F1000;
#1=  #1−1;
END  01;
G0  Z100;
M30;
```

任务评价

评价内容	评价方式			权重
	自评	互评	教师评价	
理论基本知识掌握				
实际操作水平掌握				
工作态度（职业规范、对质量的追求、创造性、团队合作、安全文明生产等）				

项目四

孔加工技能训练

任务一 钻孔加工

任务描述

加工如图 4-1-1 所示零件的 2 个 ϕ8 和 2 个 ϕ10 的孔，通过完成这个典型孔类零件的加工过程，使学生掌握孔加工的基本技能。

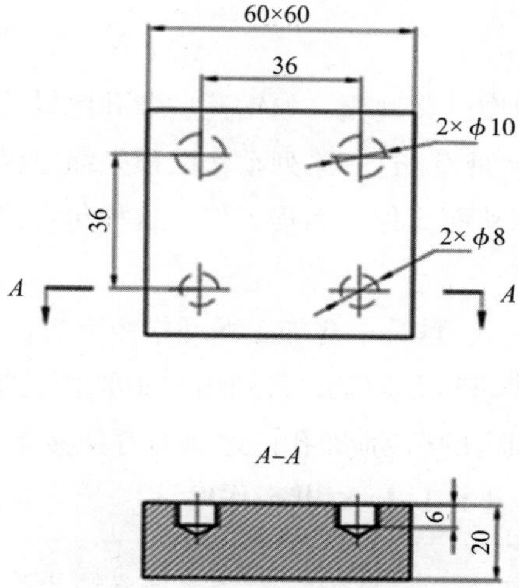

扫一扫 图 4-1-1 加工件

任务分析

本节任务需要学生通过学习孔加工的相关知识点，学会如何正确调用和运用钻孔加工固定循环指令。

学习目标

知识目标

1. 能够说出孔的类型及加工方法。
2. 能够说出麻花钻、钻孔工艺及正确选择工艺参数。
3. 能够正确编写出钻孔加工循环指令。

技能目标

1. 正确区分浅孔、深孔的加工方法，并会用循环指令加工。
2. 完成图 4-1-1 所示零件的加工。

素养目标

1. 学习中渗透职业道德和职业素质的培养，培养学生与人沟通的能力及团队意识。
2. 在学习过程中注意细节的追求和工匠精神的渗透。

知识链接

一、孔加工固定循环指令

1. 孔加工固定循环指令的定义

在数控加工中，某些加工动作已典型化，如钻孔、镗孔的动作顺序是孔位平面定位、快速引进、切削进给、快速退回等，这一系列动作已预先编好程序，存储在内存中，可用包含 G 代码的一个程序调用从而简化了编程工作，这种包含典型动作循环的 G 代码称为循环指令。见表 4-1-1。

孔加工循环指令为模态指令，一旦某个孔加工循环指令有效，在接着的所有（*X*，*Y*）位置均采用该孔加工循环指令进行孔加工，直到用 G80 取消孔加工循环为止。在孔加工循环指令有效时，（*X*，*Y*）平面内的运动（即孔位之间的刀具移动）为快速运动（G00）。

表 4-1-1　G 代码作用

G 代码		加工运动（*Z* 轴运动）	孔底动作	返回运动（*Z* 轴运动）	应用
钻孔指令	G81	切削进给	—	快速移动	普通钻孔循环
	G82	切削进给	暂停	快速移动	钻孔、锪孔循环
	G83	间歇切削进给	—	快速移动	深孔钻削循环
	G73	间歇切削进给	—	快速移动	高速深孔钻削
攻螺纹指令	G84	切削进给	暂停—主轴反转	切削进给	攻右旋螺纹
	G74	切削进给	暂停—主轴正转	切削进给	攻左旋螺纹

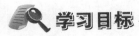

（续表）

G 代码		加工运动（Z 轴运动）	孔底动作	返回运动（Z 轴运动）	应用
镗孔指令	G76	切削进给	主轴定向，让刀	快速移动	精镗循环
	G85	切削进给	—	切削进给	铰孔、粗镗削
	G86	切削进给	主轴停	快速移动	镗削循环
	G87	切削进给	主轴正转	快速移动	反镗削循环
	G88	切削进给	暂停—主轴停	手动或快速	镗削循环
	G89	切削进给	暂停	切削进给	铰孔、粗镗削
G80		—	—	—	取消固定循环

如图 4-1-2 所示，一个孔加工通常由以下 6 个动作完成：

动作 1：快速定位至初始点，*X*、*Y* 表示初始点在初始平面的位置；

动作 2：*Z* 轴快速定位至 *R* 点；

动作 3：孔加工，以切削进给的方式进行孔加工的动作；

动作 4：孔底动作，包括暂停、主轴准停、刀具移位等动作；

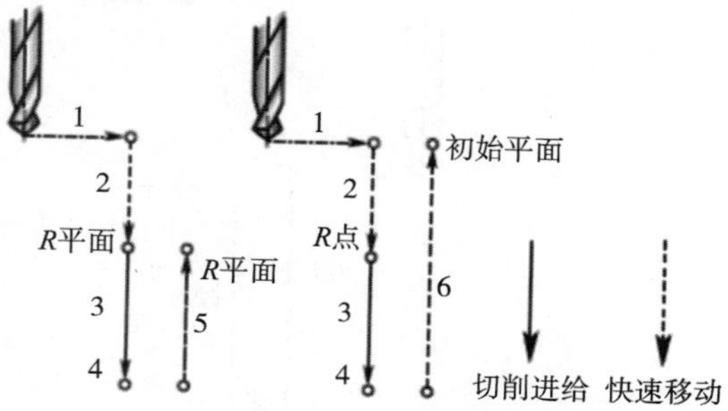

图 4-1-2　孔加工动作

动作 5：*Z* 轴返回 *R* 点，继续孔加工时刀具返回至 *R* 点平面；

动作 6：快速返回至初始点，孔加工完成后返回初始点平面。

初始平面：是为安全下降刀具规定的一个平面。初始平面到零件表面的距离可以设定在一个安全的高度上，一般为 50~100 mm。

R 平面：又称参考平面 *R*，这个平面是刀具进刀时由快速进给转为切削进给的平面，距工件表面的距离主要通过考虑工件表面尺寸的变化来确定，一般可取 3~5 mm。加工盲孔时孔底平面就是孔底的 *Z* 轴深度；加工通孔时刀具一般要伸出工件底平面一段距离，主要是为保证全部孔深都加工到尺寸；钻削加工时还需考虑钻尖对孔深的影响。

2. 固定循环指令

（1）指令格式

G98/G99　G73~G89　X____Y____Z____R____Q____P____F____K____；

G98/G99　G82　X____Y____Z____R____F____P____K____；

式中，G98/G99：返回位置；

G73−G89：孔加工指令；

X____Y____：孔的位置；

Z____：孔底位置（绝对值）

从 *R* 到孔底的距离（增量时）；

R____：参考平面的高度；

Q____：每次进给深度（G73/G83）或刀具在轴上的反向位移增量（G76/G87）；

P____：刀具在孔底的暂停时间，单位为 ms；

F____：切削进给速度；

K____：重复次数，未指定时默认为 1 次。

（2）指令说明

如图 4-1-3 所示，在孔加工循环结束后刀具的返回方式有返回初始平面和返回 *R* 平面两种方式。

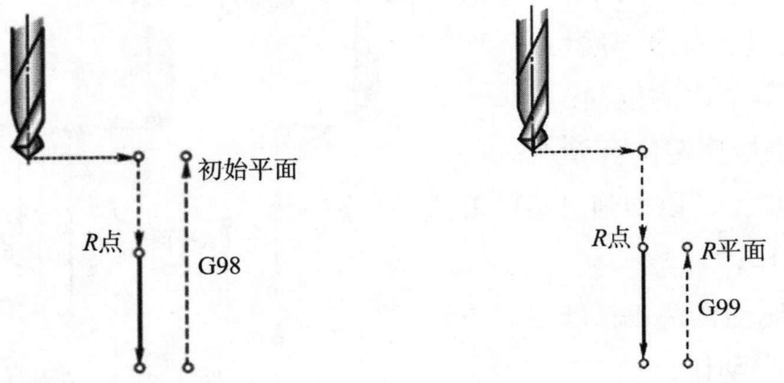

（a）G98：返回初始平面　（b）G99：返回参考平面

图 4-1-3　刀具的返回方式

G98 和 G99 指令的区别在于：G98 是孔加工完成后返回初始平面，为默认方式；G99 是孔加工完成后返回 *R* 平面。

二、钻孔循环指令

1. 钻孔和锪孔指令 G81、G82

（1）指令格式

G81　X____ Y____ Z____ R____ F____ K____；

G82　X____ Y____ Z____ R____ P____ F____；

（2）指令说明

①如图 4-1-4 所示 G81 指令的动作循环为 *X*、*Y* 坐标定位、快速进给、切削进给和快速返回等动作。

② G82 与 G81 动作相似，唯一不同之处是 G82 在孔底增加了暂停，因而适用于盲孔、锪孔或镗阶梯孔的加工，以提高孔底表面加工精度，而 G81 只适用于一般孔的加工。

（3）应用示例

如图 4-1-5 所示，在 *XY* 平面（30，20）位置加工深度为 27 mm 的孔，孔底停留时间 2 s，钻孔坐标轴方向安全距离为 4 mm。请尝试用新学知识编写程序。

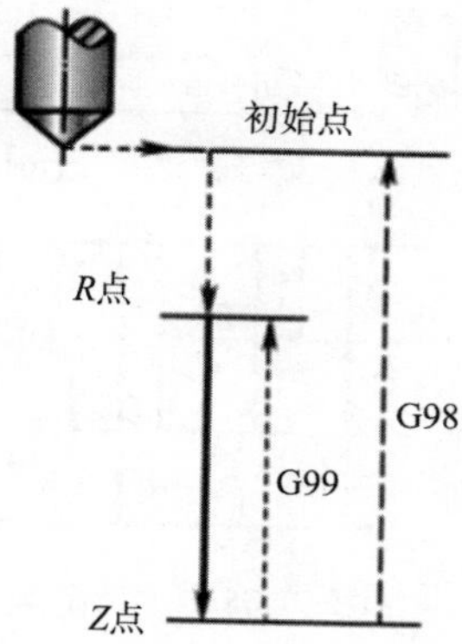

图 4-1-4 G81 指令动作循环

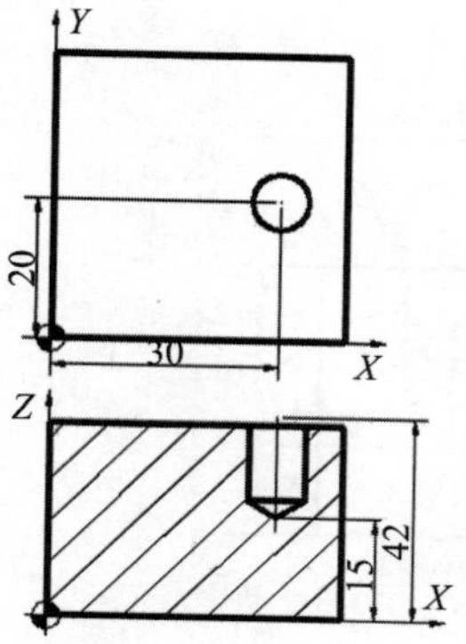

图 4-1-5 加工孔

参考程序：

段号	程序	
N10	G17G90 G54T1；	设置初始参数
N20	S500M3；	设置转速
N30	G43Z55H01；	设置长度补偿
N40	G82G98X30Y20Z15R42P2F500；	调用钻孔循环
N50	G80G0Z50；	取消钻孔循环
N60	M30；	程序结束

2. 深孔往复排屑钻孔指令 G83

（1）指令格式

G83 X____ Y____ Z____ R____ Q____ F____；

（2）指令说明

如图 4-1-6（a）所示，G83 指令同样适用于深孔加工，每次刀具间歇进给后退至 *R* 平面，此处的“*Q*”表示每次切削深度（增量值，用正值表示，负值无效）。下次进刀，快速进刀到上次孔深减去 *d*（安全距离）值处，再转为切削进给。*d* 值已放置在数控系统中，无须用户设定。

3. 高速深孔往复排屑钻指令 G73

（1）指令格式

G73 X____ Y____ Z____ R____ Q____ F____；

（2）指令说明

孔加工动作如图 4-1-6（b）所示，G73 指令用于深孔加工。该固定循环用于 *Z* 轴方向的间歇进给，深孔加工时可以较容易地实现断屑和排屑，减少退刀量，加工效率高。Q 值为每次的进给深度，最后一次进给深度≤ Q，退刀量为 d，直到孔底位置为止，退刀默认快速。该钻孔加工方法因为退刀距离短，所以钻孔速度比 G83 快。

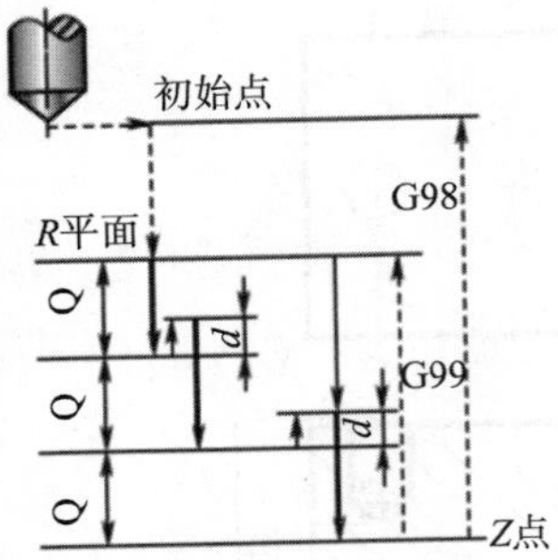

（b）G73指令动作

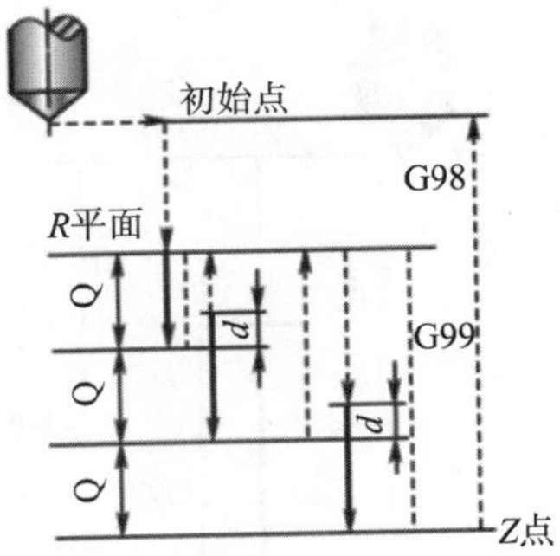

（a）G83指令动作

图 4-1-6　深孔加工

三、取消固定循环指令 G80

取消固定循环可用 G80 指令，也可用 G00、G01、G02、G03 固定循环指令。

1. 指定固定循环之前，必须用辅助功能 M03 使主轴正转；当使用了主轴停止转动指令之后，一定要重新使主轴正转后，再指定固定循环。

2. 指定固定循环状态时，必须给出 X、Y、Z、R 中的每一个数据，固定循环才能执行。

3. 操作时，若利用复位或急停按钮使数控装置停止，固定循环加工和加工数据仍然存在，所以再次加工时，应该使固定循环剩余动作进行到结束。

任务实施

一、加工工艺分析

1. 工、量、刃具选择

（1）工具选择：工件采用平口钳装夹，百分表校正钳口，其工具见表 4-1-2。

（2）量具选择：孔径、孔深、孔间距等尺寸精度较低，用游标卡尺测量即可，其规格见表 4-1-2。

（3）刃具选择：钻孔前先用中心钻钻中心孔定心；然后用麻花钻钻孔。常用麻花钻的种类及选择如下：

直柄麻花钻传递扭矩较小，一般用在直径小于 12 mm 的钻头。

锥柄麻花钻可传递较大扭矩，用在直径大于 12 mm 的钻头。本课题所钻孔径较小，选用直柄麻花钻，其具体规格、参数见表 4-1-2。

表 4-1-2　工、量、刃具清单

种类	序号	名称	规格	数量
工具	1	机用虎钳	QH160	1 个
	2	平行垫铁		若干
	3	塑胶榔头		1 个
	4	呆扳手		若干
量具	1	游标卡尺	0 ~ 150 mm	1 把
	2	百分表及表座	0 ~ 10 mm	1 个
刃具	1	中心钻	A2	1 个
	2	麻花钻	Φ8、Φ10	各 1 个

2．加工工艺方案

（1）孔的种类及常用加工方法

①按照深浅，孔可分为浅孔和深孔两类。当长径比 *L/D*（孔深与孔径之比）小于 5 时为浅孔，大于等于 5 时为深孔。浅孔加工可直接编程加工或调用钻孔循环（G82 或 LCYC82）；深孔加工因排屑困难、冷却困难，钻削时应调用深孔钻削循环加工。

②按工艺用途分，孔有以下几种，其特点及常用加工方法见表 4-1-3。

表 4-1-3　孔的种类及其常用加工方法

序号	种类	特点	加工方法
1	中心孔	定心作用	钻中心孔
2	螺栓孔	孔径大小不一，精度较低	钻孔、扩孔、铣孔
3	工艺孔	孔径大小不一，精度较低	钻孔、扩孔、铣孔
4	定位孔	孔径较小，精度较高，表面质量高	钻孔 + 铰孔
5	支承孔	孔径大小不一，精度较高，表面质量高	钻孔 + 镗孔（钻孔 + 铰孔）
6	沉头孔	精度较低	锪孔

（2）加工工艺路线

钻孔前工件应校平，然后钻中心孔定心，再用麻花钻钻各孔，具体工艺如下：

①用中心钻钻 2 × ϕ6 及 2 × ϕ8 的中心孔。

②用 ϕ6 钻头钻 2 × ϕ6 的盲孔。

③用 ϕ8 钻头钻 2 × ϕ8 的盲孔

（3）合理切削用量选择加工铝件，钻孔深度较浅，切削速度可以提高，但垂直下刀进给量应小，参考切削用量参数见表 4-1-4。

表 4-1-4　切削用量参数

刀具号	刀具规格	工序内容	*F*（mm/min）	*S*（r/min）
T1	A2 中心钻	钻 2×ϕ6 及 2×ϕ8 的中心孔	100	1 200
T2	Φ8 麻花钻	钻 2×ϕ8 的盲孔	100	1 000
T3	Φ10 麻花钻	钻 2×ϕ10 的盲孔	100	800

二、参考程序编制

1．工件坐标系建立

根据工件坐标系建立原则，本课题工件坐标系建立在工件上表面中心位置。四个孔的坐标分别为（18，18）、（18，−18）、（−18，18）、（−18，−18）。

2．参考程序

O0401		
N010	G17G40G80G49	设置初始状态
N020	G90G54G0X−18Y18	绝对编程，工件坐标系建立，刀具快速移动到 X−18Y18 处
N030	M3S1200	主轴正转转速 1 200 r/min
N040	G43Z5H1M8	调用 1 号刀具长度补偿，切削液开
N050	G99G82Z−3R5F100	调用孔加工循环，钻中心孔深 3 mm，刀具返回 *R* 平面
N060	Y−18	继续在 Y−18 处钻中心孔
N070	X18	继续在 X18 处钻中心孔
N080	Y18	继续在 Y18 处钻中心孔
N090	G80G0OZ200	取消钻孔循环刀具沿 Z 轴快速移动到 Z200 处
N100	M9M5M00	切削液关，主轴停转，程序停止，安装 T2 刀具
N110	G90G54G0X−18Y−18	绝对编程，工件坐标系建立，刀具快速移动到 X−18Y−18 处
N120	M3S1000	主轴正转转速 1 000 r/min
N130	G43Z5H2M8	调用 2 号刀具长度补偿，切削液开
N140	G99G83Z−8R5Q3F100	调用孔加工循环，钻 ϕ8 孔，刀具返回 *R* 平面
N150	X18Y18	继续在 X18Y18 处钻 ϕ8 孔

N160	G80G0Z200	取消钻孔循环刀具沿 Z 轴快速移动到 Z200 处
N170	M9M5M00	切削液关，主轴停转，程序停止，安装 T3 刀具
N180	G90G54G0X−18Y18	绝对编程，工件坐标系建立，刀具快速移动到 X−18Y18 处
N190	M3S800	主轴正转转速 800 r/min
N200	G43Z5H3M8	调用 3 号刀具长度补偿，切削液开
N210	G99G83Z−8R5Q3F100	调用孔加工循环，钻 ϕ10 孔，刀具返回 *R* 平面
N220	X18Y−18	继续在 X18Y−18 处钻 ϕ10 孔
N230	G80G0Z200	取消钻孔循环刀具沿 Z 轴快速移动到 Z200 处
N240	M9M5M02	切削液关，主轴停转，程序结束

三、加工操作

1. 加工准备

（1）阅读零件图，并检查毛坯料的尺寸。

（2）开机，返回机床参考点。

（3）输入程序并检查。

（4）安装夹具，夹紧工件。

用平口钳装夹工件，并保证零件上平面高出钳口 5~6 mm。

（5）安装刀具。

将 3 把刀具分别安装到对应的刀柄上，注意刀具伸出的长度应能满足加工要求

2. 对刀

（1）*X*、*Y* 向对刀。通过对刀操作得到 *X*、*Y* 零点偏值，并输入到 G54 坐标系中。

（2）*Z* 向对刀。测量 3 把刀的刀位点从参考点到工件上表面的 *Z* 数值（必须是机械坐标的 *Z* 值），分别输入到对应的刀具长度补偿中，供加工时调用（G54 中 Z 值为 0）。

3. 进行程序校验及加工轨迹仿真

将工件坐标系的 *Z* 值正方向平移 50 mm，方法是在工件坐标系参数 G54 中输入 50 按下起动键，适当降低进给速度，检查刀具运动是否正确。

4. 工件加工

当程序校验无误后，调用相应程序开始自动加工。

5. 尺寸测量

加工结束后对工件进行检验，确定其尺寸是否符合图样要求。对超差尺寸在可以修复的情况下继续加工，直至符合图样要求。

6. 结束加工

松开夹具，卸下工件，清理机床。

四、检测评分

序号	考核项目	评定原则	分值	自评	师评
1	安全文明	安全、文明生产，7s 素养	10		
2	编程	（1）加工工艺制定合理	5		
		（2）加工程序正确	10		
		（3）刀具参数、切削用量正确合理	5		
2	操作技能	（1）工件装夹正确、刀具安装调整合理	10		
		（2）设备操作熟练	10		
		（3）测量方法正确，使用量具合理	10		
3	工件质量	2×ϕ8	10		
		2×ϕ10	10		
		36（2 处）	10		
		6（4 处）	10		
合计			100		

知识测试

1. 执行下列程序后，钻孔深度是（　　）。

G90　G01　G43　Z−50　H01　F100（H01 补偿值 −2.00 mm）

A．48 mm　　B.52 mm　　C.50 mm

2. 钻小孔时，应取（　　）的转速钻削

A．较低　　B. 中等　　C. 较高

3. 钻孔一般属于（　　）。

A. 精加工　　B. 半精加工　　C. 粗加工　　D. 半精加工和精加工

4. 钻孔、镗孔等孔加工的动作顺序是孔位平面定位、__________、__________、__________等。

5.G98 和 G99 指令的区别在于：G98 是孔加工完成后返回__________，为默认方式；G99 是孔加工完成后返回__________。

任务评价

任务二　螺纹加工

任务描述

加工如图 4-2-1 所示零件的 4 个 M10 的孔；通过完成这个典型孔类零件的加工过程，帮助学生掌握孔加工的基本技能。

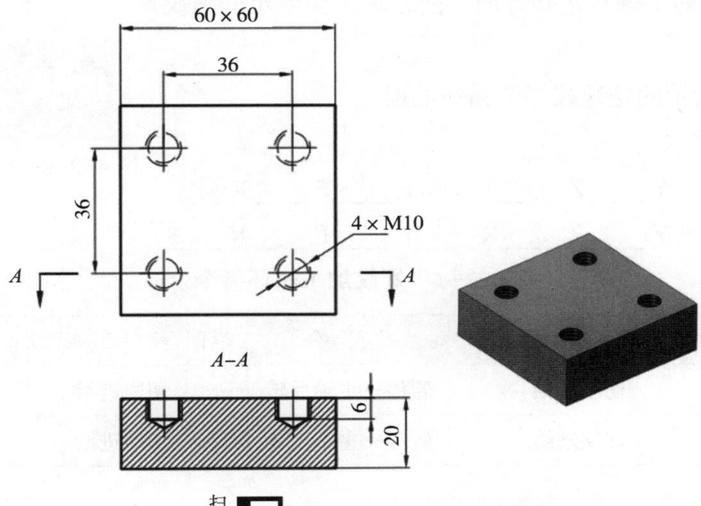

扫一扫　图 4-2-1　孔加工零件

任务分析

本节任务，需要学生通过学习螺纹加工的相关知识点，学会如何正确调用和运用螺纹加工固定循环指令。

学习目标

知识目标

1. 掌握丝锥的种类和选用方法。
2. 能够确定螺纹加工的工艺参数。
3. 能够正确编写出螺纹的加工循环指令。

技能目标

1. 学会正确选用丝锥。
2. 学会合理安排螺纹加工的工艺。
3. 完成图 4-2-1 所示零件的加工。

素养目标

1. 学习中渗透职业道德和职业素质的培养，培养学生与人沟通的能力及团队意识。
2. 在学习过程中注意细节的追求和工匠精神的渗透。

知识链接

一、螺纹加工指令

1. 指令功能

刀具以编程的主轴转速和方向钻削，加工至给定的螺纹深度。

图 4-2-2 展示的是螺纹加工循环过程。

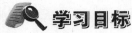

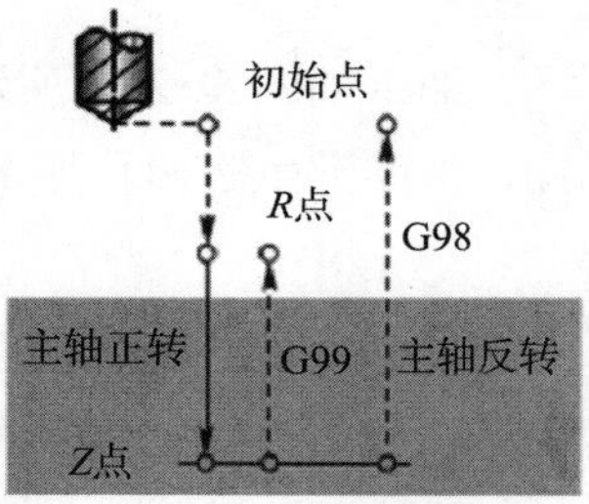

图 4-2-2　螺纹加工循环过程

（1）指令格式

G84　X____ Y____ Z____ R____ P____ F____ K____

G74　X____ Y____ Z____ R____ P____ F____ K____

表 4-2-1　螺纹加工循环指令

G 代码		加工运动（Z 轴运动）	孔底动作	返回运动（Z 轴运动）	应用
攻螺纹指令	G84	切削进给	暂停—主轴反转	切削进给	攻右旋螺纹
	G74	切削进给	暂停—主轴正转	切削进给	攻左旋螺纹

（2）格式说明

G84　X____ Y____ Z____ R____ P____ F____ K____

其中：

X____ Y____ ：孔位 X、Y 坐标

Z____：孔底的位置坐标（绝对值时）

从 R 点到孔底的距离（增量值时）

R____：从初始位置到 R 点位置的距离

F____：切削进给速度

P____：孔底停留时间

K____：重复次数

2. 指令说明

（1）G84 为攻右旋螺纹；G74 为攻左旋螺纹。

（2）G84 指令使主轴从 *R* 点移至 *Z* 点时，刀具正向进给，主轴正转，攻进至孔底时主轴反转，返回到 *R* 点平面后主轴恢复正转，如图所示。

（3）G74 指令使主轴攻螺纹时反转，到孔底正转，返回到 *R* 点时恢复反转。

（4）与钻孔加工不同的是，攻螺纹结束后的返回过程不是快速运动而是进给速度反转退出。

攻螺纹过程要求主轴转速与进给速度成严格的比例关系，因此，编程时要求根据主轴转速计算进给速度，计算公式：

$$F=nP$$

式中　F—进给速度，mm/min；

n—主轴转速，r/min；

P—螺纹导程（单线为螺距），mm。

二、螺纹加工工具

刃具选择：进行螺纹加工前应钻螺纹底孔（含钻中心孔定心），需用到中心钻及麻花钻。螺纹加工用丝锥进行加工。

丝锥分手用丝锥和机用丝锥两种，加工中心上常用机用丝锥直接攻丝。常用的机用丝锥有直槽机用丝锥、螺旋槽机用丝锥和挤压机用丝锥等（图 4-2-3）。

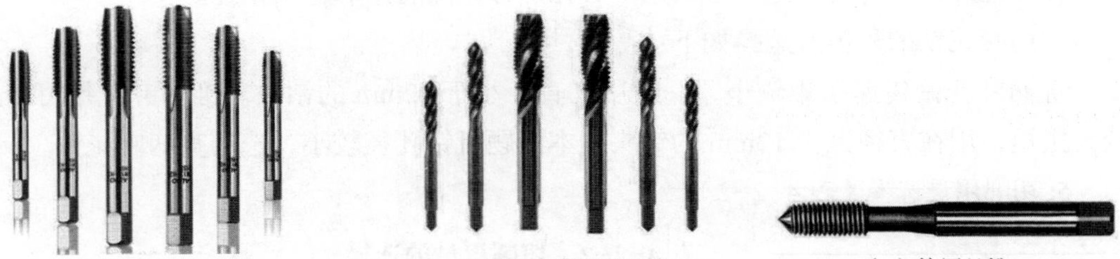

（a）直槽机用丝锥　（b）螺旋槽机用丝锥　（c）挤压丝锥

图 4-2-3　丝锥

攻内螺纹时丝锥主要是切削金属，但也有挤压金属的作用。加工塑性好的材料时，挤压作用尤其显著。因此，攻螺纹前的底孔直径（即钻孔直径）必须大于螺纹标准中规定的螺纹内径。一般用下列经验公式计算内螺纹底孔钻头直径 d_0：

对钢料及韧性金属 $d_0 \approx d-p$

对铸铁及脆性金属 $d_0 \approx d-(1.05 \sim 1.1)p$

式中　d_0—底孔直径；

d—螺纹公称直径；

p—螺距。

攻盲孔（不通孔）的螺纹时，因丝锥不能攻到底，所以孔的深度要大于螺纹长度，盲孔深度可按下列公式计算：

$$孔的深度 = 所需螺纹孔深度 + 0.7d$$

任务实施

一、制定加工工艺

1. 零件图工艺分析

该零件为螺纹孔类零件，外形为矩形，进行螺纹加工；所用材料为硬铝，材料硬度适中，便于加工，宜选择普通数控铣床加工。

2. 确定零件的装夹方式

由于该零件结构及其所对应的毛坯结构均为矩形，宜用平口钳装夹。

3. 确定加工顺序

加工顺序为：钻 4 个中心孔→钻 4 个通孔→攻螺纹。

4. 刀具的选择

（1）用 A2 中心钻钻 4 个中心孔。

（2）用 ϕ8.5mm 的麻花钻钻 4×M10 螺纹底孔。

（3）用 M10 丝锥攻 4×M10 螺纹。

刀具选择：钻孔前先用中心钻钻中心孔定心，然后用麻花钻钻孔。

常用麻花钻的种类及选择如下：

直柄麻花钻传递扭矩较小，一般用在直径小于 12mm 的钻头。锥柄麻花钻可传递较大扭矩，用在直径大于 12mm 的钻头。本课题所钻孔径较小，选用直柄麻花钻。

5. 切削用量选择（表 4-2-2）

表 4-2-2　切削用量的选择

刀具号	刀具规格	工序内容	F（mm/min）	S（r/min）
T1	A2 中心钻	钻中心孔	60	1 200
T2	Φ8.5 麻花钻	钻螺纹底孔	60	800
T3	M10 丝锥	攻 4×M10 螺纹	150	100

二、参考程序编制

1．工件坐标系建立

根据工件坐标系建立原则，本课题工件坐标系建立在工件上表面中心位置。四个孔的坐标分别为（18，18）、（18，−18）、（−18，18）、（−18，−18）。

2．参考程序

（1）钻 4 个定位孔

00402	程序名
N10　G54G90G17G80G40G49G69;	采用 G54 坐标系，取消各种功能
N20　M06T01;	换 T01 号刀具，A2 中心钻
N30　M03S1200;	主轴正转，转速为 1 200 r/min
N40　G00x−18Y−18Z50;	快速定位到起始位置坐标（−18，−18）
N50　G99G81Z−3R5F60;	用 G81 指令钻第一个定位孔
N60　X−18Y18	钻第二个定位孔
N70　X18Y18;	钻第三个定位孔
N80　X18Y−18;	钻第四个定位孔
N90　G00Z100;	快速抬刀到安全高度
N100　G80	取消钻孔循环
N110　M30;	程序结束

（2）钻 4 个孔

00403	程序名
N10　G54G90G80G40G49G69G17	采用 G54 坐标系，取消各种功能
N20　M06T02;	换 T02 号刀具，ϕ8.5 mm 的麻花钻
N30　M03S800M07;	主轴正转，转速为 800 r/min，切削液开
N40　G00X−18Y−18Z50;	快速定位到起始位置坐标（−18，−18）
N50　G99G81Z−8.5R5F60;	用 G81 指令钻第一个定位孔
N60　X−18Y18	钻第二个定位孔
N70　X18Y18;	钻第三个定位孔
N80　X18Y−18;	钻第四个定位孔
N90　G00Z100M09;	快速抬刀到安全高度，切削液关
N100　G80	取消钻孔循环
N110　M30;	程序结束

（3）攻螺纹

00404	程序名

N10 G54G90G80G40G49G69G17	采用 G54 坐标系，取消各种功能
N20 M06T03；	换 T02 号刀具
N30 M03S100M07；	主轴正转，转速为 100 r/min，切削液开
N40 G00x−18Y−18Z50；	快速定位到起始位置坐标（−18，−18）
N50 G99G84Z−6R5F150；	用 G84 指令加工第一个螺纹
N60 X−18Y18	加工第二个螺纹
N70 X18Y18；	加工第三个螺纹
N80 X18Y−18；	加工第四个螺纹
N90 G00Z100M09；	快速抬刀到安全高度，切削液关
N100 G80	取消钻孔循环
N110 M30；	程序结束

三、加工操作

1. 加工准备

（1）开机，返回机床参考点。

（2）装夹工件；用平口钳装夹工件，并保证零件上平面高出钳口 5~6 mm。

（3）用百分表校检工件基准面的水平误差和垂直度误差，并确保夹紧。

（4）安装刀具。

（5）输入并校验程序。

2. 对刀

（1）X、Y 向对刀：通过对刀操作得到 X、Y 零点偏值，并输入到 G54 坐标系中。

（2）Z 向对刀：测量 3 把刀的刀位点从参考点到工件上表面的 Z 数值（必须是机械坐标的 Z 值），分别输入到对应的刀具长度补偿中，供加工时调用（G54 中 Z 值为 0）。

3. 进行程序校验及加工轨迹仿真

将工件坐标系的 Z 值正方向平移 50 mm，方法是在工件坐标系参数 G54 中输入 50，按下起动键，适当降低进给速度，检查刀具运动是否正确。

4. 工件加工

当程序校验无误后，调用相应程序开始自动加工。

5. 尺寸测量

加工结束后对工件进行检验，确定其尺寸是否符合图样要求。对超差尺寸在可以修复的情况下继续加工，直至符合图样要求。

6. 结束加工

松开夹具，卸下工件，清理机床。

四、检测评分（表 4-2-3）

表 4-2-3　检测评分

序号	考核项目	评定原则	分值	自评	师评
1	安全文明	安全、文明生产，7s 素养	10		
2	编程	（1）加工工艺制定合理	10		
		（2）加工程序正确	10		
		（3）刀具参数、切削用量正确合理	10		
3	操作技能	（1）工件装夹正确、刀具安装调整合理	10		
		（2）设备操作熟练	10		
		（3）测量方法正确，使用量具合理	10		
4	工件质量	2 × M10	10		
		36（2 处）	10		
		表面质量和孔质量	10		

知识测试

1. 请简述螺纹加工循环过程。
2. 请写出并解释 G84 指令。
3. 螺纹加工时，需要注意哪些事项？

任务评价

任务三 镗孔加工

任务描述

加工如图 4-3-1 所示零件的 4 个 φ26 的孔；现需对 4 个通孔进行镗削加工，并保证零件的尺寸精度和表面粗糙度；通过实施这个典型工作任务，帮助学生掌握镗孔加工的基本技能。

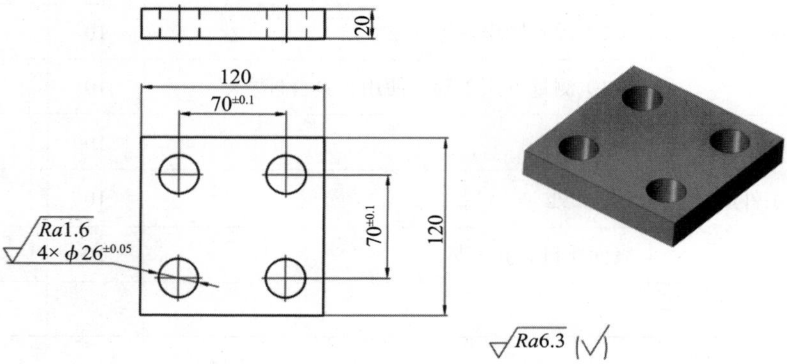

扫一扫 图 4-3-1 镗孔加工件

任务分析

本节任务，需要学生通过学习镗孔加工的相关知识点，学会如何正确调用和运用镗孔加工固定循环指令。

学习目标

知识目标

1. 能够说出镗孔刀形状、种类。
2. 能够合理地选择镗孔的工艺及加工参数。
3. 能够正确编写出镗孔的加工循环指令。

技能目标

1. 会正确选用镗刀、正确调用镗孔加工循环指令。
2. 会合理安排镗孔加工的工艺和参数的选用。
3. 完成图 4-3-1 所示零件的加工。

素养目标

1. 学习中渗透职业道德和职业素质的培养，培养学生与人沟通的能力及团队意识。

2. 在学习过程中注意细节的追求和工匠精神的渗透。

知识链接

一、镗孔刀具

镗刀种类很多，按照使用工序和用途可分为粗镗刀具和精镗刀具，按切削刃数量分可分为单刃镗刀和双刃镗刀。如图 4-3-2 所示。

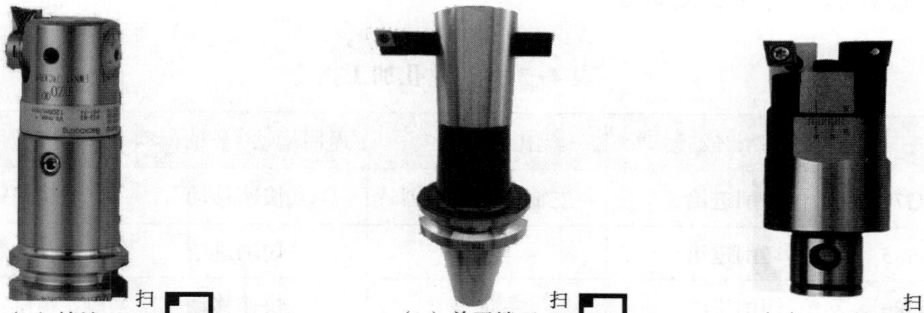

（a）精镗刀　扫一扫　　（b）单刃镗刀　扫一扫　　（c）双刃镗刀　扫一扫

图 4-3-2　镗刀

1. 单刃镗刀

单刃镗刀可镗削通孔、阶梯孔和盲孔。单刃镗刀刚性差，切削时易引起振动。

2. 双刃镗刀

镗削大直径的孔时可选用双刃镗刀。这种镗刀头部可以在较大范围内进行调整，且调整方便，最大镗孔直径可达 1 000 mm。

双刃镗刀的两端有一对对称的切削刃同时参加切削，与单刃镗刀相比，每转进给量可提高一倍左右，生产效率高，同时，可以消除径向切削力对镗杆的影响。

调整镗孔刀具刀刃尖伸出量可以在对刀仪上调整，也可以用试切法在机床上调整。调节时松开顶端螺母（松开就可以，不需要拿下来），两侧面各有一个调节孔，通过调节孔中的螺丝快速调节镗刀，然后紧固螺母。

3. 精镗刀

在精镗孔中，目前较多地选用精镗微调镗刀，精镗微调镗刀的径向尺寸可以在一定范围内进行微调，调节方便，且精度高。调整尺寸时，先松开紧固螺钉，然后转动带刻度盘的调整螺母，等调至所需尺寸后，再拧紧螺钉。

4. 镗刀的选择

镗孔刀具的选择，主要的问题是刀杆的刚性，要尽可能地防止或消除振动，其考虑要点如下：

（1）在不影响排屑的情况下，尽可能选择大的刀杆直径，接近镗孔直径。

（2）尽可能选择短的刀杆臂（工作长度）。加工大孔可用减振刀杆。

（3）主偏角（切入角）κ_r 一般取 75° ~90° 。

（4）选择涂层的刀片品种（刀刃圆弧小）和小的刀尖圆弧半径（0.2 mm）。

（5）精加工时采用正切削刃（正前角）刀片的刀具，粗加工时采用负切削刃刀片的刀具。

（6）镗深的盲孔时，采用压缩空气或冷却液来排屑和冷却。

（7）选择定位准确、可靠，装夹迅速的镗刀柄夹具。

二、镗孔加工指令（表 4-3-1）

表 4-3-1　镗孔加工指令

G 代码		加工运动（Z 轴运动）	孔底动作	返回运动（Z 轴运动）	应用
镗孔指令	G76	切削进给	主轴定向，让刀	快速移动	精镗循环
	G85	切削进给	—	切削进给	铰孔、粗镗削
	G86	切削进给	主轴停	快速移动	镗削循环
	G87	切削进给	主轴正转	快速移动	反镗削循环
	G88	切削进给	暂停—主轴停	手动或快速	镗削循环
	G89	切削进给	暂停	切削进给	铰孔、粗镗削
G80		—	—	—	取消固定循环

1. 镗孔循环指令 G85

（1）指令格式

G85　X ________ Y ________ Z ________ R ________ F ________；

（2）指令说明

G85　X ________ Y ________ Z ________ R ________ F ________

其中：

X ________ Y ________：孔位 *X*、*Y* 坐标

Z ________：孔底的位置坐标（绝对值时）

从 *R* 点到孔底的距离（增量值时）

R ________：从初始位置到 *R* 点位置的距离

F ________：切削进给速度

孔加工的动作如图 4-3-3 所示，这种镗孔的加工方式中刀具是以切削进给方式加工到孔底，然后又以切削进给方式返回到 *R* 点平面，可以用于铰孔、扩孔等加工。

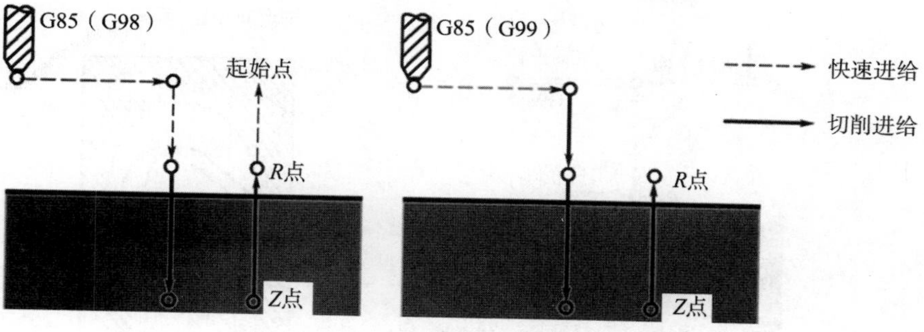

图 4-3-3　G85 指令孔加工的动作

2. 镗孔循环指令 G86

（1）指令格式

G86　X ______ Y ______ Z ______ R ______ F ______ ;

（2）指令说明

孔加工的动作如图 4-3-4 所示，该指令是指刀具加工到孔底后，主轴停止，快速返回到 *R* 平面或初始平面后，主轴再重新起动。

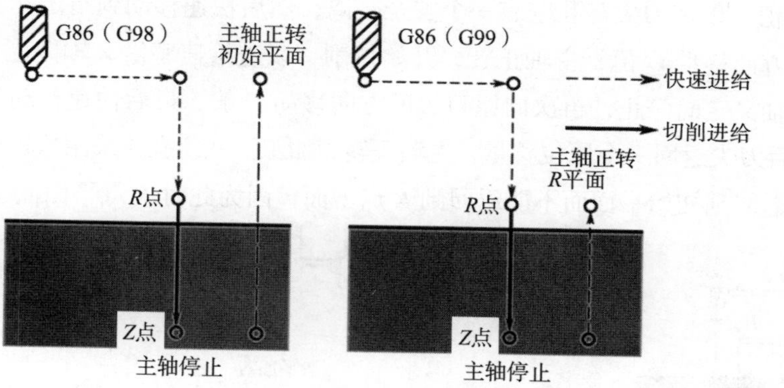

图 4-3-4　G86 指令孔加工的动作

3. 精镗孔循环指令 G76

（1）指令格式

G76　X ______ Y ______ Z ______ R ______ Q ______ P ______ F ______ ;

（2）指令说明

该指令作精镗加工时使用。高精镗循环指令 G76 的优点在于精镗时不使刀具在退刀过程中划伤孔表面。孔加工的动作如图 4-3-5 所示，*P* 表示在孔底有暂停，*Q* 表示刀具偏移量。机床执行指令 G76 时，刀具从初始点移至 *R* 点，并开始进行精镗切削，当到达孔底时，主轴在固定的旋转位置停止，刀具先向刀尖的相反方向移动退刀，然后快速退刀，这样既保证加工面不被破坏，又实现了精密和有效的镗削加工。

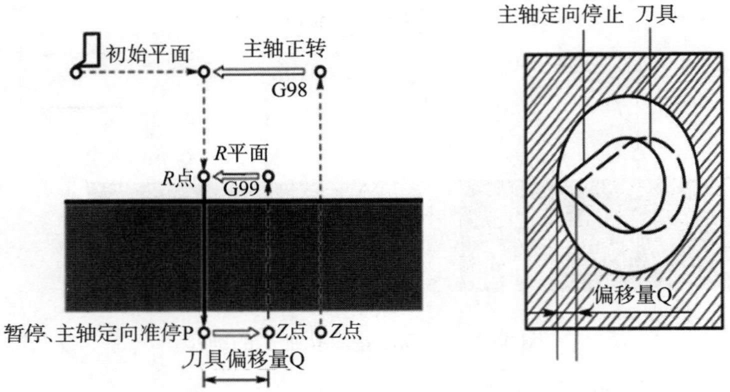

图 4-3-5　G76 指令反镗孔动作

4. 反镗孔循环指令 G87

（1）指令格式

G87　X ______ Y ______ Z ______ R ______ Q ______ F ______ ;

（2）指令说明

反镗孔动作如图 4-3-6 所示，*X* 轴和 *Y* 轴定位后，主轴定向停止，然后向刀尖的反方向移动 *Q* 值，以使刀尖与孔壁有一个安全距离，然后快速移动到指定孔底深度。接着刀具向刀尖方向移动 *Q* 值，主轴正转，开始切削，以进给速率沿 *Z* 轴向上加工到指定 *Z* 点，这时主轴又定向停止，再次向原刀尖反方向移动 *Q* 值，最后快速移动到初始点（只能用 G98）后刀尖返回一个原位移量，主轴正转，加工下一个孔。采用这种循环方式时，只能让刀具返回到初始平面而不能返回到 *R* 点平面，因为此时 *R* 点平面低于 *Z* 平面。

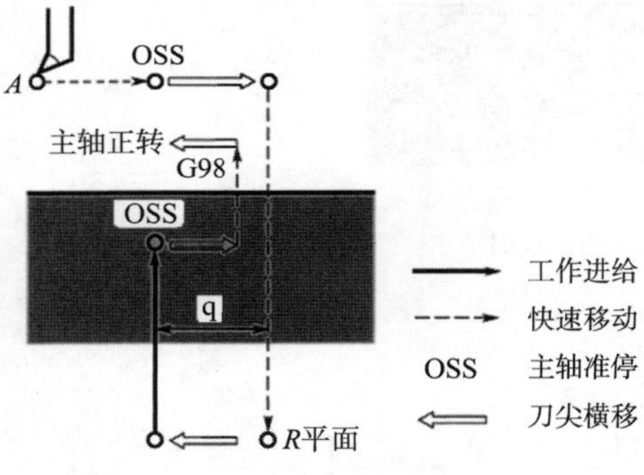

图 4-3-6　反镗孔动作

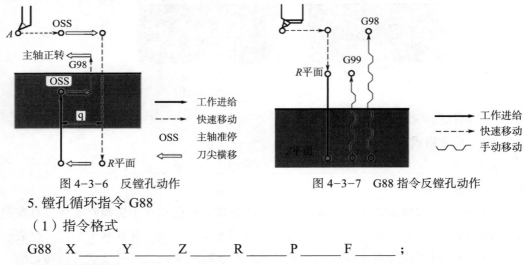

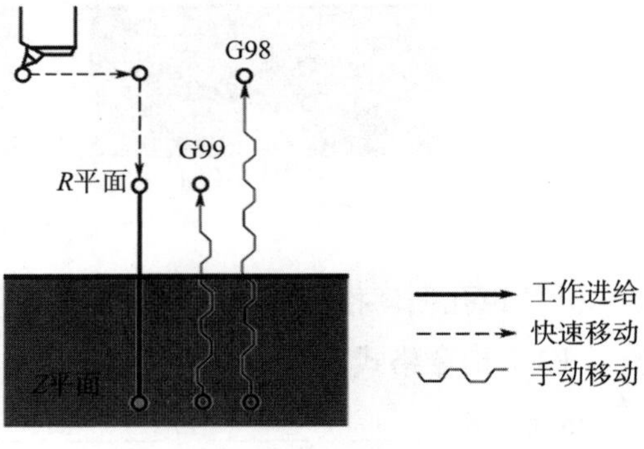

图 4-3-7　G88 指令反镗孔动作

5. 镗孔循环指令 G88

（1）指令格式

G88　X ______ Y ______ Z ______ R ______ P ______ F ______ ;

（2）指令说明

反镗孔动作如图 4-3-7 所示，刀具到达孔底时延时，主轴停止，进入进给保持状态，在此情况下可以执行手动操作。但为了安全起见应先把刀具从孔中退出，以便再起动加工，刀具快速返回到 *R* 点或初始点，主轴正转。

任务实施

一、制定加工工艺

1. 零件图工艺分析

该零件为孔类零件，外形为矩形，进行镗孔加工；所用材料为硬铝，材料硬度适中，便于加工，宜选择普通数控铣床加工。

2. 确定零件的装夹方式

由于该零件结构及其所对应的毛坯结构均为矩形，宜用平口钳装夹。

3. 确定加工顺序

加工顺序为：钻 4 个中心孔→钻 4 个通孔→半精镗 4 个孔（留精镗余量为 0.3 mm）→精镗孔到要求尺寸。

4. 刀具的选择

（1）用 A2 中心钻钻 4 个中心孔。

（2）用 ϕ24 mm 的麻花钻钻 4 个通孔。

（3）用精镗刀半精镗和精镗 4 个孔。

镗孔作为孔的精加工方法之一，事先还需安排钻中心孔定心、钻孔、扩孔、铣孔等粗、半精加工工序，需用到中心钻、麻花钻、铣刀等刀具；最后用镗刀进行加工，其中镗刀分为粗镗刀和精镗刀

5. 切削用量的选择（表 4–3–2）

表 4–3–2　切削用量选择

刀具号	刀具规格	工序内容	F（mm/min）	S（r/min）
T1	A2 中心钻	钻中心孔	60	1 200
T2	ϕ24 麻花钻	钻 4*24 mm 通孔	50	600
T3	半精镗刀	半精镗至 ϕ25.7 mm	50	450
T4	精镗刀	半精镗至 ϕ26 mm 尺寸要求公差范围内	50	500

二、参考程序编制

1．工件坐标系建立

根据工件坐标系建立原则，本课题工件坐标系建立在工件上表面中心位置。四个孔的坐标分别为（35，35）、（35，−35）、（−35，35）、（−35，−35）。

2．参考程序

（1）钻 4 个定位孔

00405　　　　　　　　　　程序名

N10　G54G90G17G80G40G49G69；	采用 G54 坐标系，取消各种功能
N20　M06T01；	换 T01 号刀具，A2 中心钻
N30　M03S1200；	主轴正转，转速为 1 200 r/min
N40　G00x−35Y−35Z50；	快速定位到起始位置坐标（−35，−35）
N50　G99G81Z−5R5F60；	用 G81 指令钻第一个定位孔
N60　X−35Y35	钻第二个定位孔
N70　X35Y35；	钻第三个定位孔
N80　X35Y−35；	钻第四个定位孔
N90　G00Z100；	快速抬刀到安全高度
N100　G80	取消钻孔循环
N110　M30；	程序结束

（2）钻 4 个通孔

00406	程序名
N10　G54G90G80G40G49G69G17	采用 G54 坐标系，取消各种功能
N20　M06T02；	换 T02 号刀具，ϕ24 mm 的麻花钻
N30　M03S600M07；	主轴正转，转速为 600 r/min，切削液开
N40　G00X−35Y−35Z50；	快速定位到起始位置坐标（−35，−35）
N50　G99G81Z−24R2F50；	用 G81 指令钻第一个定位孔
N60　X−35Y35	钻第二个定位孔
N70　X35Y35；	钻第三个定位孔
N80　X35Y−35；	钻第四个定位孔
N90　G00Z100M09；	快速抬刀到安全高度，切削液关
N100　G80	取消钻孔循环
N110　M30；	程序结束

（3）半精镗 4 个通孔

00407	程序名
N10　G54G90G80G40G49G69G17	采用 G54 坐标系，取消各种功能
N20　M06T03；	换 T03 号刀具
N30　M03S450M07；	主轴正转，转速为 450 r/min，切削液开
N40　G00x−35Y−35Z50；	快速定位到起始位置坐标（−35，−35）
N50　G99G76Z−21R2Q0.1F50；	用 G76 指令加工第一个螺纹
N60　X−35Y35	加工第二个螺纹
N70　X35Y35；	加工第三个螺纹
N80　X35Y−35；	加工第四个螺纹

N90　G00Z100M09；	快速抬刀到安全高度，切削液关
N100　G80	取消钻孔循环
N110　M30；	程序结束

（4）精镗 4 个通孔

00408	程序名
N10　G54G90G80G40G49G69G17	采用 G54 坐标系，取消各种功能
N20　M06T04；	换 T04 号刀具
N30　M03S500M07；	主轴正转，转速为 500 r/min，切削液开
N40　G00x−35Y−35Z50；	快速定位到起始位置坐标（−35，−35）
N50　G99G76Z−21R2Q0.1F50；	用 G76 指令加工第一个螺纹
N60　X−35Y35	加工第二个螺纹
N70　X35Y35；	加工第三个螺纹
N80　X35Y−35；	加工第四个螺纹
N90　G00Z100M09；	快速抬刀到安全高度，切削液关
N100　G80	取消钻孔循环
N110　M30；	程序结束

三、加工操作

1. 加工准备

（1）开机，返回机床参考点。

（2）装夹工件：用平口钳装夹工件，并保证零件上平面高出钳口 5~6 mm。

（3）用百分表校检工件基准面的水平误差和垂直度误差，并确保夹紧。

（4）安装刀具。

（5）输入程序并校验程序。

2. 对刀

（1）*X*、*Y* 向对刀通过对刀操作得到 *X*、*Y* 零点偏值，并输入到 G54 坐标系中。

（2）*Z* 向对刀测量 4 把刀的刀位点从参考点到工件上表面的 *Z* 数值（必须是机械坐标的 *Z* 值），分别输入到对应的刀具长度补偿中，供加工时调用（G54 中 *Z* 值为 0）。

3. 进行程序校验及加工轨迹仿真

将工件坐标系的 *Z* 值正方向平移 50 mm，方法是在工件坐标系参数 G54 中输入 50 按下起动键，适当降低进给速度，检查刀具运动是否正确。

4. 工件加工

当程序校验无误后，调用相应程序开始自动加工。

5. 尺寸测量

加工结束后对工件进行检验，确定其尺寸是否符合图样要求。对超差尺寸在可以修复的情况下继续加工，直至符合图样要求。

6. 结束加工

松开夹具，卸下工件，清理机床。

四、检测评分（表 4–3–3）

表 4–3–3　检测评分

序号	考核项目	评定原则	分值	自评	师评
1	安全文明	安全、文明生产，7s 素养	10		
2	编程	（1）加工工艺制定合理	10		
		（2）加工程序正确	10		
		（3）刀具参数、切削用量正确合理	10		
3	操作技能	（1）工件装夹正确、刀具安装调整合理	10		
		（2）设备操作熟练	10		
		（3）测量方法正确，使用量具合理	10		
4	工件质量	$4\times\phi26$ mm	10		
		35（2 处）	10		
		表面质量和孔质量	10		

知识测试

1. 请简述镗孔加工循环过程。
2. 请写出并解释 G76、G85 指令。
3. 请说出 G76、G85、G86、G87、G88、G89 等指令的区别。
4. 镗孔加工时，需要注意哪些事项？

项目五 综合实训

任务一 典型零件的加工

任务描述

根据零件图纸制定出合理的加工工艺、切削参数、刀具参数。并根据图纸要求合理安排加工工艺，保证零件的主要尺寸、次要尺寸等相关尺寸链接，保证零件各项尺寸准确无误。

任务分析

1. 切削三要素程序切削路径的优化。
2. 分层铣削调用子程序应用。
3. 旋转指令的使用。
4. 中心轨迹编程的使用。

学习目标

知识目标

提高轴类、盘类、套筒类零件的工艺分析和程序编程的能力，能制定合理的加工路线。

技能目标

1. 掌握保证零件尺寸精度及形位精度的加工方式。
2. 掌握工件精度测验与测量方法，能够根据测量结果分析产生误差的原因。

素养目标

1. 注重职业道德和职业素质的培养。
2. 树立质量意识，培养工匠精神。

知识链接

1. 数控机床属于精密设备，未经许可严禁进行尝试性操作，观察操作时必须戴护目镜且站在安全位。

2. 关闭防护挡板。

3. 工件必须装夹稳固。

4. 刀具必须装夹稳固方可进行加工。

5. 系统机床锁闭空运行后必须重新返回参考点。

6. 切削加工中禁止用手触碰工件。

一、数控铣床加工实例

完成如图 5−1−1 所示“凸模”零件的数控加工工艺的分析与工艺文件的编制，毛坯尺寸为 110 mm × 110 mm × 30 mm，材料为 45 钢。

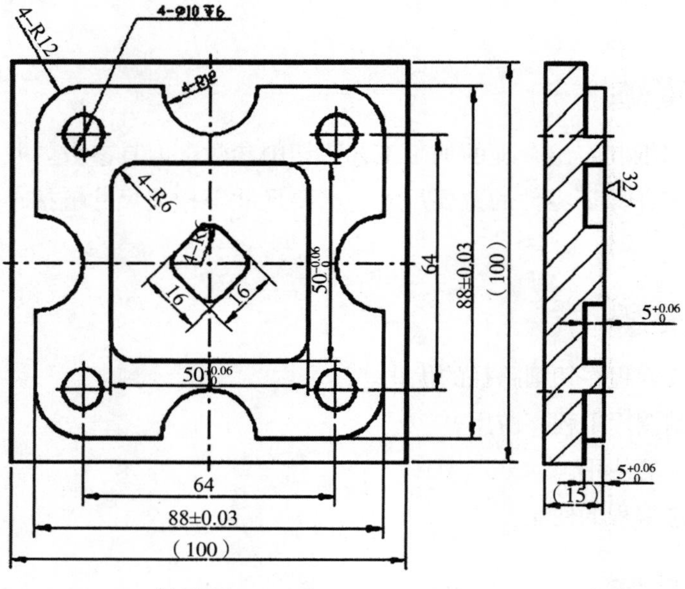

扫一扫 图 5−1−1 凸模零件图纸

1. 提高切削用量

由基本时间的计算公式可知，增大切削速度、进给量和切削深度都可缩减基本时间，这是广泛采用的非常有效的方法。目前，硬质合金铣刀的切削速度可达 200 m/min，陶瓷刀具的切削速度可达 500 m/min，近年来出现的聚晶金刚石和聚晶立方氮化硼新型刀具材料，切削普通钢材时，切削速度可达 1 200 m/min；加工 60HRC 以上的淬火钢时，切削速度在 90 m/min 以上。

2. 减少或重合切削行程长度利用

把刀具或复合刀具对工件的同一表面或多个表面同时进行加工，或者利用宽刃刀具或成形刀具作横向进给同时加工多个表面，实现复合工步，都能减少每把刀的切削行程长度或使切削行程长度部分或全部重合，减少基本时间。采用多刃或多刀加工时，要尽量做到粗、精分开。同时，由于刀具间的位置精度会直接影响工件的精度，故调整精度要求较高。另外，工艺系统的刚度和机床的功率也要相应增加，要在保证质量的前提下提高生产率。

（1）采用易于调整的先进加工设备。

（2）夹具和刀具的通用化。

（3）减少换刀和调刀时间。

（4）减少夹具在机床上的装夹找正时间。

3. 配合件加工考虑因素

（1）考虑零件的表面粗糙度明显达不到图纸要求，将影响工件间配合的紧密度，进而达不到配合的要求。其原因主要有：刀具的选择、切削用量的选择等。刀具的选择，主要体现在刀具的质量和适当的选刀，对球形刀具行距选择过大，使零件的粗糙度达不到要求；切削用量的选择，主要体现在加工不同材料时，铣削三要素的选择有很大的差异，因此选择切削用量时，要根据机床的实际情况而定。此外，在加工时，要求机床主轴具有一定的回转运动精度。即加工过程中主轴回转中心相对刀具或者工件的精度。当主轴回转时，实际回转轴线其位置总是在变动的，也就是说，存在回转误差。主轴的回转误差可分为三种形式：轴向窜动、径向圆跳动和角度摆角。在切削加工过程中的机床主轴回转误差使得刀具和工件间的相对位置不断变化，影响着成形运动的准确性，在工件上引起加工误差。

（2）解决方案：刀具的选择，应尽可能选择较大的刀具，避免让刀震动，以提高表面粗糙度。切削用量的确定，在加工中，粗加工主轴转速慢一些，进给速度慢一些，切削深度大一些，精加工转速快一些。

（3）尽量避免接刀痕产生。

（4）尽量避免装夹误差。主要是夹紧力和限制工件自由度要做到合理。

（5）加工余量的确定要合理。主要是 X、Y 轴的加工余量选择应合理。

4. 零件图的工艺分析

（1）零件结构的分析

如图 5-1-1 所示可知，该零件需要配合的薄壁零件，形状比较简单，但是供需较复杂，表面质量和精度要求较高，因此，从精度要求上考虑，定位和工序安排比较关键。为了加工精度和表面质量，根据毛坯质量（主要是指形状和尺寸），分析采用两次定位（一次粗定位，一次精定位）装夹加工完成，按照基面先行、先主后次、先近后远、先里后外、先粗后精、先面后孔的原则一次划分工序加工。加工余量的分析根据精度要求，该图的尺寸精度要求较高，即需要有余量的计算，正确规定加工余量的数值，是完成加工要求的重要任务之一。在具体确定工序的加工余量时，应根据下列条件选择大小：最后的加工工序，加工余量应达到图纸上所规定的表面粗糙度和精度要求；考虑加工方法、设备的刚性以及零件可能发生的变形；考虑零件热处理时引起的变形；考虑被加工零件的大小，零件愈大，由于切削力、内应力引起的变形也会增加，因此要求加工余量也相应地大一些。

（2）精度分析

该零件的尺寸公差比较高，在 0.02~0.03 mm 之间，且凸件薄壁厚度为 0.96 mm，区域面积较大，表面粗糙度也比较高，达到了 *Ra*1.6 pm；比较加工，加工时极容易产生变形，处理不好可能会导致其壁厚公差及表面粗糙度难以达到要求，所以必须合理的确定加工余量。

（3）定位基准分析

定位基准是工件在装夹定位时所依据的基准。该零件首先以一个毛坯件的一个平面为粗基准定位，将毛坯料的精加工定位面铣削出来，并达到规定的要求和质量，作为夹持面，再以夹持面为基准装夹来加工零件，最后再将粗基准加工到尺寸要求。

（4）机床的选择

选择 VDL850A 加工中心，FANUC Oi Mate 系统。加工中心加工柔性比普通数控机床优越，有一个自动换刀的伺服系统，对于工序复杂的零件需要多把刀加工，在换刀的时候可以减少很多辅助时间，很方便，而且能够加工更加复杂的曲面等工件。因此，提高加工中心的效率便成为关键，而合理运用编程技巧，编制高效率的加工程序，对提高机床效率往往具有意想不到的效果。

（5）装夹方案的确定

该零件形状规则，四个侧面较光整，加工面与加工面之间的位置精度要求不高，因此，以底面和两个侧面作为定位基准，用平口虎钳从工件侧面夹紧即可。根据零件图样和技术要求确定工序方案，制定一套加工用时少，经济成本花费少，又能保证加工质量的工艺方案。通常毛坯未经过任何处理时，外表有一层硬皮，硬度很高，很容易磨损刀具，在选择走刀方式时考虑选择逆铣，并且在装夹前应进行钳工去毛刺处理，再以面作为粗基准加工精基准定位面。

5.“凸模”零件加工工艺方案

先夹持面—粗铣上平面—精铣上平面—粗铣内轮廓（挖槽）—粗铣槽内凸台—手动去除槽内多余残料—粗铣槽内圆弧槽—粗铣外轮廓—粗铣此凸台—手动去除多余残料—精铣槽内凸台—精铣槽内圆弧槽—半精铣内轮廓—半精铣外轮廓—精铣凸台—精铣槽面—精铣内轮廓—精铣外轮廓—钻孔—铰孔—翻面铣掉夹持面。零件工序卡见表 5–1–1。

表 5–1–1　零件工序卡

工序号	刀具号	刀具名称	直径 /mm	长度 /mm	备注（刃长）
1	T01	盘形铣刀	ϕ50		10
2	T02	R2 立铣刀	ϕ6R2	120	50
3	T03	立铣刀	ϕ10	120	50
4	T04	立铣刀	ϕ10	120	50

（续表）

工序号	刀具号	刀具名称	直径 /mm	长度 /mm	备注（刃长）
5	T05	立铣刀	ϕ16	120	50
6	T06	球头铣刀	*R*12	120	50
7	T07	中心钻	02	60	
8	T08	钻头	ϕ25.6	160	100
9	T09	绞刀	ϕ26	160	100
10	T10	钻头	ϕ9.8	120	50
11	T11	绞刀	ϕ10	120	50

任务评价

评价内容	评价方式			权重
	自评	互评	教师评价	
基本知识				
技能操作水平				
工作态度（职业规范、对质量的追求、创造性、团队合作、安全文明生产等）				

任务二　复杂零件的加工

任务描述

该任务需要对图 5-2-1 所示的零件进行外轮廓及内轮廓铣削加工。该零件图毛坯尺寸 120 mm × 100 mm × 30 mm，$45^{\#}$ 钢，需要加工深 6 mm，倒角 *C*10、倒圆 *R*20、凹弧 ϕ20 外轮廓；深 4 mm、ϕ40 mm、宽 $17_{0}^{+0.08}$ 圆头 ϕ17 mm 内槽，铣相对深 2 mm、ϕ20 mm 孔。

任务分析

1. 直线插补与圆弧插补指令及圆弧切入圆弧切出应用。

2. 刀具半径补偿。

学习目标

知识目标

学会复杂零件加工的知识。

技能目标

掌握加工内外轮廓的技巧。

素养目标

1. 培养质量意识，保证尺寸精度。
2. 培养先易后难，逐步提高意识。

知识链接

一、零件图、毛坯图、工具、量具、刃具

1. 零件图及毛坯图（图 5-2-1、图 5-2-2）

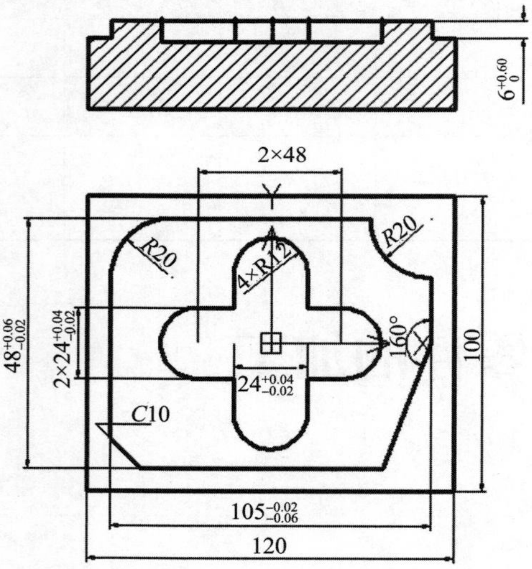

扫一扫 图 5-2-1　零件图

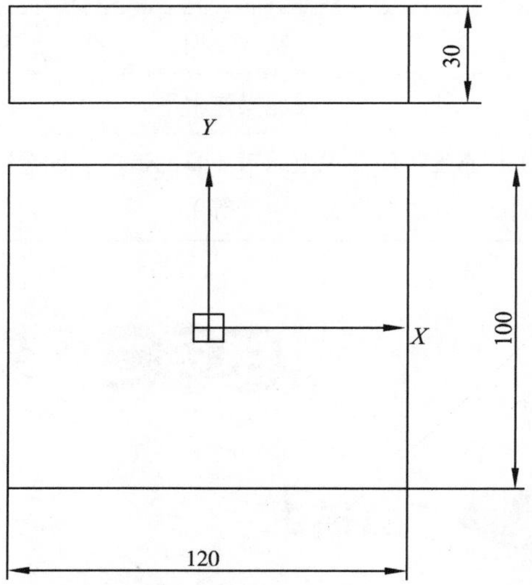

图 5-2-2　毛坯图

2. 工、量、刃具清单（表 5-2-1）

表 5-2-1　工、量、刃具清单

序号	名称	规格	精度	单位	数量
1	Z 轴设定器	50	0.01	个	1
2	游标卡尺	0~150	0.02	把	1
3	内径百分表	10~18、18~35	0.01	把	2

（续表）

序号	名称	规格	精度	单位	数量
4	百分表及表座	0~10	0.01	个	1
5	平行垫铁			副	1
6	端铣刀	ϕ100		个	1
7	立铣刀	ϕ10、ϕ12		个	2
8	机用虎钳			个	1
9	塑胶锤子			个	1
10	呆扳手			个	若干

二、工艺方案

1. 加工路线

（1）利用 ϕ25 mm 硬质合金立铣刀，X、Y 向单边留 0.5 mm 精加工余量，Z 向留 0.3 mm 加工余量。先加工外轮廓，后加工内轮廓。

（2）利用 ϕ20 mm 硬质合金立铣刀精铣，保证尺寸精度。先加工外轮廓，后加工内轮廓。

2. 工艺规程与切削参数（表 5-2-2）

表 5-2-2　工艺规程与切削参数

序号	刀具号	工序内容	f mm/min	a/ mm	n r/min
1	T01 ϕ20 mm 硬质合金立铣刀 1	粗铣	500	1	1 000
2	T02、T0 ϕ20 mm 硬质合金立铣刀 1	精铣	500	0.5	1 200

技能实训

准备项目	具体准备内容
防护用品准备	
场地准备	
工具、材料准备	

Step 1　程序

选择工件的上表面中心点作为工件坐标系，上表面为工件的坐标系 Z=0 面，选距离工件表面 5 mm 为 R 平面，机床坐标系设在 G54 上。

O2001；	外轮廓铣削加工
N10 G90 G54；	设定机床工件环境
N20 G00 Z100，	设定移动到起始高度
N30 M03 1 000；	设定主轴转速
N35 M08；	冷却液开
N40 X−30 Y−75；	定义下刀点
N50 Z2；	快速移动到安全高度
N60 G01 Z0 F60；	以 60 mm/min 的进给速度到加工表面
N70 D01 M98 P200 2 L003；	调用 1 号半径补偿并循环调用 P2002 号程序 3 遍
N80 G00 Z200；	快速移动到 200 mm 的高度
N90 M09；	冷却液关
N100 M00；	程序暂停
N110 X−30 Y−75；	快速移动到下刀点
N115 M03 S1200；	设定主轴转速
N116 G00 Z50；	快速移动到起始高度
N160 Z2；	快速移动到安全高度
N170 G01 Z0 F60；	以 60 mm/min 的进给速速到达所加工的深度
N180 D02 M98 P200 2 L004；	调用 2 号半径补偿并循环调用 O2002 号程序 4 遍
N190 G00 Z200；	快速移动到 200 mm 的位置
N195 G49；	取消长度补偿
N200 M09；	冷却液关
N210 M30	程序结束
O2002（子程序）	
N10 G91 G01 Z−2 F50；	以相对坐标的形式下移 2 mm
N20 G90 G41 G01 X−17 Y−550.5 F500；	到达圆弧进刀起点
N30 G03 X−30 Y−42.5 R13；	圆弧进刀到轮廓点
N40 G01 X−42.5；	直线插补到轮廓点
N50 X−52.5 Y−32.5；	直线插补到轮廓点
N60 Y22.5；	直线插补到轮廓点

N70　G02 X−32.5 Y42.5 R20；	圆弧进刀到轮廓点
N80　G01 X32.5；	直线插补到轮廓点
N90　G03 X52.5 Y22.5 R20；	圆弧进刀到轮廓点
N110　X37.031 Y−42.5；	直线插补到轮廓点
N120　X15；	直线插补到轮廓点
N130　Y−30.5；	直线插补到轮廓点
N140　G03 X−15 R15；	圆弧插补到轮廓点
N150　G01 Y−42.5；	直线插补到轮廓点
N160　X−30；	直线插补到轮廓点
N170　G03 X−43 Y−55.5 R13；	圆弧退刀
N180　G40 G01 X−30 Y−75；	取消半径补偿
N190　M99；	子程序结束
O3001；	加工内轮廓
N10　G90 G54；	设定机床工作环境
N15　G00 Z100；	快速移动到起始高度。
N20　M03 S1 000；	设定主轴转速。
N30　M08；	冷却液开。
N40　X0 Y0；	定义下刀点。
N50　Z2；	快速移动到安全攻读。
N60　G01 Z0 F60；以 60 mm/min	的进给速度到达加工表面。
N70　D01 M98 P300 2 L0003；	调用 1 号半径补偿并循环调用 o3002 程序 3 遍。
N80　G00 Z200；	快速移动到 200 mm 的位置。
N90　M09；	冷却液关。
N100　M00；	程序暂停。
N110　G00 X0 Y0；	定义下刀点。
N120　M03 S1200；	设定主轴转速。
N125　M08；	冷却液开。
N130　Z50；	快速移动到初始高度。
N140　Z2；	快速移动到安全高度。
N150　G01 Z−5 F60；	以 60 mm/min 的进给速度到达所加工的深度。
N160　D02 M98 P3001 L0001；	调用 2 号半径补偿并循环调用

	o3001 号程序。
N170　G00　Z200;	快速移动到 200 mm 的位置。
N180　M09;	冷却液关。
N190　M30;	程序结束。
O3002（子程序）	
N10　G91 G01 Z−1 F50;	以相对坐标的方式下降 1 mm。
N20　G90 G41 G01 X−1 Y1 D01 F500;	到达圆弧进刀起点。
N30　G03 X−12 Y12 R11;	圆弧进刀到轮廓点。
N40　G01 X−24;	直线插补补到轮廓点。
N50　G03 Y−12 R12;	圆弧插补补到轮廓点。
N60　G01 X−12;	直线插补补到轮廓点。
N70　Y−24;	直线插补补到轮廓点。
N80　G03 X12 R12;	圆弧插补补到轮廓点。
N90　G01 Y−12;	直线插补补到轮廓点。
N100　X24;	直线插补补到轮廓点。
N110　G03 X24 Y12 R12;	圆弧插补补到轮廓点。
N120　G01 X12;	直线插补补到轮廓点。
N130　Y24;	直线插补补到轮廓点。
N140　G03 X−12 R12;	圆弧插补补到轮廓点。
N150　G01 Y15;	直线插补补到轮廓点。
N160　G40 G01 X0 Y0;	取消半径补偿。
N170　M99;	子程序结束。

Step 2

一、操作要点

1. 加工准备

（1）阅读零件图，检查毛坯图。

（2）开机，机床回参考点。

（3）输入程序并检查程序。

（4）安装工件，夹紧工件。

宽 100 mm，为定位安装面。用盘铣刀铣平，然后平行垫铁垫起毛坯，用机用虎钳装夹工件，工件伸出钳口 10 mm。定位时要利用百分表调正工件与机床 X 轴的平行度，控制在 0.02 mm 范围内。

（5）本课题使用 3 把刀具，把不同类型的刀具安装在不同的刀柄上，然后按序号放置在刀架上，分别检查每把刀具的牢固性和正确性。

2. 对刀、正确输入刀具补偿值

（1）*X*、*Y* 向对刀

试切对刀法，确定工件坐标系 *X*、*Y* 轴的零点为上表面的中心，通过对刀操作得到 *X*、*Y* 的零偏值，并输入到 G54 中。

（2）*Z* 向对刀

使用基准刀对工件的上表面完成对刀。再用对刀仪完成其他两把刀的长度补偿值，并输入；把两把刀的半径补偿值输入到对应的半径补偿单元 D01、D02 中。

3. 程序调试

把工件坐标系 *Z* 值向 *Z* 正方向平移 50 mm，方法是在 G54 后的 *Z* 值中输入 50，按下启动键，适当降低进给速率，检查刀具运动是否正确。

4. 工件加工

把工件坐标系的 *Z* 值恢复原值，将进给速度调到抵挡，按下启动键，机床加工时适当调整主轴的转速和进给速度，保证加工正常。

5. 尺寸测量

程序执行完毕后，返回到起始高度，机床自动停止。用百分表检查各尺寸是否在要求的范围之内，用游标卡尺检查高度和宽度是否合格，合理的修改补偿值，再加工，直到合格为止。

6. 结束加工

松开夹具，卸下工件，清理机床。

二、注意要点

1. 粗、精加工时，刀具长度补偿要准确，防止因为刀具补偿误差出现接刀痕，甚至在精加工时留有台阶或沟槽。

2. 同一把刀可以有多个刀具半径补偿，用不同的刀具半径补偿可以去除加工余量，同时实现工件的粗加工。

3. 铣削内轮廓时，要注意内轮廓的圆弧的大小，刀具半径要小于或等于内弧的半径。

4. 为了保证圆弧的垂直度和表面粗糙度，最后一次精加工时，刀具可以相对于基准面在 Z 向提高 0.02 mm，采用顺铣，可以防止刀具在精加工中受到轴向力的作用而划伤不加工面。

5. 注意刀具半径的影响，在 *X*、*Y* 向对刀时，根据具体情况，加上或减去对刀使用的刀具半径。

6. 使用刀具半径补偿时应注意过切现象：使用刀具半径补偿时或去除刀具半径补偿时，刀具必须在所在补偿的平面内移动，且移动距离大于刀具半径补偿值；否则会出现过切刀具半径现象。加工半径小于刀具半径的内圆弧时，进行半径补偿将产生过切削，只有过渡圆弧角并添加延伸进、退刀线才能正常切削。

任务评价

评价内容	评价方式			权重
	自评	互评	教师评价	
基本知识				
技能操作水平				
工作态度（职业规范、对质量的追求、创造性、团队合作、安全文明生产等）				

项目六 仿真加工

任务一 宇龙数控仿真软件

任务描述

实训车间的实际操作对于没有接触过机床操作的学生来说具有一定危险性。为了避免这种危险的发生，可以采用模拟操作的方法，让学生具有一定的机床操作体验。本项目正是基于此而引入宇龙数控仿真软件进行模拟操作，为了完成该项目的教学，必须首先了解宇龙数控软件，因此本任务带领大家了解宇龙仿真软件和它的一些基本操作。由于宇龙数控仿真软件版本操作系统较多，不能够全部讲解，本任务选取宇龙仿真系统 3.7 中的 FANUC0i 操作系统进行学习。

任务分析

1. 认识宇龙仿真软件，学会进入及退出。
2. 熟知宇龙软件仿真界面各功能键的名称及作用。
3. 正确使用宇龙仿真软件进行工件设定和刀具选择。

学习目标

知识目标

对宇龙数控仿真软件具有一定的了解。

技能目标

掌握宇龙数控仿真软件进行仿真模拟前的一些基本设置。

素养目标

1. 注重职业道德和职业素质的培养。
2. 树立质量意识，培养工匠精神。

任务实施

一、认识宇龙数控仿真系统

宇龙数控仿真系统是一个应用虚拟现实技术进行数控加工操作技能培训和考核的

仿真软件。采用数据库统一管理刀具材料和性能参数库。提供车床、立式铣床、卧式加工中心和立式加工中心等多种机床的常用面板，具备对数控机床操作全过程和加工运行全环境仿真的功能。在操作过程中，具有自动、智能化的高精度测量功能和全面的碰撞检测功能，还可以对数控程序进行处理。为了便于教学和鉴定工作的进行，该系统还具有考试、互动教学、自动评分和记录回放功能。

二、宇龙（FANUC0i）数控铣仿真软件的进入和退出

1. 进入宇龙数控加工仿真系统

进入宇龙数控加工仿真系统 3.7 要分 2 步启动，首先启动加密锁管理程序，然后启动数控加工仿真系统，过程如下：

鼠标左键点击“开始”按钮，找到“程序”文件夹中弹出的“数控加工仿真系统”应用程序文件夹，在接着弹出的下级子目录中，点击“加密锁管理程序”，如图 6-1-1（a）所示。

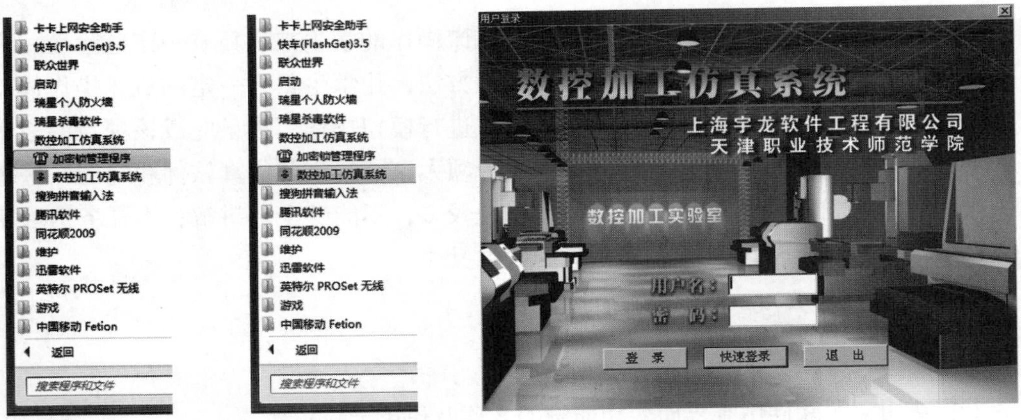

（a）启动加密锁管理程序　（b）启动数控加工仿真系统　（c）数控加工仿真系统登录界面

扫一扫 图 6-1-1　启动宇龙数控加工仿真系统 3.7 版

加密锁程序启动后，屏幕右下方工具栏中出现的图表，此时重复上面的步骤，在二级子目录中点击数控加工仿真系统，如图 6-1-1（b）所示，系统弹出“用户登录”界面，如图 6-1-1（c）所示。

点击“快速登录”按钮或输入用户名和密码，再点击“登录”按钮，即可进入数控加工仿真系统。

2. 退出

如图 6-1-1（c）所示，点击“退出”按钮，即可退出数控加工仿真系统。

三、机床台面菜单操作

用户登录后的界面如图 6-1-2 所示。图示为 FANUC 0i 车床系统仿真界面，由四大部分构成：系统菜单或图标、LCD/MDI 面板、机床操作面板、仿真加工工作区。

1. 选择机床类型

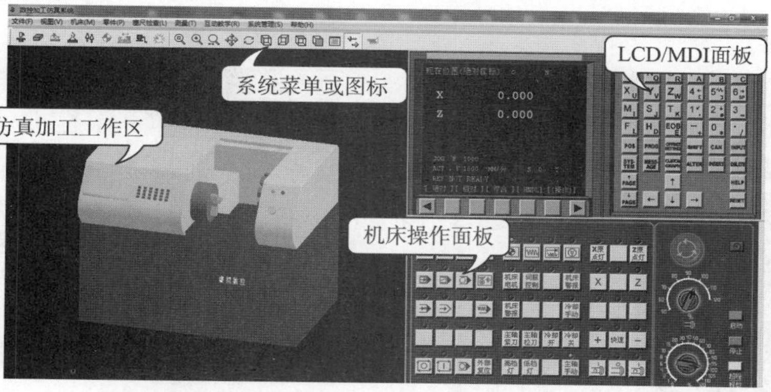

图 6-1-2　宇龙数控加工仿真系统 3.7 版 FANUC 0i 车床仿真加工系统界面

打开菜单“机床/选择机床…”，或单击机床图标菜单，如图 6-1-3(a)鼠标箭头所示，单击弹出“选择机床”对话框，界面如图 6-1-3（b）所示。选择数控系统 FANUC 0i 和相应的机床，这里选择铣床，通常选择标准类型，按确定按钮，系统即可切换到铣床仿真加工界面，如图 6-1-4 所示。

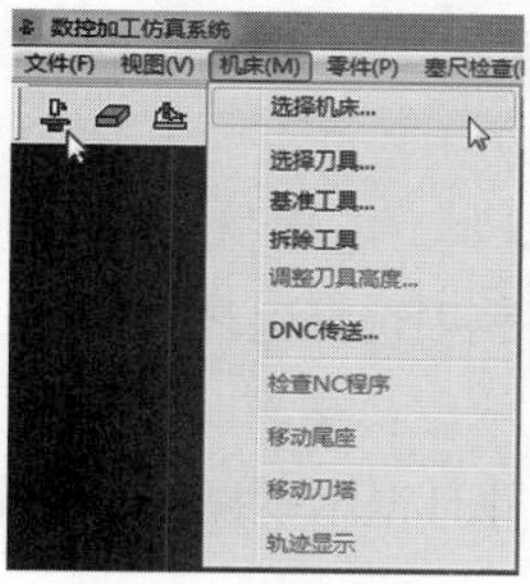

（a）选择机床菜单

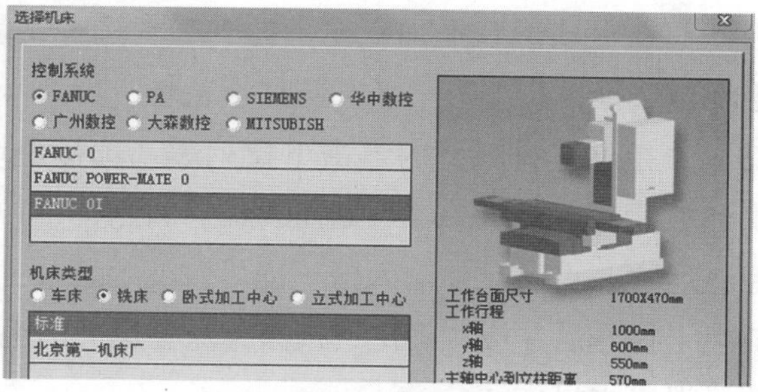

（b）选择机床及数控系统界面

图 6-1-3　选择机床及系统操作

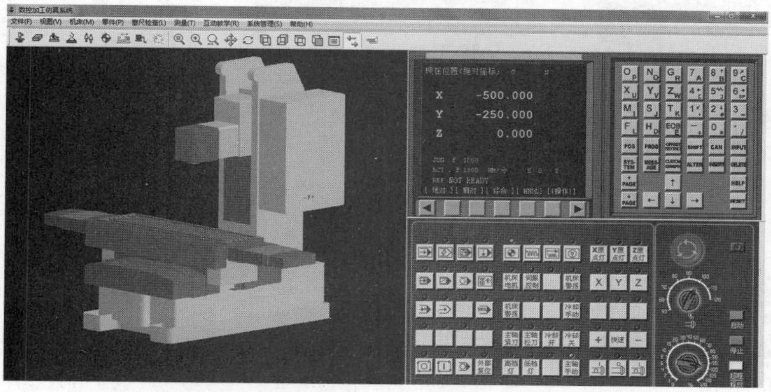

图 6-1-4　宇龙数控加工仿真系统 3.7 版 FANUC 0i 铣床仿真加工系统界面

2. 工件的使用

（1）定义毛坯

打开菜单“零件/定义毛坯”或在工具条上选择选择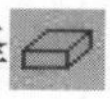，如图 6-1-5(a)箭头所示，

系统弹出定义毛坯的对话框，有长方形和圆形两种毛坯可供选择，如图 6-1-5（b）、（c）所示。

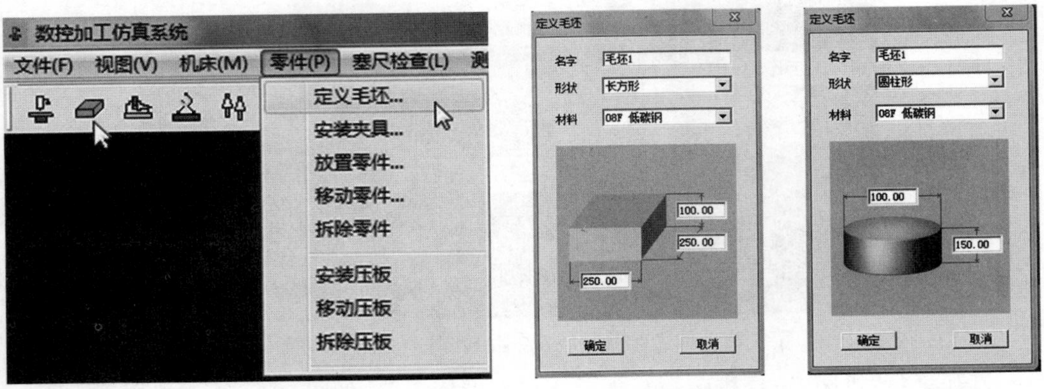

（a）定义毛坯菜单　（b）长方形毛坯定义　（c）圆形毛坯定义

图 6-1-5　毛坯定义操作

在定义毛坯对话框中，各字段的含义如下：

①名字：在毛坯名字输入框内输入毛坯名，也可使用缺省值。

②形状：在毛坯形状框内点击下拉列表，选择毛坯形状。铣床、加工中心有两种形状的毛坯供选择，长方形毛坯和圆柱形毛坯。

③材料：在毛坯材料框内点击下拉列表，选择毛坯材料。毛坯材料列表框中提供了多种供加工的毛坯材料，可根据需要在“材料”下拉列表中选择毛坯材料

④毛坯尺寸：点击尺寸输入框，即可改变毛坯尺寸，单位：毫米。

完成以上操作后，按“确定”按钮，保存定义的毛坯并且退出本操作，也可按“取消”按钮，退出本操作。

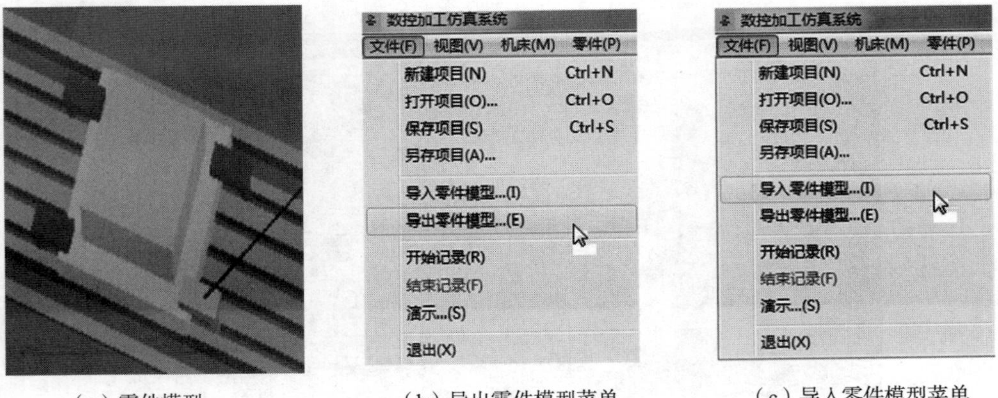

（a）零件模型　（b）导出零件模型菜单　（c）导入零件模型菜单

图 6-1-6　零件模型导出导入

（2）导出零件模型

对于经过部分加工的工件，打开菜单“文件 / 导出零件模型”，系统弹出“另存为”对话框，在对话框中输入文件名，按保存按钮，就可将这个未完成加工的零件保存为

零件模型，可在以后放置零件时通过导入零件模型而调用。如图 6–1–6（a）、（b）所示。

（3）导入零件模型

机床在加工零件时，除了可以使用原始的毛坯，还可以对经过部分加工的毛坯进行再加工。经过部分加工的毛坯称为零件模型，可以通过导入零件模型的功能调用零件模型。

打开菜单“文件 / 导入零件模型”，如图 6–1–6（c）所示。若已通过导出零件模型功能保存过成型毛坯，则系统将弹出“打开”对话框，在此对话框中选择并且打开所需的后缀名为“PRT”的零件文件，则选中的零件模型被放置在工作台面上。此类文件为已通过“文件 / 导出零件模型”所保存的成型毛坯。

（4）使用夹具

在仿真铣床系统界面中，打开菜单“零件 / 安装夹具”命令或者在工具条上选择图标，打开选择夹具操作对话框。如图 6–1–7 所示。

在“选择零件”列表框中选择已定义毛坯。在“选择夹具”列表框中间选夹具，长方体零件可以使用工艺板或者平口钳，圆柱形零件可以选择工艺板或者卡盘。如图 6–1–7（a）、（b）所示。

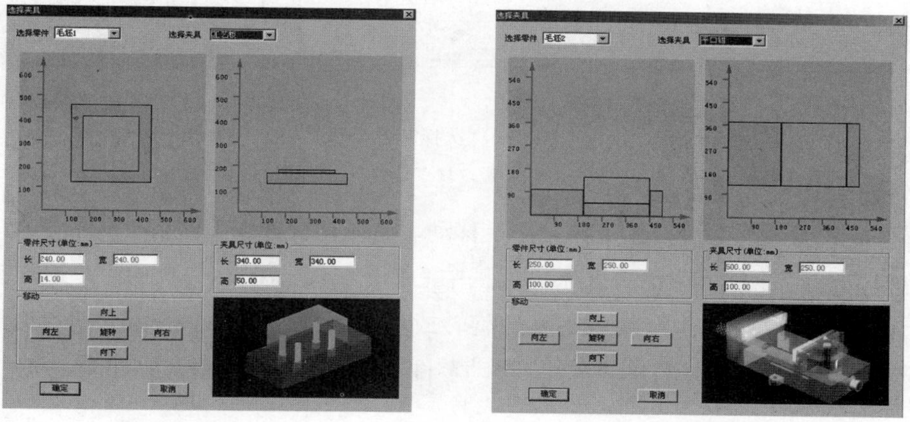

（a）工艺板装夹　　（b）平口钳装夹

图 6–1–7　安装夹具

需要指出的是，“夹具尺寸”成组控件内的文本框仅供用户修改工艺板的尺寸，对平口钳无效。另外，“移动”成组控件内的按钮仅供调整毛坯在夹具上的位置使用。

在本系统中，铣床和加工中心也可以不使用夹具。

（5）放置零件

打开菜单“零件 / 放置零件”命令或者在工具条上选择图标，系统弹出选择零件、安装零件对话框。如图 6–1–8 所示。

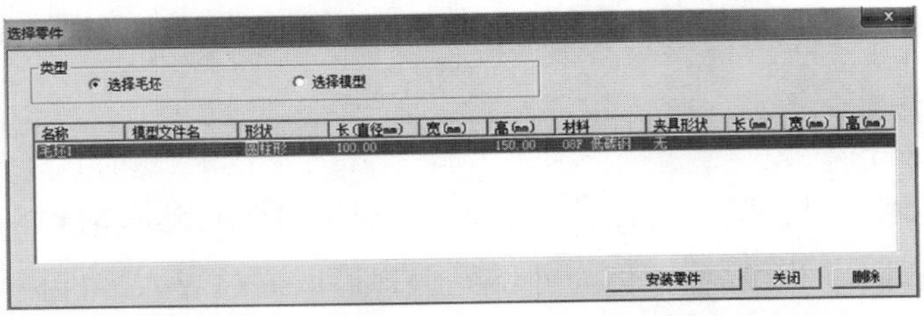

图 6-1-8 “选择零件”对话框

在列表中点击所需的零件，选中的零件信息加亮显示，按下“安装零件”按钮，系统自动关闭对话框，零件和夹具（如果已经选择了夹具）将被放到机床上。

对于卧式加工中心，还可以在上述对话框中选择是否使用角尺板。如果选择了使用角尺板，那么在放置零件时，角尺板同时出现在机床台面上。

如果经过“导入零件模型”的操作，对话框的零件列表中会显示模型文件名，若在类型列表中选择“选择模型”，则可以选择导入零件模型文件，如图 6-1-9 所示（a）。选择后零件模型即经过部分加工的成型毛坯被放置在机床台面上，如图 6-1-9（b）所示。

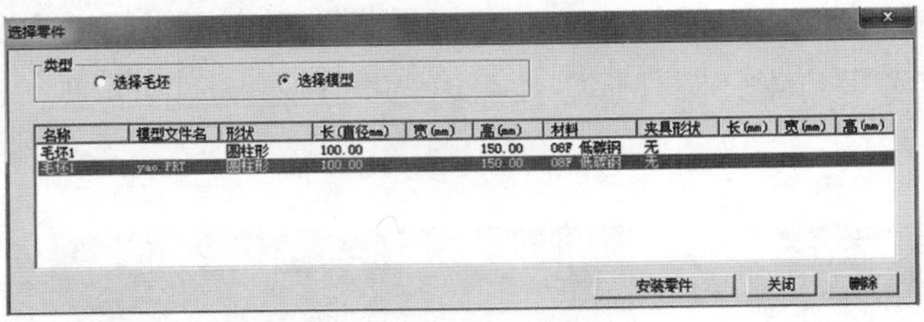

（a）选择零件模型对话框

（b）安装零件模型

图 6-1-9 选择零件模型

（6）调整零件位置

零件放置安装后，可以在工作台面上移动。毛坯在放置到工作台（三爪卡盘）后，系统将自动弹出一个小键盘［铣床、加工中心如图 6-1-10（a）所示］，通过按动小键盘上的方向按钮，实现零件的平移和旋转或车床零件调头。小键盘上的“退出”按钮用于关闭小键盘。选择菜单“零件 / 移动零件”也可以打开小键盘，如图 6-1-10（b）所示。

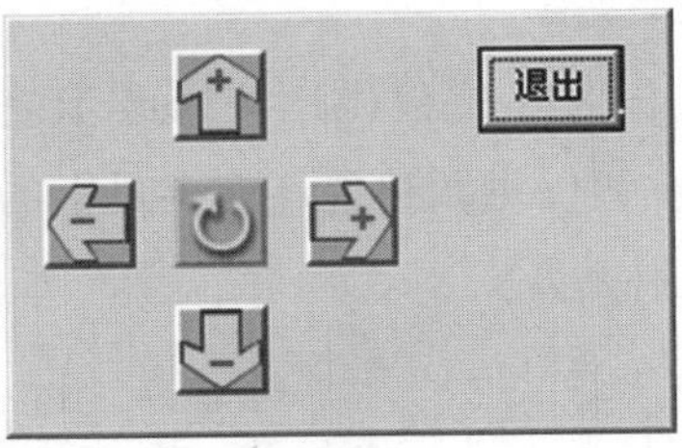

（a）铣床零件移动对话框

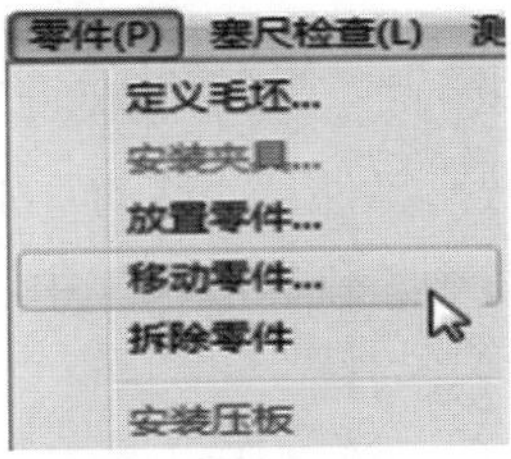

（b）移动零件菜单

图 6-1-10 移动零件

（7）使用压板

铣床、加工中心安装零件时，如果使用工艺板或者不使用夹具时，可以使用压板。

①安装压板：打开菜单“零件 / 安装压板”。系统打开“选择压板”对话框。如图 6-1-11（a）所示。

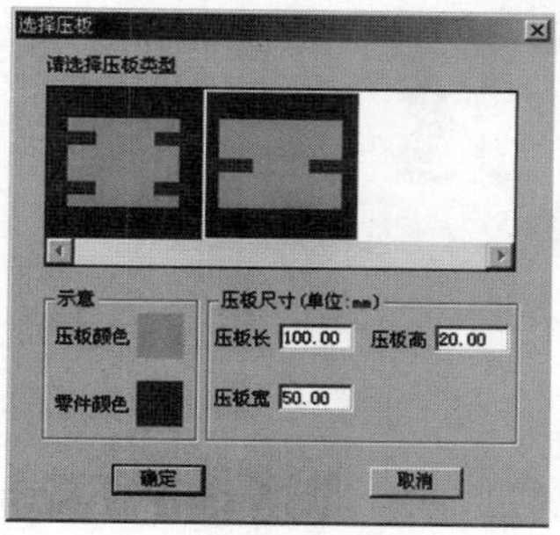

（a）安装压板

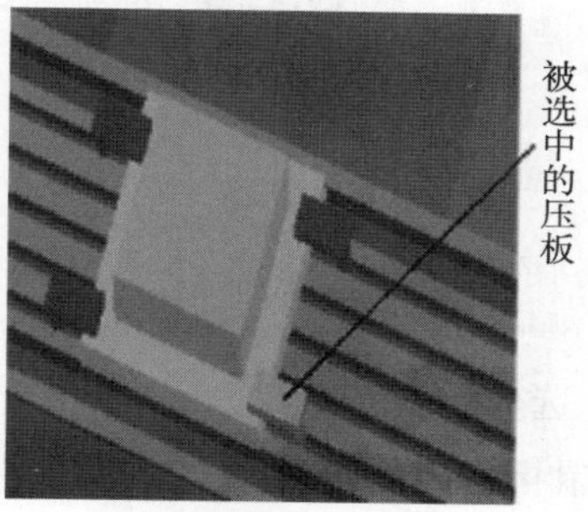

（b）移动压板

图 6-1-11 移动零件

对话框中列出各种安装方案，拉动滚动条，可以浏览全部可能方案，选择所需要的安装方案。在“压板尺寸”中可更改压板长、高、宽。范围：长 30~100，高 10~20，宽 10~50。按下“确定”以后，压板将出现在台面上。

②移动压板：打开菜单“零件 / 移动压板”，系统弹出小键盘。操作者可以根据需要平移压板（但是不能旋转压板）。首先用鼠标选中需移动的压板，被选中的压板颜色变成灰色，如图 6-1-11（b）所示，然后按动小键盘中的方向按钮操纵压板移动。

③拆除压板：打开菜单“零件 / 拆除压板”，可拆除压板。

3. 选择刀具

打开菜单“机床 / 选择刀具”，或者在工具条中选择“”图标，系统弹出刀具选择对话框。

（1）按条件列出工具清单

筛选的条件是直径和类型，具体操作方法如下：

①在“所需刀具直径”输入框内输入直径，如果不把直径作为筛选条件，请输入数字“0”。

②在“所需刀具类型”选择列表中选择刀具类型。可供选择的刀具类型有平底刀、平底带 R 刀、球头刀、钻头、镗刀等。

③按下“确定”，符合条件的刀具在“可选刀具”列表中显示。

（2）指定序号

在对话框的下半部中指定序号，如图 6-1-12 所示。这个序号就是刀库中的刀位号。铣床只有一个刀位。卧式加工中心允许同时选择 20 把刀具，立式加工中心允许同时选择 24 把刀具。

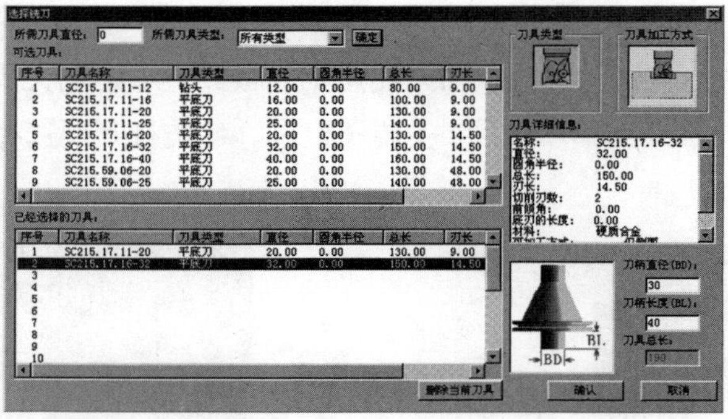

图 6-1-12　铣床和加工中心指定刀位号

（3）选择需要的刀具

先用鼠标点击“已经选择刀具”列表中的刀位号，再用鼠标点击“可选刀具”列表中所需的刀具，选中的刀具对应显示在“已经选择刀具”列表中选中的刀位号所在行，按下“确定”完成刀具选择。

（4）输入刀柄参数

操作者可以按需要输入刀柄参数。参数有直径和长度两个，总长度是刀柄长度与刀具长度之和。

（5）删除当前刀具

按“删除当前刀具”键可删除此时“已选择的刀具”列表中光标停留的刀具。

（6）确认选刀

选择完刀具，按“确认”键完成选刀，或者按“取消”键退出选刀操作。

铣床的刀具装在主轴上。立式加工中心的刀具全部在刀库中，卧式加工中心装载刀位号最小的刀具，其余刀具放在刀架上，通过程序调用。

4. 视图变换的选择

在工具栏中，图标 的含义是视图变换操作，他们分别对应着主菜单“视图”下拉菜单的“复位”“局部放大”“动态缩放”“动态平移”“动态旋转”“左侧视图”“右侧视图”“俯视图”“前视图”等命令，对机床工作区进行视图变化操作。

视图命令也可通过将鼠标置于机床显示工作区域内，点击鼠标右键，在弹出的浮动菜单里来进行相应的选择。操作时将鼠标移至机床显示区，拖动鼠标，即可进行相应操作。

5. 控制面板切换

在“视图”菜单或浮动菜单中选择“控制面板切换”，或在工具条中点击“ ”，即完成控制面板切换。

选择“控制面板切换”时，面板状态如图 6-1-2 和 6-1-4 所示，这里系统根据机床选择，显示了 FANUC 0i 完整数控加工仿真界面，可完成机床回零、JOG 手动控制、

MDI 操作、编程操作、参数输入和仿真加工等各种基本操作。

在未选择“控制面板切换”时，面板状态如图 6-1-13 所示，屏幕显示为机床仿真加工工作区，通过菜单或图标可完成零件安装、选择刀具、视图切换等操作。

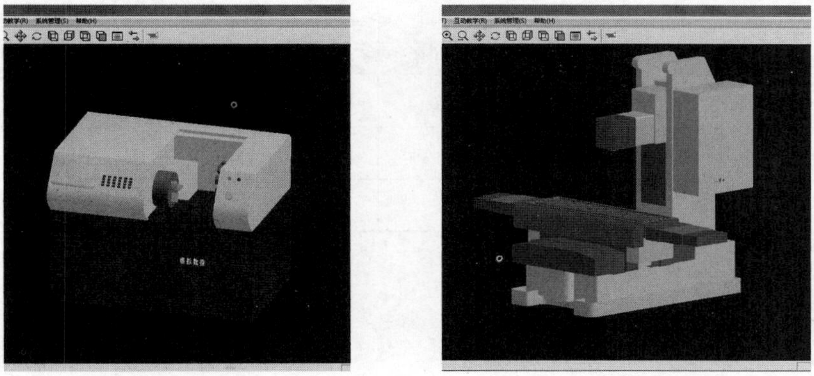

（a）车床　　（b）铣床

图 6-1-13　控制面板切换

6.“选项”对话框

在“视图”菜单或浮动菜单中选择“选项”或在工具条中选择“ ”，在弹出的对话框中进行设置。如图 6-1-14 所示，包括 6 个选项。

（1）仿真加速倍率：设置的速度值是用以调节仿真速度，有效数值范围从 1 到 100；

（2）开 / 关：设置仿真加工时的视听效果；

（3）机床显示方式：用于设置机床的显示，其中透明显示方式可方便观察内部加工状态；

（4）机床显示状态：用于仅显示加工零件或显示机床全部的设置；

（5）零件显示方式：用于对零件显示方式的设置，有 3 种方式；

（6）如果选中“对话框显示出错信息”，出错信息提示将出现在对话框中；否则，出错信息将出现在屏幕的右下角。

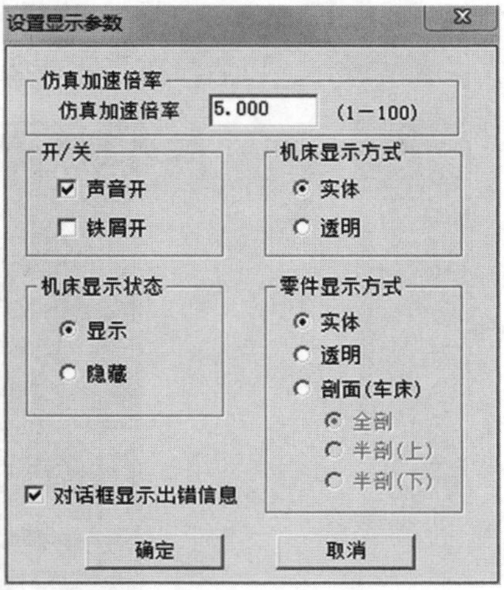

图 6-1-14　“选项”对话框

知识测试

1. 仿真模拟和实践操作之间的优缺点。

2. 机械加工方面还有哪些常用的仿真模拟软件，和宇龙仿真存在哪些不同？

任务评价

评价内容	评价方式			权重
	自评	互评	教师评价	
基本知识掌握情况				
独立完成情况				
学习积极性				

任务二 宇龙数控仿真软件的操作

任务描述

宇龙数控加工仿真系统的数控机床操作面板由 LCD/MDI 面板和机床操作面板两部分组成，如图 6-2-1 所示。这里，我们选择 FANUC oi 机床系统来说明本数控加工仿真系统的操作，以后没有指明什么系统，都是指 FANUC oi 机床系统，不再说明。

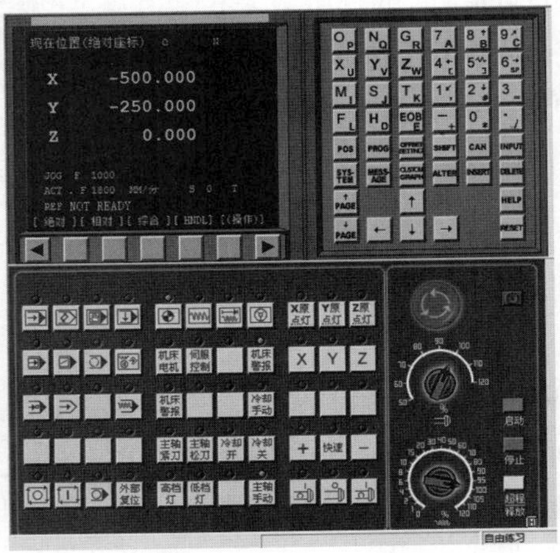

图 6-2-1 数控机床操作面板

任务分析

宇龙数控仿真软件的操作方法。

学习目标

知识目标

了解 FANUC oi 数控系统。

技能目标

1. 对于仿真系统具有独立操作能力。

2. 能够举一反三，将仿真软件运用到更多的数控加工学习之中。

素养目标

1. 注重职业道德和职业素质的培养。

2. 树立质量意识，培养工匠精神。

任务实施

如图 6−2−1 所示，LCD/MDI 面板为模拟 7.2 ' LCD 显示器和一个 MDI 键盘构成（上半部分），用于显示和编辑机床控制器内部的各类参数和数控程序；机床操作面板（下半部分）则由若干操作按钮组成，用于直接对仿真机床系统进行激活、回零、控制操作和状态设定等。

一、机床准备

机床准备是指进入数控加工仿真系统后，针对机床操作面板，释放急停、启动机床驱动和各轴回零的过程。进入本仿真加工系统后，就如同面对实际机床，准备开机的状态。

1. 激活机床

检查急停按钮是否松开至状态。若未松开，点击急停按钮，将其松开。按下操作面板上的“启动”按钮，加载驱动，当“机床电机”和“伺服控制”指示灯亮时，表示机床已被激活。

2. 机床回参考点

在回零指示状态下（回零模式），选择操作面板上的 *X* 轴，点击“+”按钮，此时 *X* 轴将回零，当回到机床参考点时，相应操作面板上“*X* 原点灯”的指示灯亮，同时 LCD 上的 *X* 坐标变为“0.000”，如图 6−2−2 所示。

依次用鼠标右键点击 *Y*，*Z* 轴，再分别点击“+”按钮，可以将 *Y* 和 *Z* 轴也回零，回零结束时，LCD 显示的坐标值（X: 0.000，Y: 0.000，Z: 0.000）和操作面板上的指示灯亮时机床处于回零状态，机床运动部件（铣床主轴、车床刀架）返回到机床参考点，故称为回零。

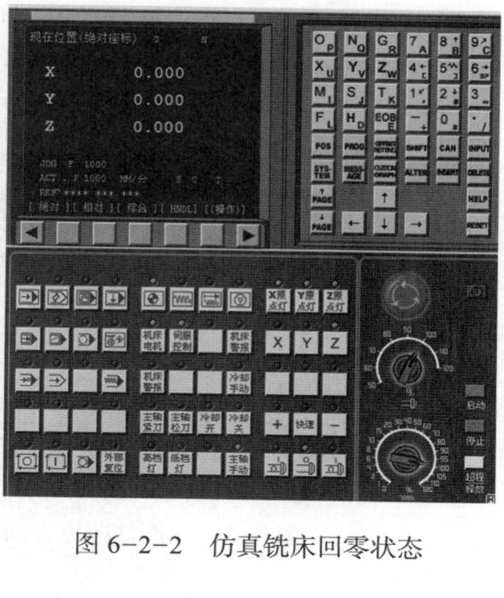

图 6−2−2 仿真铣床回零状态

二、对刀

数控程序一般按工件坐标系编程，对刀的过程就是建立工件加工坐标系与机床坐标系之间关系的过程。下面我们具体说明铣床（立式加工中心）对刀的基本方法。需要指出，以下对刀过程说明时，对于铣床及加工中心，将工件上表面左下角（或工件上表面中心）设为工件坐标系原点。

1. *X*、*Y* 轴对刀

一般铣床及加工中心在 *X*，*Y* 方向对刀时使用的基准工具包括刚性芯棒和寻边器两种。

在仿真软件上点击菜单“机床 / 基准工具……”，在弹出的基准工具对话框中，左边的是刚性芯棒基准工具，右边的是寻边器。如图 6-2-3 所示。

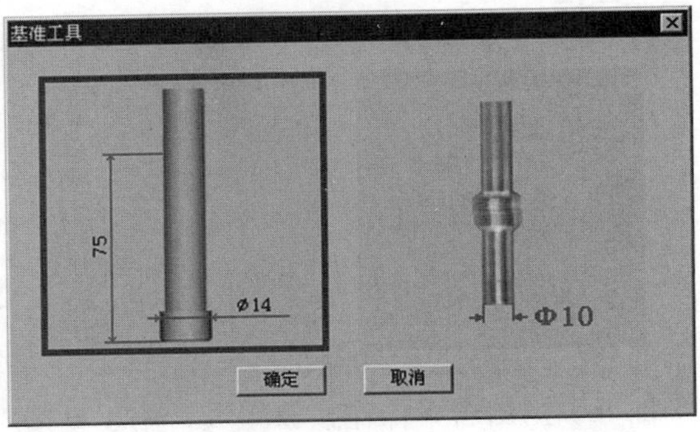

扫一扫 图 6-2-3　铣床对刀基准工具

（1）刚性芯棒对刀

刚性芯棒采用检查塞尺松紧的方式对刀，同时，我们将基准工具放置在零件的左侧（正面视图），对刀具体过程如下：

① X 轴方向对刀

点击机床操作面板中的手动操作按钮，将机床切换到 JOG 状态，进入“手动”方式；

首先，我们以选择工件毛坯尺寸 120 mm × 120 mm × 30 mm，平口钳装夹为例。然后打开菜单“机床 / 基准工具”，选择刚性芯棒，按“确定”按钮，为主轴装上基准芯棒，点击 MDI 键盘上的 POS，使 LCD 界面上显示坐标值。

然后，利用操作面板上的选择轴按钮 X Y Z，单击选择 *X* 轴，再通过轴移动键 + 快速 −，采用点动方式移动工作台，将装有基准工具的机床主轴在 *X* 方向上移动到工件左侧，借助“视图”菜单中的动态旋转、动态放缩、动态平移等工具，调整工作区大小到图 6-2-4 所示的大致位置。接着，取正向视图，点击菜单“塞尺检查 /1 mm”，安装塞尺如图 6-2-5 所示。

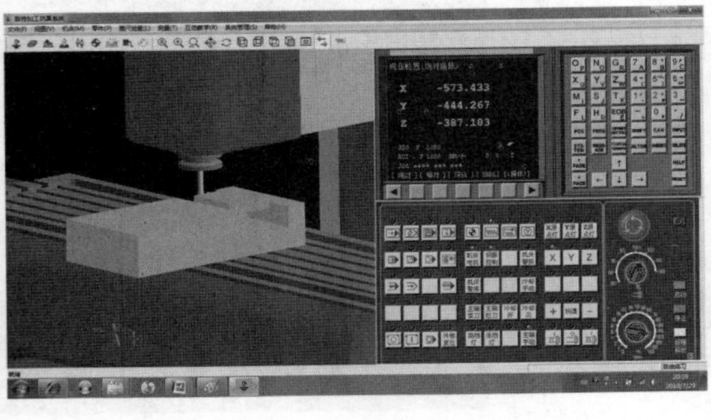

图 6-2-4　刚性芯棒 *X* 向对刀

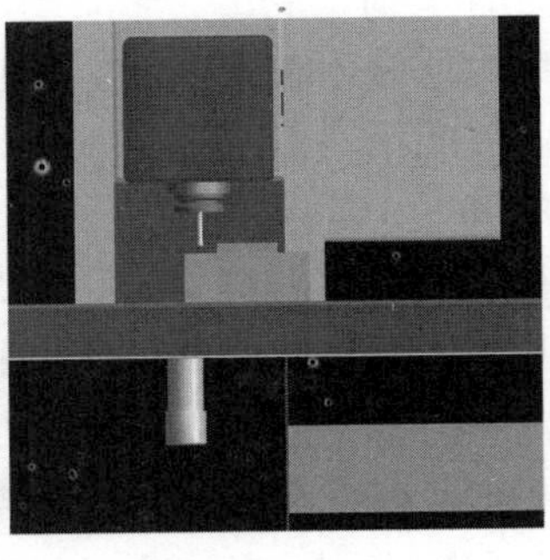

图 6-2-5　刚性芯棒塞尺对刀

点击机床操作面板上手动脉冲键，切换到手轮方式，点击操作面板右下角的“H”拉出手轮，选中 X 轴，调整手轮倍率。按鼠标右键为主轴向 X 轴“−”方向运动，按鼠标左键为主轴向 X 轴“+”方向运动，如此移动芯棒，使得提示信息对话框显示“塞尺检查的结果：合适”，如图 6-2-6 所示。

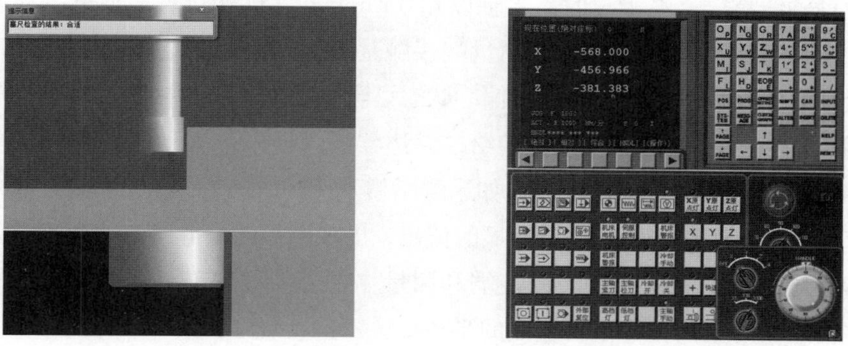

图 6-2-6　X 方向对刀合适

记下塞尺检查结果为“合适”时LCD界面中显示的 X 坐标值（本例中为“−568.000”），此为基准工具中心的 X 坐标，记为 $X1$；将基准工件直径记为 $X2$（可在选择基准工具时读出），将塞尺厚度记为 $X3$，将定义毛坯数据时设定的零件的长度记为 $X4$，则工件上表面左下角的 X 向坐标为：基准工具中心的 X 坐标 + 基准工具半径 + 塞尺厚度，即

$$X=X1+X2/2+X3;$$

本例中：　$X=-568+7+1=-560$ mm；　（左下角）

如果以工件上表面中心为工件坐标系原点，其 X 向坐标则为：基准工具中心的 X 的坐标 + 基准工具半径 + 塞尺厚度 + 零件长度的一半。即：

$$X=X1+X2/2+X3+X4/2;$$

本例中：　$X=-568+7+1+60=-500$ mm；　（中心原点）

② Y 轴方向对刀

在不改变 Z 向坐标的情况下，我们将刚性芯棒在 JOG 手动方式下移动到零件的前侧（方法同 X 轴对刀），同理可得到工件上表面左下角的 Y 坐标：

$$Y=Y1+Y2/2+Y3;$$

本例中：　$Y=-483+7+1=-475$ mm；　（左下角）

或工件上表面中心的 Y 坐标为：

$$Y=Y1+Y2/2+Y3+Y4/2;$$

本例中：　$Y=-483+7+1+60=-415$ mm；　（中心原点）

需要指出的是，如果我们将基准工具放置在零件的右侧以及后侧对刀时，则以上公式中的“+”同时必须改为“−”，如此才能得到同样正确的结果。

完成 X，Y 方向对刀后，点击菜单“塞尺检查 / 收回塞尺”将塞尺收回；点击操作面板手动操作按钮，机床切换到JOG手动方式，选择Z轴，将主轴提起，再点击菜单“机床 / 拆除工具”拆除基准工具，装上铣削刀具，准备Z向对刀。

（2）寻边器（机械式）对刀

寻边器有固定端和测量端两部分组成。固定端由刀具夹头夹持在机床主轴上，中心线与主轴轴线重合。在测量时，主轴以400 r/min左右转速旋转。通过手动方式，使寻边器向工件基准面移动靠近，让测量端接触基准面。在测量端未接触工件时，固定端与测量端的中心线不重合，两者呈偏心状态。当测量端与工件接触后，偏心距减小，这时使用点动方式或手轮方式微调进给，寻边器继续向工件移动，偏心距逐渐减小。当测量端和固定端的中心线重合时，如果继续微量（1 μm就足够）进给，那么在原进给的垂直方向上，测量端瞬间会有明显的偏出，出现明显的偏心状态，表示对刀完成，这就是偏心寻边器对刀的原理。固定端和测量端重合的位置（主轴中心位置）就是它距离工件基准面的距离，等于测量端的半径。

① X轴方向对刀

与刚性芯棒对刀时一样，我们仍然选用120 mm × 120 mm × 30 mm的工件毛坯尺寸，装夹方法也一样，就是将主轴上装的基准工具换成偏心寻边器而已。

具体操作方法也类似，先让装有寻边器的主轴靠近工件左侧，区别是在碰到工件前使主轴转动起来，正反转均可，寻边器未与工件接触时，其测量端大幅度晃动。接触后晃动缩小，然后手轮方式移动机床主轴，使寻边器的固定端和测量端逐渐接近并重合，如图6-2-7所示，若此时再进行X方向的增量或手轮方式的小幅度进给时，寻边器的测量端突然大幅度偏移，如图6-2-8所示。即认为此时寻边器与工件恰好吻合。

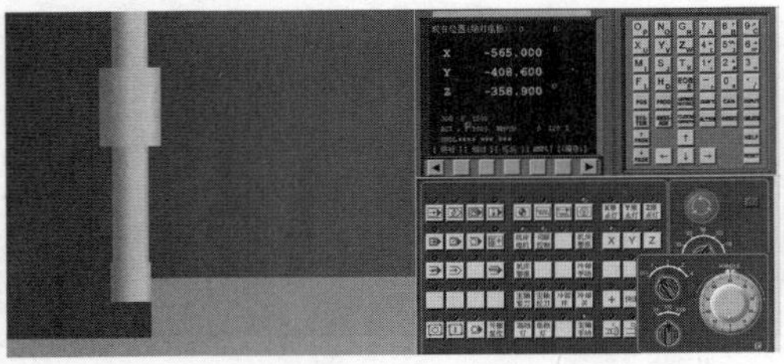

图6-2-7　寻边器X方向对刀

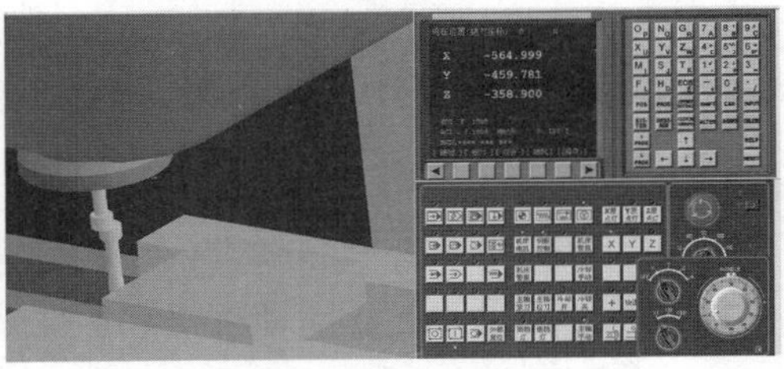

图6-2-8　X方向继续微量进给，突然Y向大幅度偏移

记下寻边器与工件恰好吻合时LCD界面中的X坐标值（本例中为“−565.000”，见图6-2-7），此为基准工具中心的X坐标，记为X1；将基准工件直径记为X2（可在选择基准工具时读出），将定义毛坯数据时设定的零件长度记为X3，则工件上表面左下角的X向坐标为基准工具中心的X坐标 + 基准工具半径，即

$$X=X1+X2/2$$

本例中：　$X=-565+5=-560$ mm　（左下角）

如果以工件上表面中心为工件坐标系原点，其 X 向坐标则为基准工具中心的 X 的坐标 + 基准工具半径 + 零件长度的一半，即

$$X=X1+X2/2+X3/2;$$

本例中：　$X=-565+5+60=-500$ mm；　（中心原点）

② Y 轴方向对刀

在不改变 Z 向坐标和主轴旋转的情况下，我们将主轴在 JOG 手动方式下移动到零件的前侧，并使寻边器的固定端和测量端重合、偏心，如图 6-2-9、图 6-2-10 所示。

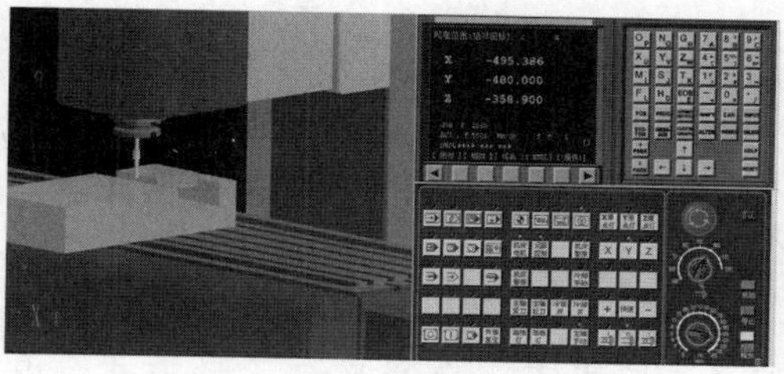

图 6-2-9　寻边器 Y 方向对刀

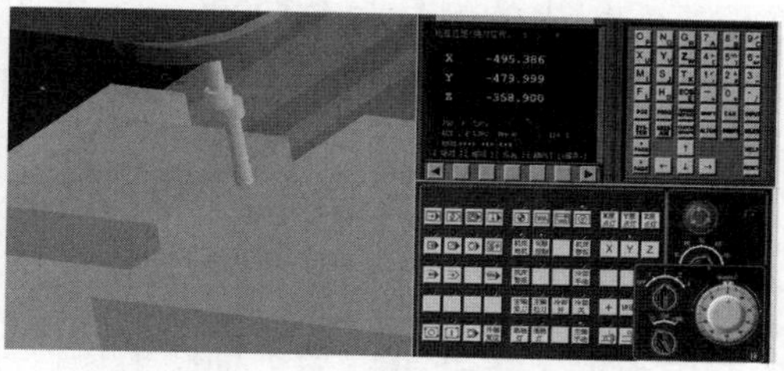

图 6-2-10　寻边器 Y 方向对刀偏心

同理可得到工件上表面左下角的 Y 坐标：

$$Y=Y1+Y2/2;$$

本例中：　$Y=-480+5=-475$ mm；　（左下角）

或工件上表面中心的 Y 坐标为：

$$Y=Y1+Y2/2+Y3/2;$$

本例中：　$Y=-480+5+60=-415$ mm；　（中心原点）

显然，用寻边器对刀，获得的 X/Y 工件原点坐标值与刚性芯棒对刀的结果是完全一样的。

另外，在计算坐标值时，我们还是要注意，如果我们将基准工具放置在零件的右侧以及后侧对刀时，则以上公式中的“+”仍然同时必须改为“−”，如此才能不出问题。

同样，完成 X，Y 方向对刀后，点击操作面板手动操作按钮，机床切换到 JOG 手动方式，选择 Z 轴，将主轴提起，再点击菜单“机床 / 拆除工具”拆除基准工具，装上铣削刀具，准备 Z 向对刀。

2. Z 轴对刀

铣床对 Z 轴对刀时采用的是实际加工时所要使用的刀具，塞尺检查法。

点击菜单“机床 / 选择刀具”或点击工具条上的小图标，选择所需刀具。在操作面板中点击手动键，将机床切换到 JOG 手动方式；为主轴装上实际加工刀具，点击 MDI 键盘上的 POS，使 LCD 界面上显示坐标值。

同样，在操作面板上的选择轴按钮 X Y Z，单击选择 Z 轴，再通过轴移动键 + 快速 −，采用点动方式移动机床，将装有刀具的机床主轴在 Z 方向上移动到工件上表面的大致

位置。

类似在 X，Y 方向对刀的方法进行塞尺检查，得到“塞尺检查：合适”时 Z 的坐标值，记为 $Z1$，如图 6–2–11 所示。则相应刀具在工件上表面中心的 Z 坐标值为：$Z1$– 塞尺厚度。

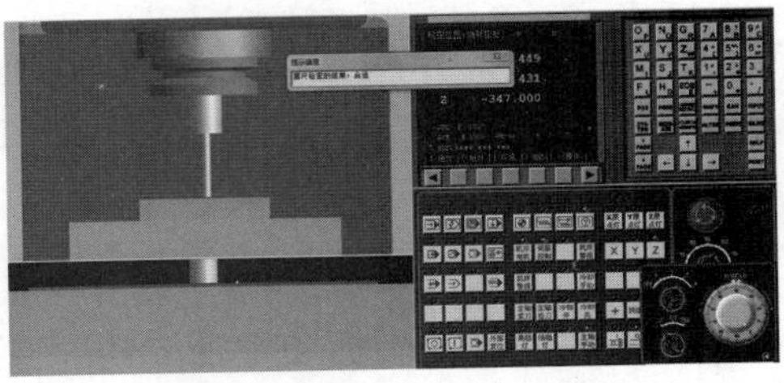

图 6–2–11　铣床的 Z 向塞尺对刀

本例中，选择 ϕ8 mm 的平底铣刀，在仿真系统中的编号为 DZ2000–8，由图 6–2–11 可知，塞尺检查合适时的 Z 坐标值为 –347.000，所以，刀具在工件上平面的坐标值为 –348.000（此数据与工件的装夹位置有关）。

当工件的上表面不能作为基准或切削余量不一致时，可以采用试切法对刀。

点击菜单“机床 / 选择刀具”或点击工具条上的小图标，选择所需刀具。在操作面板中点击手动键，为主轴装上实际加工刀具，将机床切换到 JOG 手动方式；点击 MDI 键盘上的，使 LCD 界面上显示坐标值。同样，在操作面板上的选择轴按钮，单击选择 Z 轴，再通过轴移动键，采用点动方式移动机床，将装有刀具的机床主轴在 Z 方向上移动到工件上表面的大致位置。

打开菜单“视图 / 选项…”中“声音开”和“铁屑开”选项。点击操作面板上的主轴正转键，使主轴转动；点击操作面板上的“–”按钮，切削零件，当切削的声音刚响起时停止，使铣刀将零件上表面小部分切削，记下此时 Z 的坐标值，记为 Z，即为工件表面某点处 Z 的坐标值，将来直接作为工件坐标系原点 Z 方向的原点。

3. 设置工件加工坐标系

通过对刀得到的坐标值（X、Y、Z）即为工件坐标系原点在机床坐标系中的坐标值。要将此点作为工件坐标系原点，还需要一步工作，即采用坐标偏移指令 G92 或 G54~G59 来认可。

（1）G92 设定时

必须将刀具移动到与工件坐标系原点有确定位置关系（假设在 XYZ 轴上的距离分别为 α、β、γ）的点，那么，该点在机床坐标系中的坐标值是（$X+\alpha$、$Y+\beta$、$Z+\gamma$），然后通过程序执行 G92X $\underline{\alpha}$ Y $\underline{\beta}$ Z $\underline{\gamma}$，而得到 CNC 的认可。

（2）G54 设定时

只要将对刀数据（XYZ）输入相应的参数表中即可。这里以对刀获得的数据来说明设置的过程。我们以工件上表面左下角作为工件坐标系原点，并设置到 G54 工件坐标系中。

在上例中，以工件上表面左下角为工件原点的对刀数据分别为（–560.000，–475.000，–348.000），假设我们设置到默认的 G54 坐标系中，设置的过程如下：

点击，系统转到 MDI 状态，点击进入参数设置画面，如图 6−2−12 所示，点击“坐标系”软键，进入图 6−2−13 所示画面，按 MDI 面板上的光标键，使光标停在图 6−2−13 所示亮条处，键入：−560.000，点击 MDI 面板的键，同理，输入 *YZ* 的坐标 −475.000 和 −348.000，设置完毕后，系统就已经转换到默认的 G54 工件坐标系显示了，如图 6−2−14、图 6−2−15 所示。

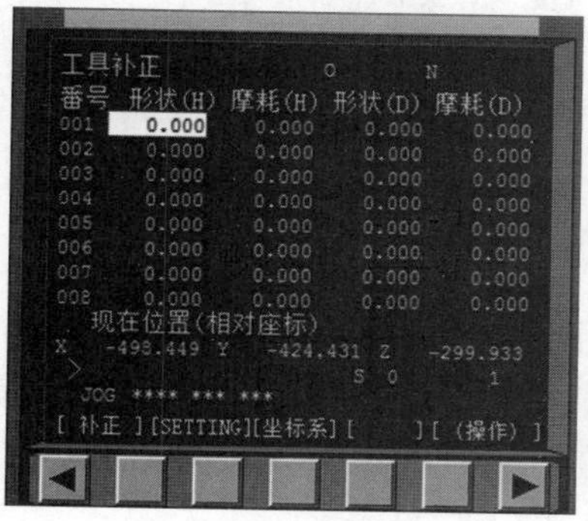

图 6−2−12　参数设置画面

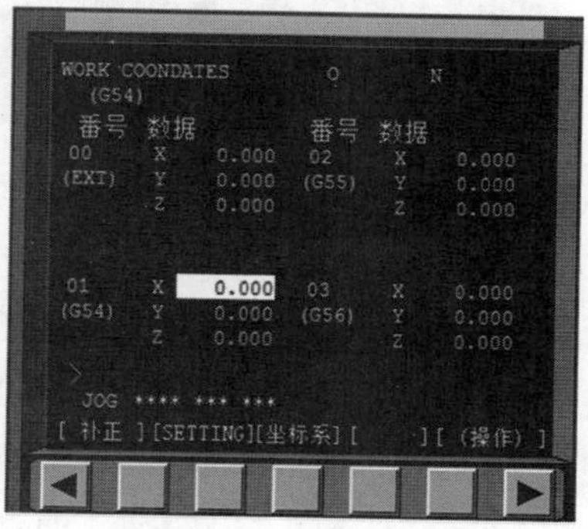

图 6−2−13　工件坐标系设置画面

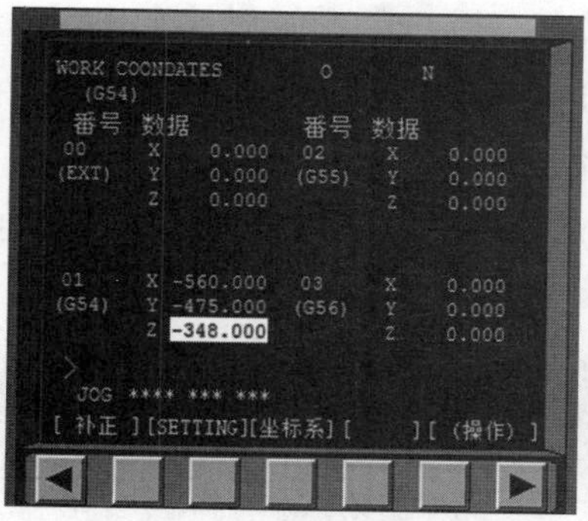

图 6−2−14　G54 工件坐标系

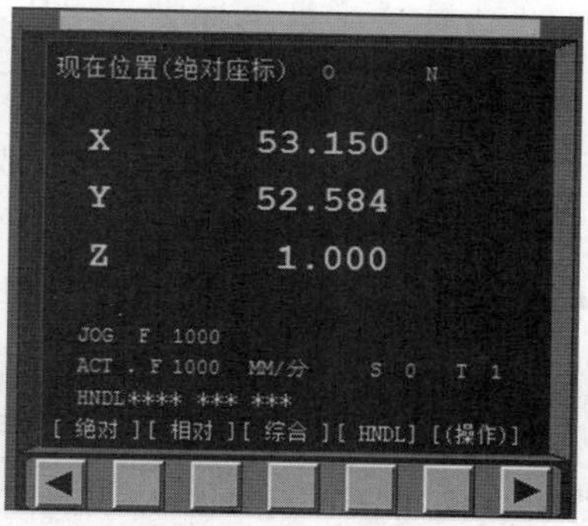

图 6−2−15　当前刀具在 G54 坐标系下的坐标值

三、参数设置操作

1. G54 ~ G59 坐标系偏移的参数设置

激活机床后，在操作面板中点击键，系统转到位置显示 POS 状态，点击进入参数设置画面，如前述图 6−2−12 所示，点击“坐标系”软键，进入坐标系设定画面，如图 6−2−13 所示，点击 MDI 面板上的或键，光标在 No1 ~ No3（G54 ~ G56）坐标系画面和 No4 ~ No6（G57 ~ G59）坐标系画面中翻转，用光标键选择所需设置的坐标系，如图 6−2−16（a）、（b）所示。

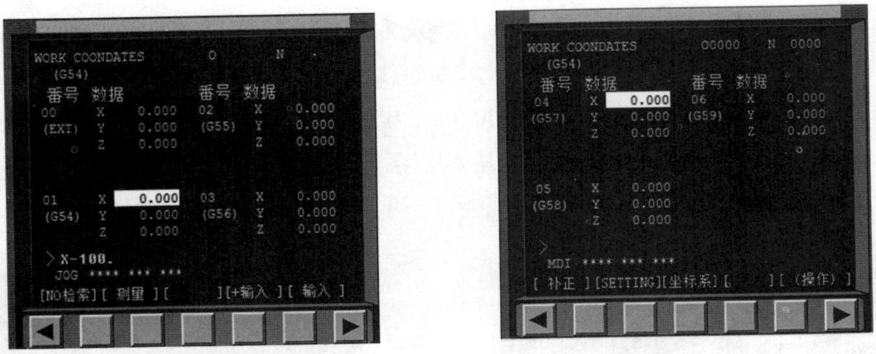

（a）No1 ~ No3（G54 ~ G56）坐标系设置画面　（b）No1 ~ No3（G57 ~ G59）坐标系设置画面

图 6-2-16　G54 ~ G59 坐标系偏移的参数设置

按数字键键入地址字（X、Y、Z）和数值到输入域。假设通过对刀得到的工件坐标系原点在机床坐标系的坐标值为（-100，-200，-300），则键入“X-100.00”按[INPUT]键，即可把输入域中的“X-100.00”输入到光标所在位置；同理，分别输入“Y-200.00”按[INPUT]键，“Z-300.00”按[INPUT]键，即完成工件坐标原点的设定。

假设输入 G54 坐标系，则在 LCD 上马上反映出来，如图 6-2-17（c）所示，因为 G54 是系统默认的工件坐标系，即使在程序中没有选择 G54 系统仍然会执行 G54；而如果输入 G55 ~ G59 等，则不立即反应，要通过 MDI 操作切换或程序执行切换到相应的工件坐标系才会在加工执行时反映出来。如图 6-2-17（d）所示。

注：X 坐标值为 -100，须输入“X-100.00”；若输入“X-100”，则系统默认为 -0.100。

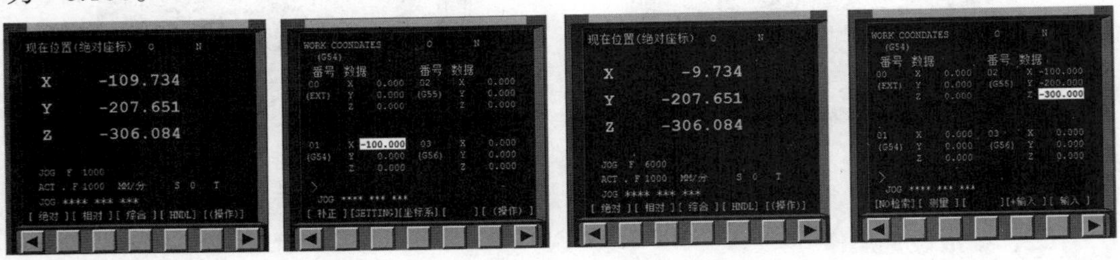

（a）机床位置　（b）G54 坐标系设置　（c）G54 设置的 POS 显示　（d）G55 坐标系设置

图 6-2-17　G54~G59 坐标系偏移的参数设置

2. 设置铣床及加工中心刀具补偿参数

在 FANUC 0i 系统中，铣床及加工中心的刀具补偿包括刀具的半径和长度补偿，并且分别包括刀具的形状补偿参数和磨耗补偿参数，设定后可在数控加工程序中通过 D 字和 H 字调用。

（1）输入半径形状补偿参数

激活机床后，在操作面板中点击[POS]键，系统转到位置显示 POS 状态，点击[OFFSET SETTING]进入“刀具补正”补偿参数设置画面，如图 6-2-18（a）所示，点击 MDI 面板上的[PAGE ↑]或[PAGE ↓]

键，以及光标←↓→键，选择补偿参数编号，点击 MDI 键盘，将所需的刀具半径键入到输入域内。按INPUT键，把输入域中的半径补偿值输入到所指定的位置。按CAN可依次逐字删除输入域中的内容。

（2）输入长度形状补偿参数

在进入“刀具补正”补偿参数设置画面后，点击 MDI 面板上的PAGE↑或PAGE↓键，以及光标←↓→键，选择补偿参数编号，点击 MDI 键盘，将所需的刀具半径键入到输入域内。按INPUT键，把输入域中的长度补偿值输入到所指定的刀具编号位置。按CAN依次逐字删除输入域中的内容。

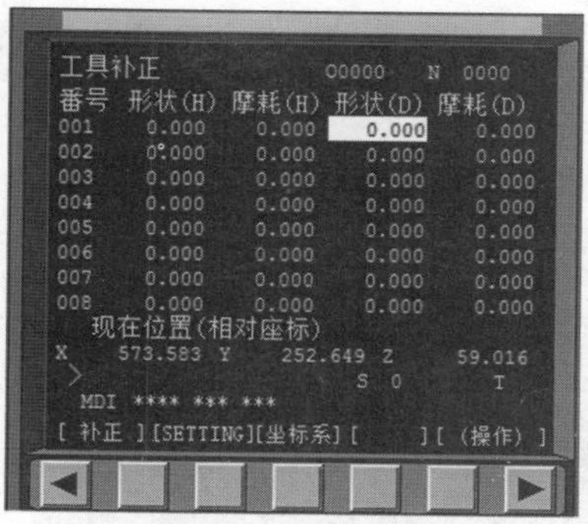

（a）刀具半径参数设置画面

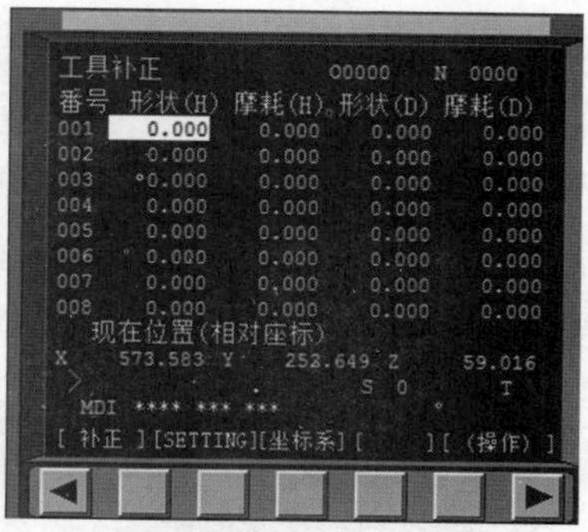

（b）刀具长度参数设置画面

图 6–2–18 铣床刀具补偿参数设定画面

在实际运用时，在铣床或加工中心上使用刀具，往往采用多把刀具，长度补偿可利用 FANUC 系统提供的“测量”功能来输入刀具的长度补偿。

操作时，以对刀的第一把刀具作为基准刀具，其他刀具只要测量与基准刀具的长度偏差，输入长度补偿表即可正确调用。举例如下：

【例】加工某工件时，需要用到内、外轮廓的铣削刀具 T01 和钻孔刀具 T02，长度不一样。

具体方法：假设，已经完成了基准刀具（T01，ϕ8 mm 平底刀，刀具代号“DZ200–8”）*X*、*Y* 方向的对刀（1 mm 塞尺对刀），现在进行 *Z* 向对刀。将基准刀具 *Z* 向（1 mm 塞尺）对刀合适后去设定 G54 工件坐标系，*Z* 向值的显示如图 6–2–19（b）所示。

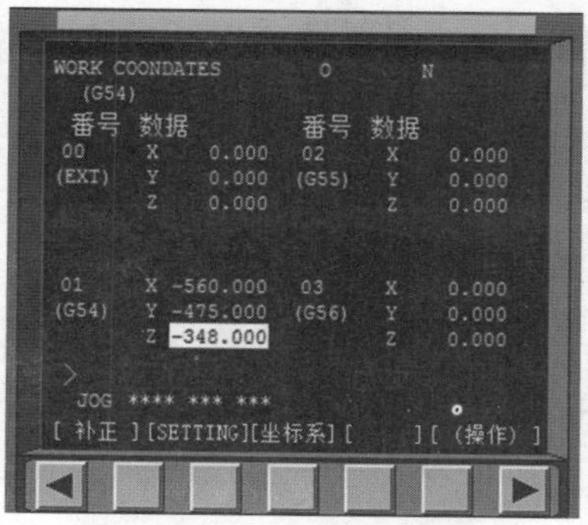

（a）基准刀 Z 向 G54 设定实例

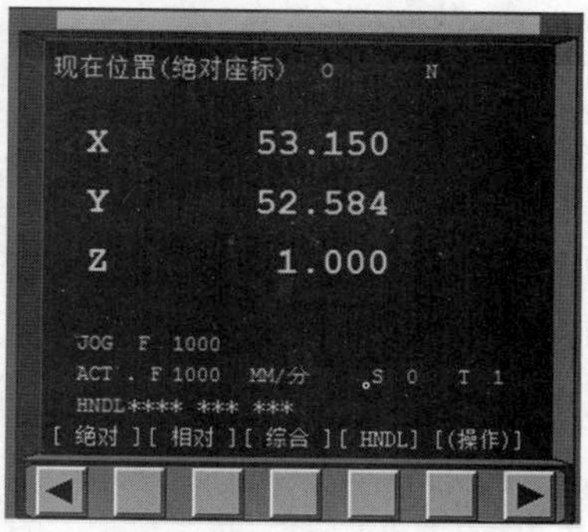

（b）基准刀 Z 向 G54 坐标系 POS 显示

图 6–2–19 刀具长度补偿参数设定实例

显然，基准刀具底面中心 Z 向坐标为 1 mm，主轴如换上钻头（T02，ϕ12 钻头，刀具代号“钻头 $-\phi$12”），就肯定不是 1 mm 了。

由于钻头的长度与基准刀具不同，程序中钻头的长度必须要进行补偿，或者对刀后重新设定另外一个坐标系，而采用直接补偿的方法是方便的。

具体步骤如下：

先作 T02 钻头 Z 向对刀（1 mm 塞尺对刀）合适后，找到如图 6-2-20（a）所示画面，将光标停在工具补正 002 上，然后在输入域键入“Z1.”，按【测量】软键，此时，H002 的补偿值自动被输入。

如此便完成了 T02 钻头的 Z 向对刀和长度补偿参数的设置，其 X、Y 向中心位置不变，同 T01，故不需再对刀。切回 POS 画面，如图 6-2-20（b）所示。

（3）输入半径和长度的磨耗补偿参数

刀具使用一段时间后在长度和直径上会产生磨耗，加工会使产品尺寸产生误差，因此需要对刀具设定磨耗量补偿。参数输入方式同上，操作画面如图 6-2-10 所示。

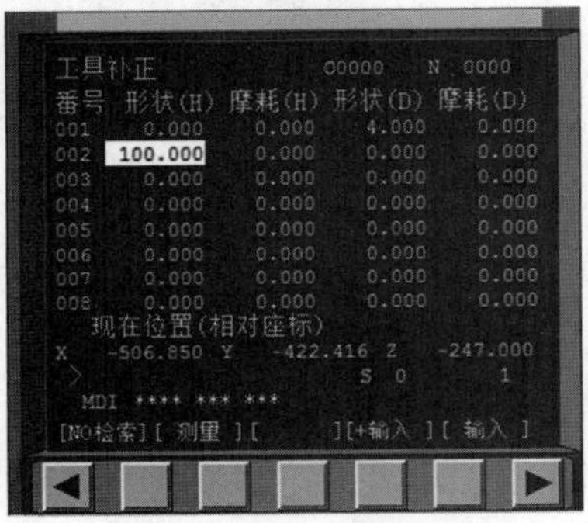

（a）钻头长度补偿参数设定

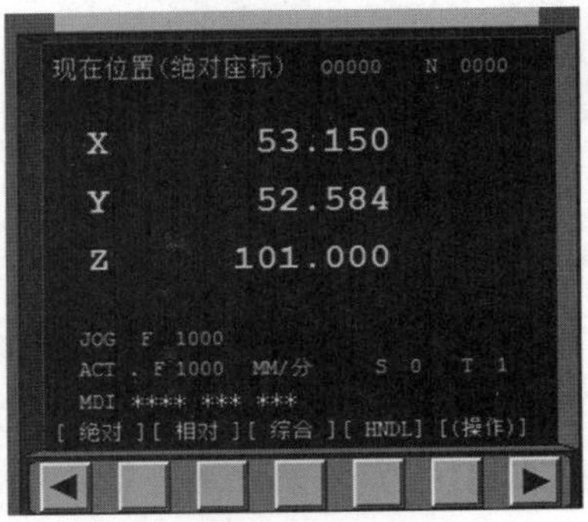

（b）钻头长度补偿后 POS 显示

图 6-2-20　刀具长度补偿参数设定实例

四、数控程序处理

1. 导入数控程序

数控程序可以通过记事本或写字板等编辑软件输入并保存为文本格式文件，也可直接用 FANUC 0i 系统的 MDI 键盘输入。

（1）打开机床面板，点击键，进入编辑状态；

（2）点击 MDI 键盘上键，进入程序编辑状态；

（3）打开菜单“机床 /DNC 传送…”，在打开文件对话框中选取文件。如图 6-2-21（a）所示，在文件名列表框中选中所需的文件，按“打开”确认；

（4）按 LCD 画面软键“［操作］”，再点击画面软键，再按画面“［READ］”对应软键；

（5）在MDI键盘上在输入域键入文件名Oxx（O后面是不超过9999的任意正整数），如“O0001”；

（6）点击画面“［EXEC］”对应软键，即可输入预先编辑好的数控程序，并在LCD显示，如图6-2-21（b）。

注：程序中调用子程序时，主程序和子程序需分开导入。

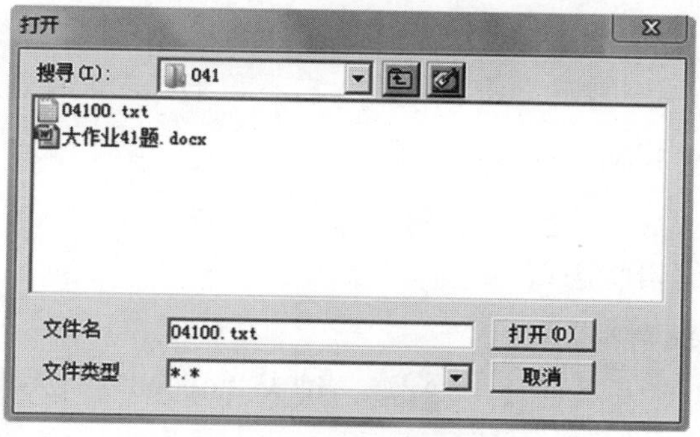

（a）打开程——DNC传送

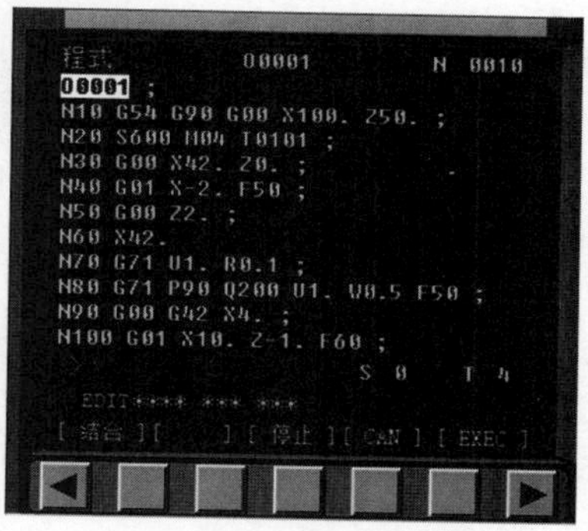

（b）导入的数控程序

扫一扫　图6-2-21　程序导入

2. 数控程序管理

（1）显示和数控程序目录

①打开机床面板，点击键，进入编辑状态；

②点击MDI键盘上的键，进入程序编辑状态；

③再按软键［LIB］，经过DNC传送的全部数控程序名显示在LCD界面上。

（2）选择一个数控程序

①点击机床面板EDIT挡或MEM挡；

②在MDI面板输入域键入文件名Oxx；

③点击MDI键盘光标键，即可从程序［LIB］中打开一个新的数控程序；

④打开后，“Oxxxx”将显示在屏幕中央上方，右上角显示第1程序号位置，如果是状态，NC程序将显示在屏幕上。

（3）删除一个数控程序

①打开机床面板，点击键，进入编辑状态；

②在MDI键盘上按键，进入程序编辑画面；

③将显示光标停在当前文件名上，按，该程序即被删除；

④或者在MDI键盘上按键，键入字母“O”，再按数字键，键入要删除的程序号码：xxxx；

⑤按键，选中程序即被删除。

（4）新建一个NC程序

①打开机床面板，点击键，进入编辑状态；

②点击 MDI 键盘上键，进入程序编辑状态；

③在 MDI 键盘上按键，键入字母“O”，再按要创建的程序名输入数字，但不可以与已有程序号重复；

④按键，新的程序文件名被创建，此时在输入域中，可开始程序输入；

⑤在 FANUC 0i 系统中，每输入一个程序段（包括结束符），按一次键，输入域中的内容将显示在 LCD 界面上，也可一个代码一个代码输入。

注：MDI 键盘上的字母、数字键，配合“Shift”键，可输入右下角第二功能字符。另外，MDI 键盘的插入键，被插入字符将输入在光标字符后。

（5）删除全部数控程序

①打开机床面板，点击键，进入编辑状态；

②在 MDI 键盘上按键，进入程序编辑画面；

③按键，键入字母“O”；按键，键入“–”；按键，键入“9999”；按键即可删除。

3. 数控程序编辑

（1）程序修改

①选择一个程序打开，点击、键，进入程序编辑状态，如图 6–2–22 所示。

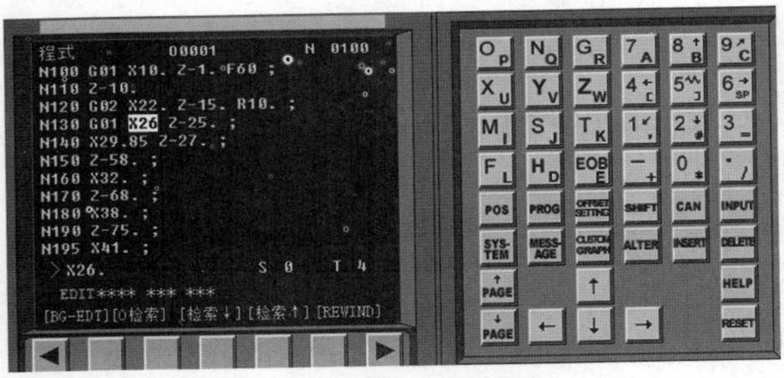

图 6–2–22 程序编辑

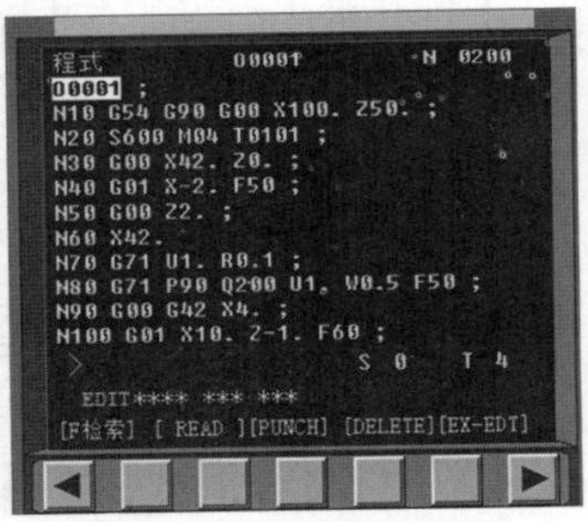

图 6–2–23 程序保存画面

②移动光标：按 MDI 面板的键、或键翻页，按 键，移动光标，如图 6–2–22 所示。

③插入字符：先将光标移到所需位置，点击 MDI 键盘上的数字 / 字母键，将代码输入到输入域中，按插入键，把输入域的内容插入到光标所在代码后面。

④删除输入域中的数据：按键用于删除输入域中的数据，在图 6–2–22 输入域中，若按键，“X26.”则变为“X26”。

⑤删除字符：先将光标移到所需删除字符的位置，按键，删除光标所选中的代码。

⑥查找：输入需要搜索的字母或代码；按光标键，开始在当前数控程序中光标所在位置后搜索。（代码可以是一个字母或一个完整的代码，例如“N0010”“M”等）如果此数控程序中有所搜索的代码，则光标停留在找到的代码处；如果此数控程

序中光标所在位置后没有所要搜索的代码，则光标停留在原处。

⑦替换：先将光标移到所需替换字符的位置，将替换成的字符通过 MDI 键盘输入到输入域中，按PROG键，把输入域的内容替代了光标选中的代码，如图 6–2–22 所示，按一下ALTER键，则将 N130 中的 X26 替换为 X26.。

（2）保存程序

编辑修改好的程序需要进行保存操作。在程序编辑状态下，点击［操作］软键，切换到图 6–2–22 所示状态，点击软键▶，进入打开、保存画面，如图 6–2–23 所示。

点击［PUNCH］，弹出“另存为”对话框，如图 6–2–24 所示。在弹出的对话框中输入文件名，选择文件类型和保存路径，按“保存”按钮执行或按“取消”按钮取消保存操作。

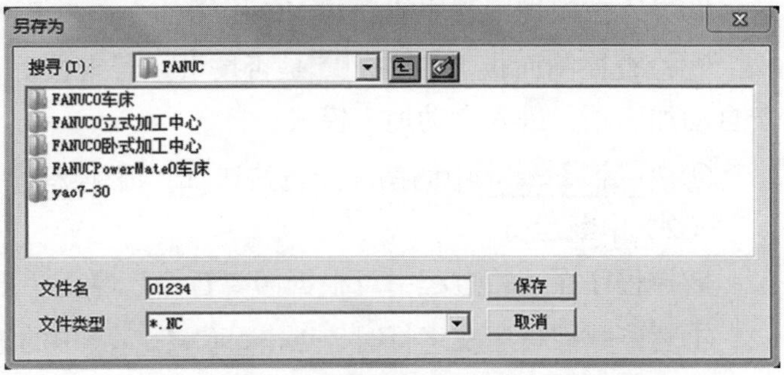

图 6–2–24　程序保存对话框

五、手动加工零件

1. 手动 / 连续加工方式

手动加工时，准备好刀具和工件，点击控制面板按钮，机床切换到 JOG 手动方式；点击轴选择按钮X Y Z，选择要切削的坐标轴；点击按钮，控制主轴的转动（或停止）；点击坐标移动按钮+ 快速 –，实现快速的空运动，以及正常、准确的切削移动运动，从而实现手动加工。

注：刀具切削零件时，主轴必须转动。若手动加工过程中刀具与零件发生非正常碰撞后（非正常碰撞包括车刀的刀柄与零件发生碰撞、铣刀与夹具发生碰撞等），仿真数控系统弹出警告对话框，同时主轴自动停止转动，此时，调整机床运动部件到适当位置，关闭报警框，重新起动主轴，即可继续加工。

2. 手动 / 手轮（手脉）加工方式

在手动 / 连续加工过程中，或在对刀过程中，当需精确调节主轴位置时，需用手动 / 手轮方式进行微调切削加工（或调节）。点击机床操作面板上手动脉冲键，切换到手轮方式，点击操作面板右下角的H拉出手轮，如图 6–2–25 所示。选中要移动的坐标轴（铣床 *XYZ*，车床 *XZ*），调整手轮倍率。按鼠标右键为运动部件向“–”方向运动，刀具接近工件；按鼠标左键为运动部件向“+”方向运动，刀具离开工件。

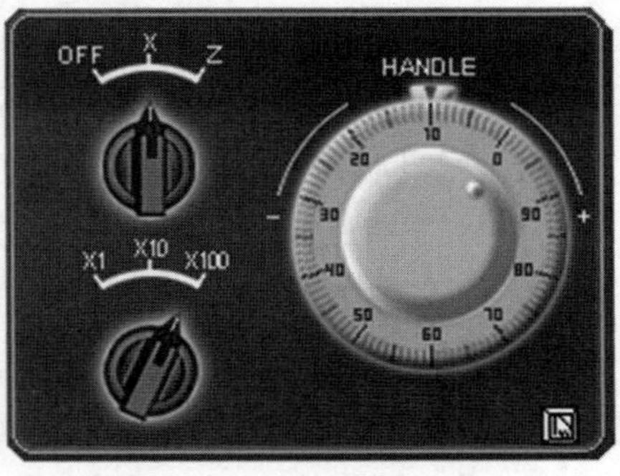

图 6–2–25　手动脉冲（手轮）发生器

使用手轮时，鼠标每按一下，在倍率旋钮上，×1 为 0.001 mm，×10 为 0.01 mm，×100 为 0.1 mm；一直点住手轮为快速进给。

六、自动加工方式

1. 自动 / 连续方式

（1）自动加工操作流程：

①检查机床是否回零，若未回零，先将机床回零；

②导入数控加工程序或新建 NC 程序；

③检查控制面板上 MEM 是否按下，若未按下，则用鼠标左键点击，将其置于自动加工挡，进入自动加工模式；

④按中的循环运行按钮，数控程序开始运行。

（2）中断运行

数控程序在运行过程中可根据需要暂停、停止、急停和重新运行。

①暂停数控程序在运行时，点击中的进给保持按钮，程序暂停运行，再次点击，程序从暂停行开始继续运行。

②停止数控程序在运行时，点击中的循环停止按钮，程序停止运行，再次点击，程序从开头重新运行。

③急停数控程序在运行时，按下急停按钮，数控程序中断运行，继续运行时，先将急停按钮松开，再按中的按钮，余下的数控程序从中断行开始作为一个独立的程序执行。

2. 自动 / 单段方式

（1）检查机床是否回零，若未回零，先将机床回零；

（2）导入数控程序或自行编写一段程序；

（3）检查控制面板上 MEM 是否按下，若未按下，则用鼠标左键点击，将其置于自动加工挡，进入自动加工模式；

（4）点击机床控制面板，选择单段运行方式；

（5）按中的循环运行按钮，数控程序开始运行。

注 1：自动 / 单段方式执行每一行程序均需点击一次中的按钮。

注 2：选择跳过开关置于“ON”上，数控程序中的跳过符号“/”有效。

注 3：将选择性停止开关置于“ON”位置上，“M01”代码有效。

按键，可使程序重置。另外，在自动执行加工程序前，可根据需要调节进给速度倍率选择开关，来控制数控程序运行的进给速度，调节范围从 0~120% 等。

3．检查运行轨迹

NC 程序导入后，可检查运行轨迹。

在控制面板上点击 MEM 键，再点击 MDI 面板中键命令，程序执行转入检查运行轨迹模式；再点击操作面板上的按钮，即可观察数控程序的运行轨迹，此时也可通过“视图”菜单中的动态旋转、动态放缩、动态平移等方式对三维运行轨迹进行全方位的动态观察，

注：检查运行轨迹时，暂停运行，停止运行，单段执行等同样有效。

七、MDI 工作模式

1. 点击机床面板 MDI 模式键，机床切换到 MDI 状态，可 MDI 操作；

2. 在 MDI 键盘上按键，进入手动数据输入（MDI）工作模式，可直接编辑代码指令，如图 6−2−26 所示；

3. 在 MDI 输入域中输入数据指令，通过点击 MDI 键盘上数字、字母键，构成代码，字符显示，可以作取消、插入、删除等修改操作；

4. 按键，删除输入域中的数据；

5. 按键盘上插入键，将输入域中的内容输入到指定位置。LCD 界面如图 6−2−27 所示；

6. 按键，已输入的 MDI 程序被清空；

7. 输入完整数据指令后，按运行控制按钮，运行指令代码。

注：运行结束后 LCD 界面上的数据被清空。可重复输入多个指令字，若重复输入同一指令字，后输入的数据将覆盖之前输入的数据，重复输入 M 指令也会覆盖以前的输入。

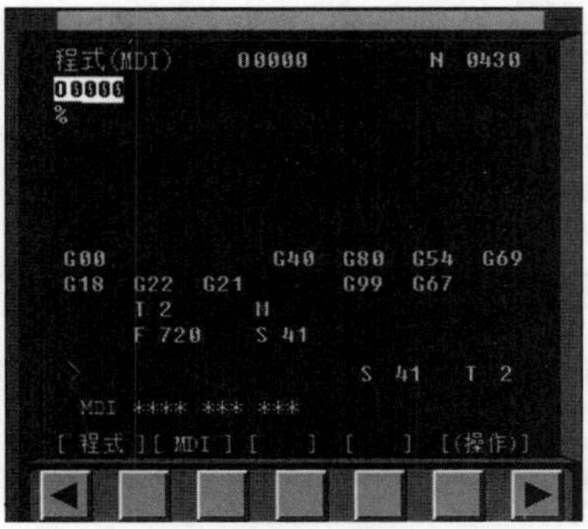

图 6−2−26　MDI 工作模式

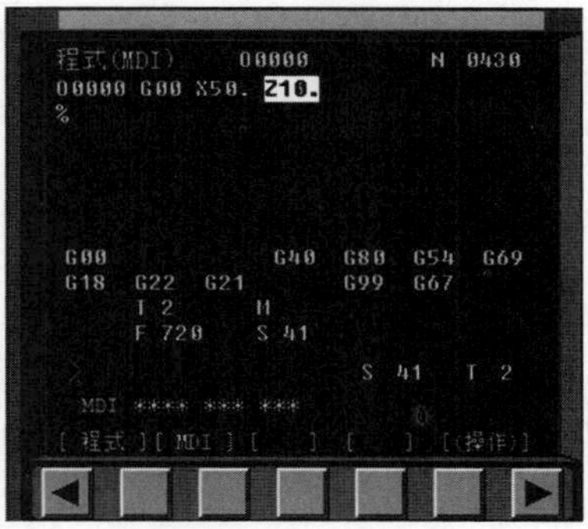

图 6−2−27　MDI 代码输入

知识测试

1. 图 6−2−28 所示工件毛坯尺寸为 140 × 100 × 50，起刀点位置在编程坐标系的（0，0，20）处，按图示的走刀路线 *ABCDEFGA* 编制铣削加工程序，并进行仿真加工。选用 ϕ20 mm 的立铣刀。

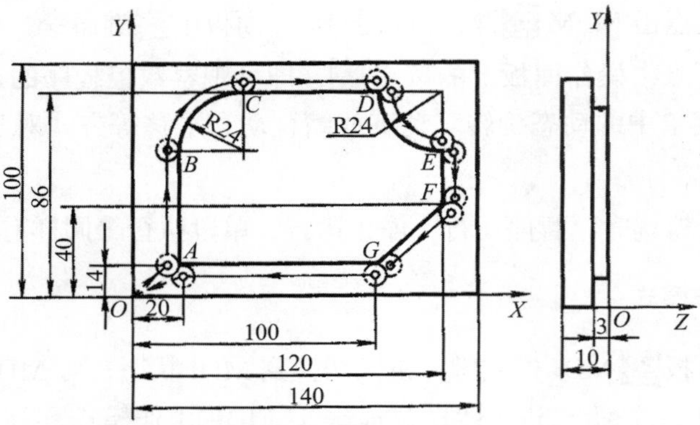

图 6-2-28　数控铣削仿真加工习题之一

2. 图 6-2-29 所示工件毛坯尺寸为 150 × 80 × 30，起刀点位置在编程坐标系的（0，0，20）处，按图示的工件尺寸编制铣削加工程序并仿真。台高 5 mm，孔深 10 mm，选用 ϕ8 mm 的键槽铣刀，ϕ20 mm 钻头，F 为 60 mm/min，S 为 750 r/min。

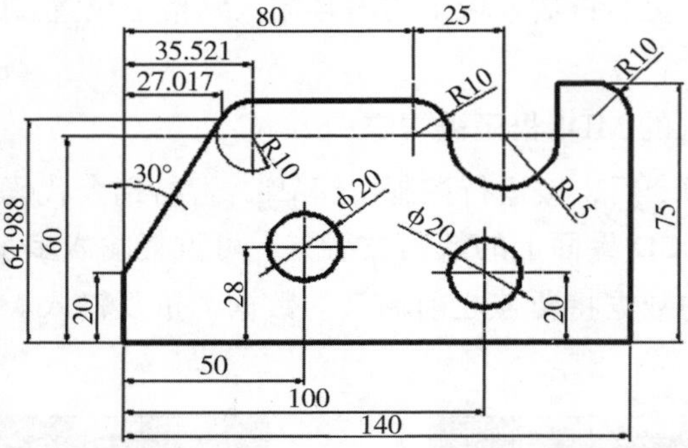

图 6-2-29　数控铣削仿真加工习题之二

任务评价

评价内容	评价方式			权重
	自评	互评	教师评价	
基本知识				
技能操作水平				
工作态度（职业规范、对质量的追求、创造性、团队合作、安全文明生产等）				

项目七 加工中心的日常维护与故障诊断

任务一 加工中心的日常维护与保养

任务描述

为了充分发挥加工中心的作用，减少故障的发生，延长机床的平均无故障时间，数控机床的日常维护与保养必不可少。数控加工中心操作人员和维修人员要经过专门的技术培训，掌握机械加工工艺、液压、测量、自动控制等相关知识，严格遵守操作规程和机床日常维护保养制度，严格按机床和系统说明书的要求正确、合理操作，才能做好数控机床的维护工作，尽量保证机床的正常使用时间。

任务分析

加工中心日常维护的部位和内容要求。

学习目标

知识目标

了解加工中心日常维护与保养的知识。

技能目标

1. 掌握对加工中心日常维护的方法。
2. 能做一些简单的日常维护与保养。

素养目标

1. 注重职业道德和职业素质的培养。
2. 树立质量意识，培养工匠精神。

任务实施

一、加工中心使用的基本要求

1. 数控设备要求避免潮湿、粉尘过多和有腐蚀气体的场所。
2. 避免阳光的直接照射和其他热辐射，并且要远离振动大的设备，如冲床、锻压设备等。

3. 设备的运行温度要控制在 15~35℃。精密加工温度要控制在 20℃左右，严格控制温度波动。

4. 为避免电源波动幅度大（大于正负 10%）和可能的瞬间干扰信号等影响，数控设备一般采用专线供电（如从低压配电室分一路单独供数控机床使用），增设稳压装置等，都可减少供电质量的影响和电气干扰。

5. 开机后，必须先预热 10 分钟左右，然后再加工；长期不用的机器应延长预热的时间。

6. 检查油路是否畅通。

7. 关机前将工作台、鞍座置于机器中央位置（移动三轴行程至各轴行程中间位置）。

8. 加工中心要保持干燥清洁。

二、加工中心的维护与保养

对加工中心进行日常维护保养的目的就是要延长机械部件的磨损周期，延长元器件的使用寿命，便于及早发现故障隐患，避免停机损失，同时保持设备的加工精度。

加工中心的维护与保养可分为定期维护与不定期维护，定期维护又可分为每日维护、每周维护、每月维护、半年维护和一年维护。

加工中心日常维护保养的内容见表 7-1-1。

扫一扫 **表 7-1-1　加工中心维护保养的内容与要求**

序号	周期	维护部位	内容与要求	备注
1	每天	润滑油箱	检查油标、油量，及时添加润滑油，润滑泵能及时启动打油及停止，油泵无异常噪音	
2	每天	切削液排屑机	检查液面高度，各接头有无泄漏，排屑机是否堵塞，及时清理	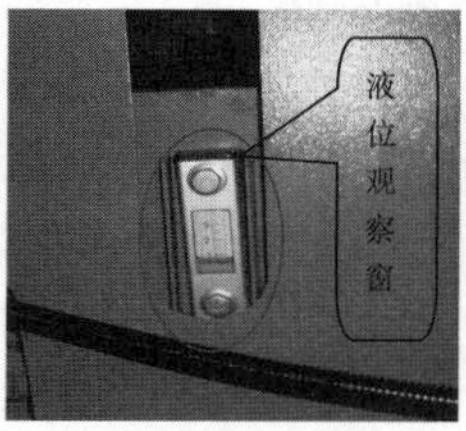
3	每天	空气压力	检查气动控制系统压力在 0.5~0.7 MPa，排除气源分水过滤器的水	

（续表）

序号	周期	维护部位	内容与要求	备注
4	每天	主轴锥孔	检查手动松拉刀和换刀动作是否正常，清洁主轴锥孔，无铁屑、无油污、无锈斑	
5	每天	刀库	检查刀库是否能够正常换刀，清洁刀库刀臂、刀爪	
6	每天	各种防护装置	检查导轨、机床防护罩动作是否灵敏且有无漏水；刀库防护栏杆、机床工作区防护栏检查门开关是否动作正常；恒温油箱、液压油箱的冷却散热片通风是否正常	
7	每天	电器柜各散热通风装置	各电器柜冷却风扇工作正常，风道过滤网有无堵塞	
8	每天	工作完成后清洁	床身及部件的清洁工作，清扫铁屑及周边环境卫生，清洁工、夹、量具，去除油污	
9	每周	各电气柜过滤网	检查各过滤网是否能通风透气，清洗过滤网	
10	每周	清洁除锈	除去各部锈蚀，保护喷漆面，设备导轨面、滑动丝杆手轮及其他暴露在外易生锈的部位涂油防腐，清理刀库、刀架、刀具锥柄及涂油防锈	
11	每周	紧固螺丝	检查并紧固压板及镶条螺丝、滑块固定螺丝、走刀传动机构、手轮、工作台支架螺丝、叉顶丝及其他部分的松动螺丝	
12	每月	导轨润滑	检查 X、Y、Z 轴导轨润滑情形，导轨面必须润滑良好	

（续表）

序号	周期	维护部位	内容与要求	备注
13	每月	机械手	检查机械手锁刀是否正常	
14	每月	接近开关	检查清洁接近开关以及各接头、插座、开关是否正常	
15	不定期	废油池	及时取走存集的废油，避免溢出	
16	不定期	主轴驱动带	按说明书要求调整带的松紧度，若带破损应及时更换	
17	每半年	滚珠丝杠	清洗丝杠上旧的润滑脂，涂上新润滑脂，清洗螺母两端的防尘网	
18	每半年	液压油路	清洗溢流阀、减压阀、滤油器、油箱，更换液压油	
19	每半年	切削液排屑机	每半年或切削液严重污染时要进行全部更换，清洗水箱；每半年拆卸并清洗排屑机	
20	每半年	机床综合检查清理	检查刀库各个部分工作是否正常，检查刀库关键零件有无损坏；打开 *X/Y* 导轨防护罩，用抹布除去导轨旁边的切屑，并用无尘纸擦拭干净导轨面；检查调整机械水平；测试各轴间隙，必要时可调整补偿量	
21	每年	主轴润滑恒温油箱	清洗过滤器，更换润滑油	
22	每年	直流伺服电机电刷	检查换向器表面，吹净炭粉，去除毛刺，更换长度过短的电刷	
23	每年	电池	每年更换一次电池	
24	每年	润滑油泵过滤器	清理润滑油池底，更换滤油器	
25	每年	机床精度调整	检查调整各轴垂直精度，机床几何精度，传动精度，丝杠磨损与间隙，丝杠校直等	此为年度专业维护保养或修理，需由专业维护工程师进行操作
26	每年	电路检修	保护接地是否完好，各电气柜元件有无损坏、接头是否需要更换，电路老化等	

任务评价

序号	考核内容		配分	评价方式			得分
				自评	互评	教师评价	
1	每天维护	润滑油箱	6				
2		切削液	5				
3		空气压力	5				
4		主轴锥孔	5				
5		刀库	5				
6		各种防护装置	5				
7		电器柜各散热通风装置	5				
8	每周维护	各电气柜过滤网	7				
9		清洁除锈	5				
10		紧固螺丝	5				
11	每月维护	导轨润滑	5				
12		机械手	5				
13	不定期	主轴驱动带	5				
14	半年维护	滚珠丝杠	6				
15		液压油路	5				
16		切削液、排屑机	5				
17	每年维护	主轴润滑恒温油箱	5				
18		电池	6				
19		润滑油泵过滤器	5				
合计			100				

任务二 加工中心故障诊断

任务描述

随着制造业的不断发展，集机、电、液、气为一体的加工中心以其不可替代的高效率和高自动化的优势设备给现代制造增添了强劲的动力。随之而来的加工中心的有效维护和维修也就显得尤为重要。通常情况下，对于加工中心出现的故障，在系统面板和设备说明书中都有明确的报警序号提示及解决方案。但有些时候，故障的产生存在多方面因素，掌握技巧就可以做到快速诊断及排除。下面谈谈一些常见故障的类别及诊断、排除方法。

任务分析

该任务主要是了解加工中心常见故障的类别及排除方法。

学习目标

知识目标

了解加工中心出现故障的多方面原因及排除方法。

技能目标

1. 掌握常见加工中心故障的诊断方法。
2. 能做一些常规故障的分析与排除。

素养目标

1. 注重职业道德和职业素质的培养。
2. 树立质量意识，培养工匠精神。

任务实施

扫一扫

数控加工中心出现的故障，通常情况下在数控系统面板上有明确的报警信息提示，根据提示我们可以对照机床维修手册找到对应的故障原因与排除方法。而对于提示不明确和数控系统无法准确识别的故障，我们以本节任务中10类典型故障的探究为基础，分析原因并找到排除故障的方法。

一、手轮故障

故障程度	原因分析	排除方法
常见	手轮轴选择开关接触不良	进入系统诊断观察轴选开关对应触点情况（连接线完好情况），如损坏需更换开关
	手轮倍率选择开关接触不良	进入系统诊断观察倍率开关对应触点情况（连接线完好情况），如损坏需更换开关

（续表）

故障程度	原因分析	排除方法
偶发	手轮连接线折断	进入系统诊断观察各开关对应触点情况，再者测量轴选开关，倍率开关，脉冲盘之间连接线各触点与进入系统端子对应点间是否通断，如折断需更换连接线
	手轮脉冲发生盘损坏	摘下脉冲盘测量电源是否正常，+与A，+与B之间阻值是否正常。如损坏需更换

二、加工故障

故障程度	原因分析	排除方法
常见	*XYZ* 轴反向间隙补偿不正确	千分表校正正确反向间隙
	XYZ 向主镶条松动	调整各轴主镶条松紧情况，观测系统负载情况调整至最佳状态
	XYZ 轴承有损坏	检测轴承情况，如损坏需更换
	机身机械几何精度偏差	大理石角尺，球杆仪检测各项目几何精度，校正偏差
偶发	主轴轴向及径向窜动	修复主轴内孔精度，主轴轴承窜动间隙，如不能修复则更换
	系统伺服参数及加工参数调整不当	调整伺服位置环，速度环增益，负载惯量比，加工精度系数，加减速时间常数
	XYZ 轴丝杆，丝母磨损	借助激光干涉仪进行丝杆间隙补偿

三、松刀故障

故障程度	原因分析	排除方法
常见	松刀按钮接触不良或线路损毁	检查开关或线路是否接通，损坏需更换
	气源气压不足	检查气源气压是否在工作值区域
	打刀缸油杯缺油	检查油杯内油量，添加液压油
	主轴拉爪损坏	检测主轴拉爪是否完好，损坏或磨损需更换
	主轴弹簧片损坏	检测弹簧片损坏程度，更换弹簧片
偶发	松刀电磁阀损坏	检查电磁阀线圈，如烧坏需更换；检查电磁阀，如阀体漏气、活塞不动作，则更换阀体
	打刀缸故障	打刀缸内部螺丝松动、漏气，则要将螺丝重新拧紧，更换缸体中的密封圈，若无法修复则更换打刀缸

四、润滑故障

故障程度	原因分析	排除方法
常见	润滑泵油箱缺油	添加润滑油到上限线位置
	油管油路有漏油	检查油管油路接口并重新接好
	油路中单向阀不动作	更换单向阀
偶发	润滑泵卸压机构卸压太快	检查调节卸压速度，无法调节则要更换
	油泵电机损坏	检查、更换润滑泵
	润滑泵控制电路板损坏	检查、更换控制电路板

五、导轨油泵、切削油泵故障

故障程度	原因分析	排除方法
常见	导轨油泵油位不足	注入导轨油至合适位置
	机床油路漏气、损坏	检测机床各轴油路是否通畅、有无折断，油排是否有损，如损坏需更换
	导轨油泵泵心过滤网堵塞	清洁油泵过滤网
	导轨油质量超标	更换符合要求的合格导轨油
	导轨油泵打油时间设置有误	重新设置正确的打油时间
偶发	切削油泵过载电箱内断路器跳开	检测导轨油泵是否完好后，重新复位短路器
	油泵电机线圈短路	检测电机线圈，如损坏需更换油泵电机
	切削油泵电机转向相反	校正切削油泵电机转向

六、机床无法通电故障

故障程度	原因分析	排除方法
常见	电源总开关三相接触不良或开关损坏	检查、更换电源总开关
	操作面板不能通电	检查开关电源有无电压输出（+24 V）
		检查系统通电开关接触是否良好，断电开关是否断路
偶发		检查系统继电器与交流接触器接触是否良好，是否能够自锁
		检查线路是否断路，断路器是否跳闸
		检查数控系统及 Z 轴驱动器是否损坏

七、机床不能回零点故障

故障程度	原因分析	排除方法
常见	原点开关触头被卡死不能动作	清理被卡住部位，使其活动部位动作顺畅，或者更换行程开关
	原点挡块不能压住原点开关到开关动作位置	调整行程开关的安装位置，使零点开关触点能被挡块顺利压到开关动作位置
	原点开关进水导致开关触点生锈接触不好	更换行程开关并做好防水措施
偶发	原点开关线路断开或输入信号源故障	检查开关线路有无断路短路，有无信号源（+24 V 直流电源）
	PLC 输入点烧坏	更换 I/O 板上的输入点，做好参数设置，并修改 PLC 程式

八、刀库故障

故障程度	原因分析	排除方法
常见	换刀过程中突然停止，不能继续换刀	气压是否足够（≥ 0.6 MPa）
	换刀过程中不能松刀	打刀量调整，检查打刀缸体中是否有积水
	换刀时，出现松刀、紧刀错误报警	检查气压，气缸有无完全动作（是否有积水），松刀到位开关是否被压到位，但不能压得太多（以刚好有信号输入为原则）
	换刀过程中，主轴侧声音很响	调整打刀量
偶发	斗笠式刀库不能出来	检查刀库后退信号有无到位，刀库进出电磁阀线路及 PLC 有无输出
	刀盘不能旋转	刀盘出来后旋转时，刀库电机电源线有无断路，接触器、继电器有无损坏等现象
	换完后，主轴不能装刀（松刀异常）	修改换刀程序
	刀盘突然反向旋转时差半个刀位	刀库电机刹车机构松动，无法正常刹车

九、三轴运转声音异常故障

故障程度	原因分析	排除方法
常见	轴承有故障	检查、更换轴承
	丝杆母线与导轨不平衡	校正丝杆母线
偶发	耐磨片严重磨损导致导轨严重划伤	重新贴耐磨片，导轨划伤太严重时要重新处理
	伺服电机增益不相配	调整伺服增益参数使之能与机械相配

十、程式无法传输，出现 P460、P461、P462 报警故障

故障程度	原因分析	排除方法
常见	传输线接头损坏	检查传输线有无断路，机床接口端、电脑接口端是否烧坏
	传输参数不匹配	调整机床与电脑传输软件的参数一致(I/O 通道、波特率、起始位等)
偶发	电脑不兼容	更换电脑，重新传输
	错误操作导致主板元器件烧坏	检查主板线路，损坏需更换

任务评价

序号	考核内容	配分	评价方式			得分
			自评	互评	教师评价	
1	倍率选择开关接触不良	10				
2	X 轴反向间隙补偿不正确	10				
3	油路漏油	7				
4	油泵过滤网堵塞	7				
5	油泵电机转向相反	6				
6	电源三相总开关损坏	10				
7	原点开关触头卡死	10				
8	突然停止换刀	10				
9	无法松刀	10				
10	传输线机床接口损坏	10				
11	传输软件参数不匹配	10				
合计		100				

任务三 加工中心精度检查

任务描述

加工中心作为机械加工制造行业里应用最广泛、最高效的数控设备，高精度是它的一大特征。那么加工中心的精度包含哪些因素，又是如何体现出高精度的要求，以及如何进行精度的检查呢？本次任务将对这些问题进行具体的讲解。

任务分析

1. 加工中心精度的分类与内容。
2. 加工中心精度的检查方法。

学习目标

知识目标

了解加工中心精度的分类及概念。

技能目标

1. 掌握加工中心静态精度检查的基本方法。
2. 能完成简单的加工中心几何精度检查。

素养目标

1. 注重职业道德和职业素质的培养。
2. 树立质量意识，培养工匠精神。

任务实施

一、机床精度的分类

机床的精度主要包括几何精度、传动精度、定位精度及重复定位精度，此类精度通常是在没有切削载荷以及机床不运动或运动速度较低的情况下检测的，故一般称之为机床的静态精度。静态精度主要决定于机床上主要零部件，如主轴及其轴承、丝杠螺母、齿轮及床身等的制造精度以及它们的装配精度。

1. 几何精度

综合反映机床的各关键零部件及其组装后的几何形状误差，主要包含：各直线轴轴线运动直线度、各直线轴轴线运动的角度偏差、各直线轴相互垂直度、主轴的轴向窜动、主轴的径向跳动、主轴轴线与 Z 轴轴线运动间的平行度、工作台面的平面度。

2. 定位精度

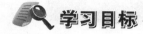

是指机床各坐标轴在数控装置控制下运动所能达到的位置精度，定位精度取决于

数控系统和机械传动的误差，主要包含各直线运动轴的定位精度、各直线运动轴机械原点的复归精度、各直线运动轴的反向误差、各回转运动轴（回转工作台）的定位精度、各回转运动轴原点的复位精度、各回转运动轴的反向误差。

3. 重复定位精度

是指机床主要部件在多次（五次以上）运动到同一终点所达到的实际位置之间最大误差。

二、精度检查常用工具

加工中心精度检查常用的工具仪器有：精密水平仪（图 7-3-1）、激光干涉仪（图 7-3-2）、精密方箱、直角尺、平尺、平行光管、千分表、测微仪、高精度验棒。

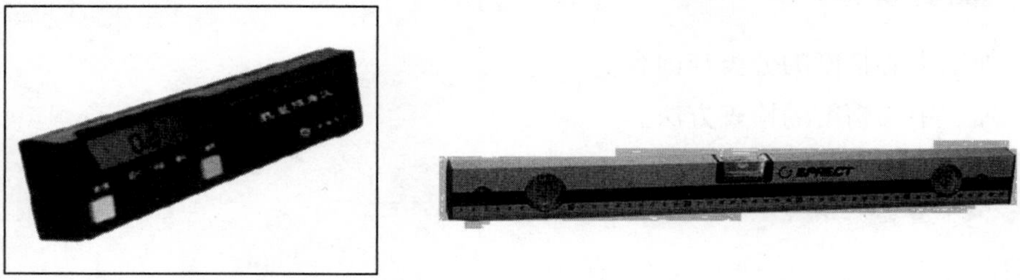

图 7-3-1　精密水平仪

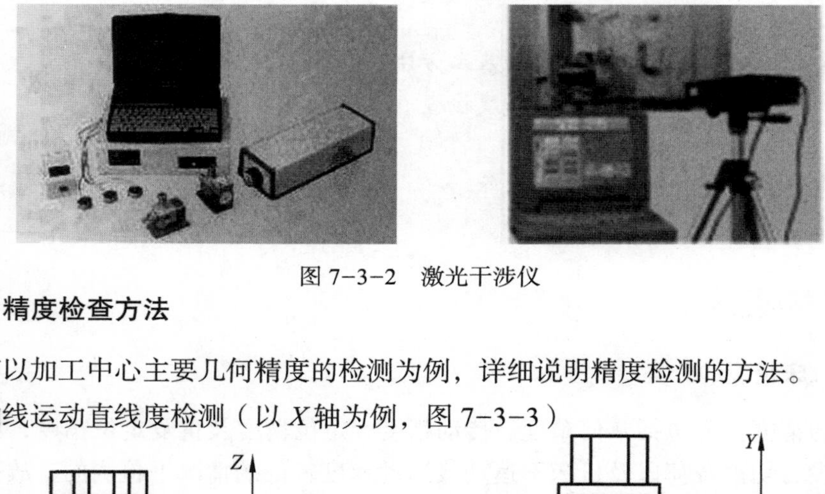

图 7-3-2　激光干涉仪

三、精度检查方法

本节以加工中心主要几何精度的检测为例，详细说明精度检测的方法。

1. 轴线运动直线度检测（以 X 轴为例，图 7-3-3）

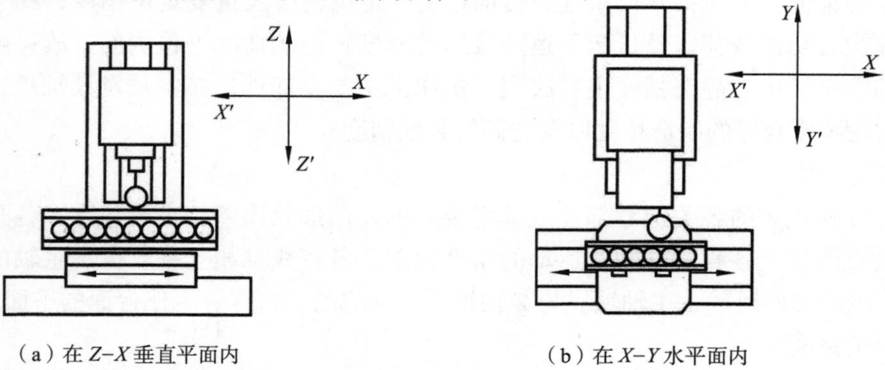

（a）在 Z–X 垂直平面内　　（b）在 X–Y 水平面内

扫一扫　图 7-3-3　X 轴轴线运动直线度检测安装示意图

根据国家标准可知，X 轴轴线运动直线度检测允差为：$X \leqslant 500$ mm 时，允差为 0.010 mm；500 mm<$X \leqslant$ 800 mm 时，允差为 0.015 mm；800 mm<$X \leqslant$ 1 250 mm 时，允差为 0.020 mm；1 250 mm<$X \leqslant$ 2 000 mm 时，允差为 0.025 mm。局部公差要求为：在任意 300 mm 测量长度上为 0.007 mm。具体检测方法如下：

（1）将平尺和机床工作台表面擦拭干净。

（2）将平尺沿 X 轴放置在机床工作台中间位置，找正平尺，使平尺与 X 轴平行。

（3）将磁性表座组装好并吸附在机床主轴箱上，将千分表安装在磁性表座表架上。

（4）移动机床坐标 X 轴，使千分表测头垂直触及平尺工作面。安装示意参见图 7-3-3 所示。

（5）移动机床 X 轴并读取千分表的变化值，其读数最大差值则为机床 X 轴轴线运动直线度。

（6）Y、Z 轴轴线运动直线度检测允差与 X 轴相同，可参照以上 X 轴轴线运动直线度检测方法。

检测时应注意：对所有结构的机床，平尺、钢丝、直线度反射器都应置于工作台上，如果主轴能锁紧，则指示器、显微镜、干涉仪可装在主轴上，否则检验工具应装在机床的主轴箱上。测量位置应尽可能靠近工作台的中央。

2. 轴线运动的角度偏差检测（以 X 轴为例）

根据国家标准可知，X 轴轴线运动的角度偏差检测允差为 0.060 mm/1 000 mm。局部公差要求为：在任意 500 mm 测量长度上为 0.030 mm/1 000 mm。具体检测方法如下：

①将水平仪和机床工作台表面擦拭干净，将水平仪放置在机床工作台中间位置。

②找正水平仪，使水平仪与 X 轴平行，安装示意如图 7-3-4 所示。

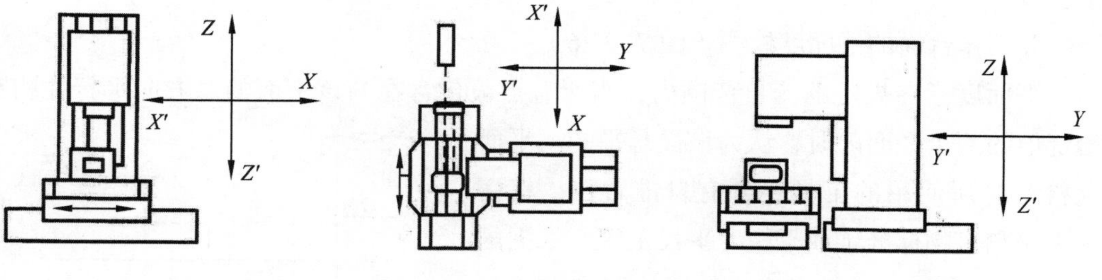

（a）在 Z–X 垂直平面内　（b）在 X–Y 水平面内　（c）在 Y–Z 垂直平面内

图 7-3-4　X 轴轴线运动的角度偏差检测安装示意图

③移动机床 X 轴，读取水平仪的变化值，其读数最大差值则为机床 X 轴轴线运动的角度偏差。

④ Y、Z 轴轴线运动的角度偏差检测允差与 X 轴相同，可参照以上 X 轴轴线运动角度偏差检测方法。

在检测轴线运动的角度偏差时，应注意以下事项：

①检验工具应置于运动部件上；

②沿行程在等距离的 5 个位置上检验；

③应在每个位置的两个运动方向测取，最大与最小读数的差值应不超过允许公差；

④当坐标轴轴线运动引起主轴箱和夹持工件的工作台同时产生角运动时，这两种角运动应测量并用数学方法处理。

3. 主轴的轴向窜动检测

主轴的轴向窜动是指主轴旋转时，在沿规定方向加轴向力以消除最小轴向游隙影响的情况下，主轴沿其轴线所作往复运动的范围。主轴的轴向窜动量过大会导致铣削工件时产生振动，影响加工零件的平面度和表面粗糙度，在攻丝时会产生单个螺纹的周期性螺距误差，严重时甚至会损坏刀具。所以机床出厂前和设备验收时都要对主轴的周期性轴向窜动进行检测。根据国家标准可知，主轴的轴向窜动检测允差为 0.005 mm。具体检测方法如下：

①将拉钉安装到检验棒尾部；

②将检验棒和主轴锥孔擦拭干净。

③将检验棒安装到加工中心主轴锥孔内。

④将磁性表座组装好并吸附在机床工作台上。

⑤将千分表安装在磁性表座表架上，移动坐标轴调整千分表与检验棒的相对位置，使千分表测头触及检验棒端面中心处。检测安装示意如图 7-3-5 所示。

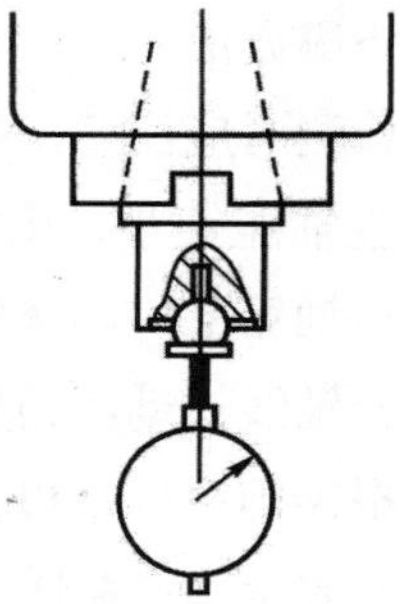

图 7-3-5　主轴轴向窜动检测

⑥启动机床主轴并读取千分表的变化值，其读数最大差值则为设备主轴轴向窜动量。

4. 工作台面的平面度检测（图 7-3-6）

平面度指在规定的测量范围内，当所有点被包含在与该平面的总方向平行并相距给定值的两个平面内时，认为该面是平的。平面度检测时所使用的工具主要有自准直仪、精密水平仪和实物标准（如平板、平尺）等。根据国家标准可知，工作台面的平面度检测允差为：$L \leqslant 500$ mm 时，为 0.020 mm；500 mm$<L\leqslant$ 800 mm 时，为 0.025 mm；800 mm$<L\leqslant$ 1 250 mm 时，为 0.030 mm；1250 mm$<L\leqslant$ 2 000 mm 时，为 0.040 mm；在任意 300 mm 测量长度上为 0.012 mm（其中 L 为工作台托板的较短边的长度）。具体检测方法如下：

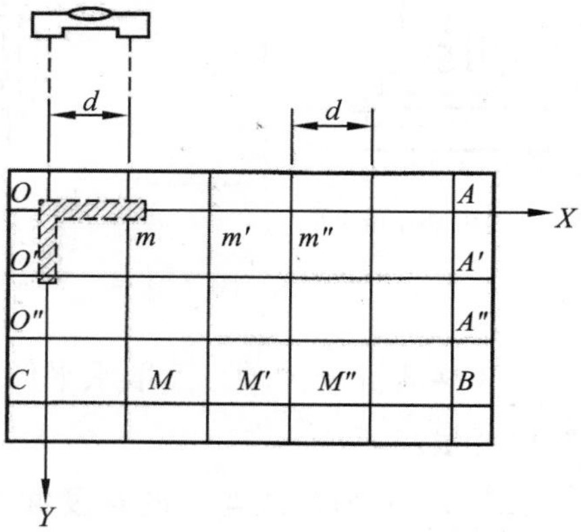

图 7-3-6　工作台平面度检测

①将机床工作台移到中间位置，并将水平仪和机床工作台擦拭干净。

②将水平仪放置在被检平面上，按照图 7−3−6 所示规定方向移动。

③记录所测得的数据并进行数据处理，最终得出平面度数值。

进行平面度检测时，也应注意 *X* 轴轴线和 *Z* 轴轴线应置于其行程中间位置。回转工作台面的平面度应检验两次，一次回转工作台锁紧，一次不锁紧（如适用的话），两次测定的偏差均应符合允差要求。

5. 主轴轴线与 *Z* 轴轴线运动间的平行度检测

加工中心主轴轴线和 *Z* 轴轴线运动间的平行度误差过大会导致加工零件的表面粗糙度增大，在孔加工时会引起加工孔的尺寸和形状超差（比如圆变成椭圆）。所以机床出厂前和设备验收时都要对主轴轴线和 *Z* 轴轴线运动间的平行度进行检测。根据国家标准可知，主轴轴线与 *Z* 轴轴线运动间的平行度检测允差为：在平行于 *Y* 轴轴线的 *Y*−*Z* 垂直平面内 300 mm 测量长度上为 0.015 mm，在平行于 *X* 轴轴线的 *Z*−*X* 垂直平面内 300 mm 测量长度上为 0.015 mm。具体检测方法如下：

①将拉钉安装到检验棒尾部。

②将检验棒和主轴锥孔擦拭干净。

③将检验棒安装到加工中心主轴锥孔内。

④将磁性表座组装好并吸附在机床工作台上。

⑤将千分表安装在磁性表座表架上，移动机床坐标轴调整千分表与检验棒的相对位置，使千分表测头触及检验棒侧面母线，检测安装示意如图 7−3−7 所示。

⑥移动机床 *Z* 轴使千分表从靠近主轴端部移动到距主轴端部 300 mm 处，读取千分表的变化值，其读数最大差值则为设备主轴轴线和 *Z* 轴轴线运动间的平行度。

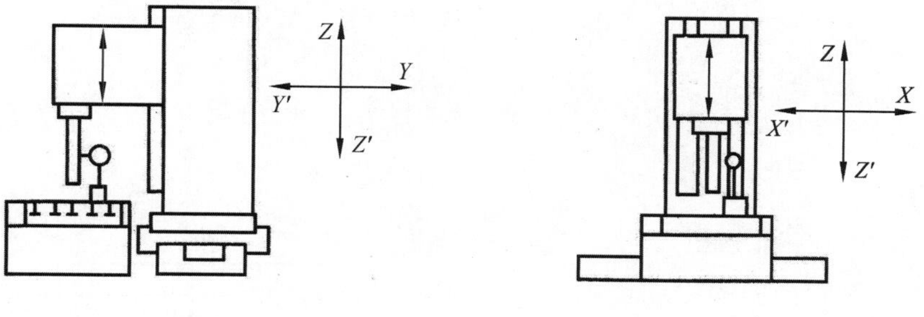

（a）*Y*−*Z* 垂直平面内　　（b）*Z*−*X* 垂直平面内

图 7−3−7　主轴轴线与 *Z* 轴轴线平行度检测

任务评价

序号	考核内容	配分	评价方式			得分
			自评	互评	教师评价	
1	X 轴轴线运动直线度检测	24				
2	Y 轴轴线运动的角度偏差检测	20				
3	主轴的轴向窜动检测	20				
4	工作台面的平面度检测	18				
5	主轴轴线与 Z 轴轴线运动间的平行度检测	18				
合计		100				

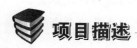

项目八 技能大赛样题及工艺分析

项目描述

近年来，技能竞赛的成绩成为衡量职业院校教学改革和教学质量的一项重要指标，也是对近些年来职业教育改革和制度创新成果的一次大检阅，所以各个学校踊跃参与、积极练兵，以极大的热情投入到各项技能竞赛中。通过竞赛，不仅为发现和选拔数控技能人才创造了条件，为数控技能人才脱颖而出搭建了舞台，并且带动一些地区数控技能实训基地的建立，对数控技能人才的培养和成长都将起到积极的推动作用。本项目竞赛试题和加工案例都经过严格的筛选和精心编撰，充分体现数控技能大赛的发展历程和技术水平，为数控技能大赛指明了竞赛训练方向，并提供了丰富的竞赛加工案例。丛书的总体设计与编写原则是遵循教学规律，目的是以赛促教、全面提高数控专业教学质量。

任务一 市赛样题分析及加工

学习目标

知识目标

1. 了解工程图纸和规范，掌握 ISO 图文标识。
2. 掌握表面粗糙度、形位公差的 ISO 标准等。
3. 识别不同加工工艺、功能参数，定义和调整切削参数等。
4. 进行工艺规划，利用 CAD/CAM 系统生成程序和 G 代码。
5. 完成刀具安装及刀具参数设置，工件安装及工件坐标零点设置等。

技能目标

1. 能对图形、标准、表格和其他技术规格进行解释。
2. 能选择和使用测量仪器和检查设备。
3. 能根据操作需要为待加工件选择装夹方法和装夹系统。
4. 能针对工件材料和所需的加工水平选择切削刀具。
5. 能完成在数控铣床上安装刀具和附件的整个过程。
6. 基于工程图使用计算机辅助制造系统编制加工程序。

素养目标

1. 学习中渗透职业道德和职业素质的培养，培养学生与人沟通的能力及团队意识。
2. 在学生进行零件加工过程中，注重培养学生创造性思维，使学生具有创新精神。

任务实施

一、零件工单

在数控铣床上加工如图 8-1-1 所示的零件，零件材料为 A12。零件毛坯尺寸 100 mm× 100 mm×50 mm，其上、下平面及周边侧面均已加工完成，按照单件生产安排其数控铣削工艺，编制加工程序，采用数控铣床实施对零件的加工。

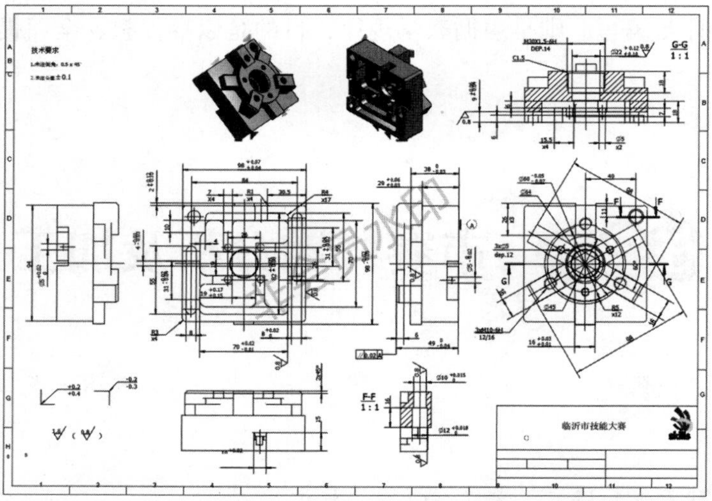

扫一扫 图 8-1-1 加工零件图纸

二、加工方案

1. 零件尺寸要求

（1）零件主要尺寸：带公差的尺寸。

（2）其余基本尺寸：±0.1 mm。

（3）螺纹深度与孔深度控制在 0/+2 内。

（4）圆弧半径控制在 +/−0.2 内。

（5）角度控制在公差 +/−0.5。

（6）需注意尺寸：ϕ22+0.12/0.1、ϕ12+0.18/0、4−0.01/−0.03。

2. 零件分析

（1）本零件为一典型模块零件，采用材料为 100×100×50 的铝合金材料。

（2）产品外观表面要求无加工刀痕、划痕、凹痕等。

（3）建议加工过程中采用留工艺台，正反面开粗的方式进行加工。如时间充足，公差范围小的内孔，建议进行镗孔。

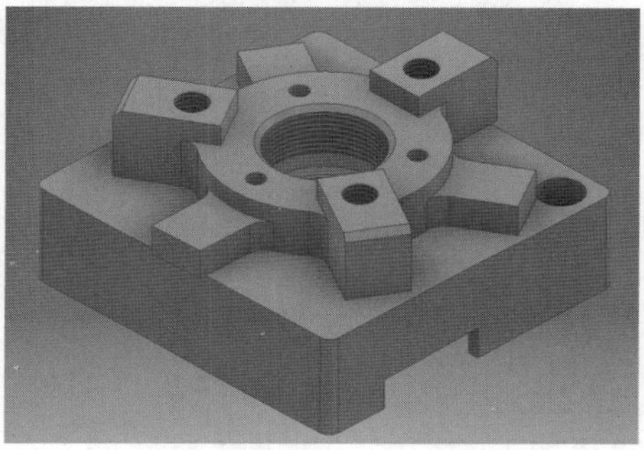

图 8−1−2

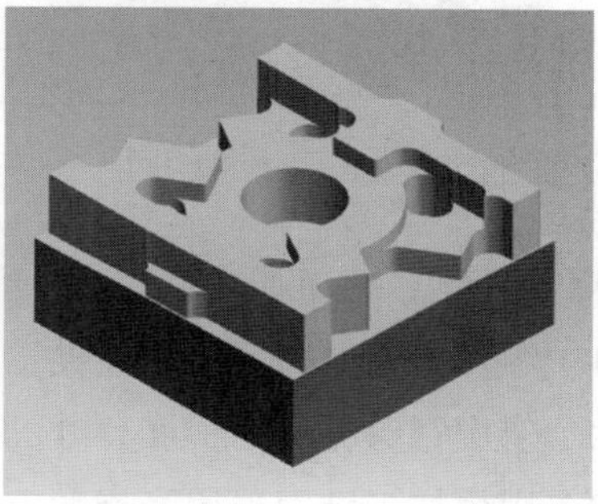

图 8−1−3

3. 工艺步骤（粗加工第一面）

（1）用面铣刀进行平面加工。（ϕ50 ~ ϕ80）

（2）用铣刀进行第一面开粗，并留反面装夹工艺台。（ϕ10）

（3）对装夹部位进行光刀处理。（ϕ10）

注：加工过程中注意仿真，看有无过切漏切现象。

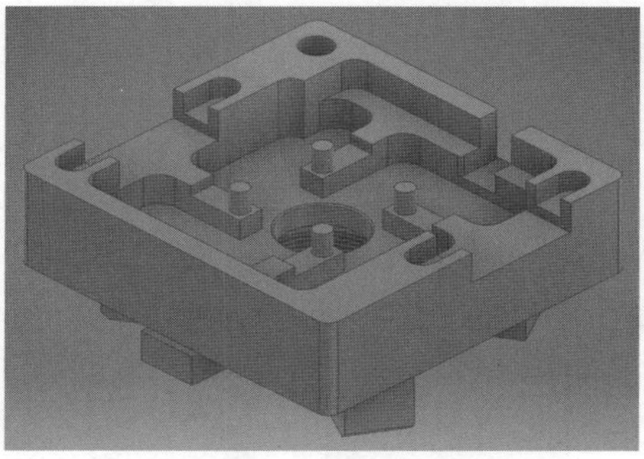

图 8−1−4

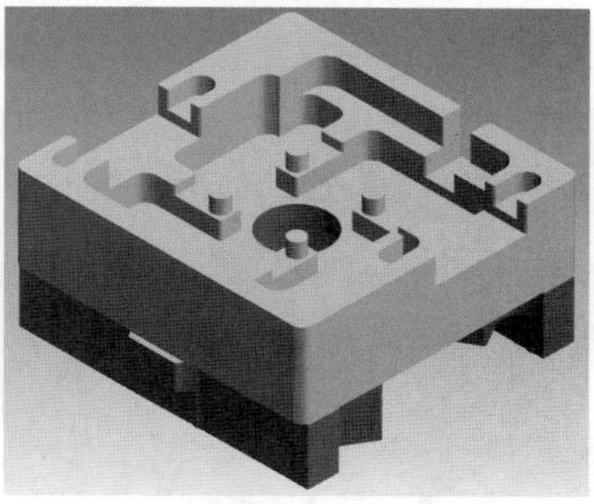

图 8−1−5

（粗加工第二面）

（1）用面铣刀进行平面加工，总厚约留 0.5mm 余量。（ϕ50 ~ ϕ80）

（2）用铣刀进行第二面开粗。（ϕ10）

（3）对 ϕ10 刀具加工不了的位置进行二次开粗。（ϕ6）

（4）清角，清角后拆下零件进行释放应力。（ϕ6）

（加工过程中注意仿真，看有无过切漏切现象。）

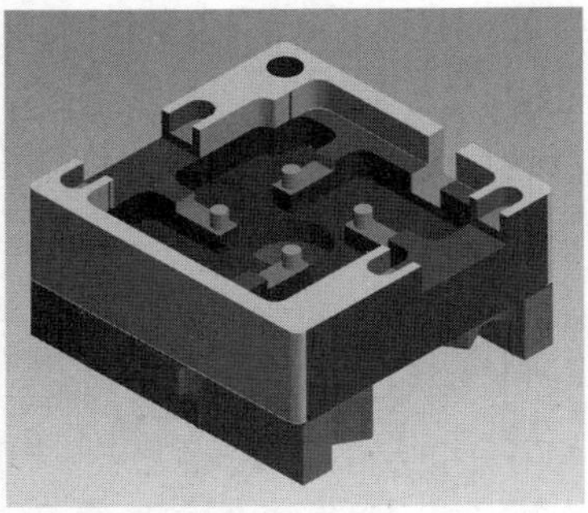

图 8-1-6

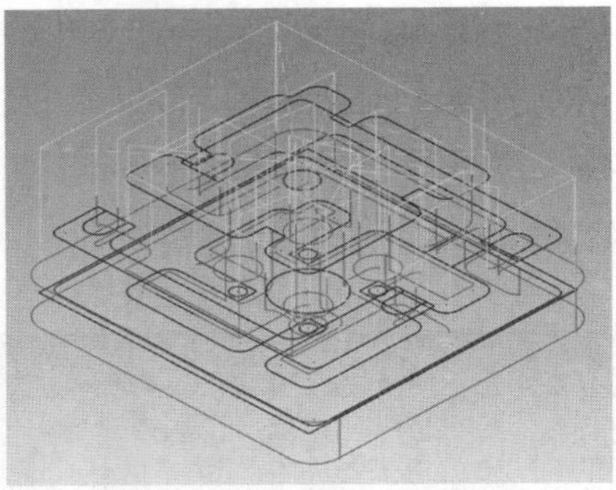

图 8-1-7

（精加工第一个面）

（1）零件去完应力后重新装夹，重新对刀。

（2）使用钻头钻 ϕ10+0.015/0 的孔。（ϕ9.5）

（3）用粗加工铣刀采用磨损的方式走一遍精加工的程序，让零件余量

（4）均匀，余量留 0.1。（ϕ12、ϕ8、ϕ6）

（5）用精铣刀进行底面精加工。（ϕ12、ϕ8、ϕ6）

（6）用精铣刀进行精修并控制零件尺寸。（ϕ12、ϕ8、ϕ6）

（7）使用扩孔刀进行扩孔。（ϕ9.8）

（8）使用铰刀进行铰孔。（ϕ10）

（9）倒角。（ϕ6 倒角刀）

（10）检查零件是否有漏加工现象，如无漏加工，则可把零件拆卸下来。

注：加工过程中注意仿真，看有无过切漏切现象。

图 8-1-8

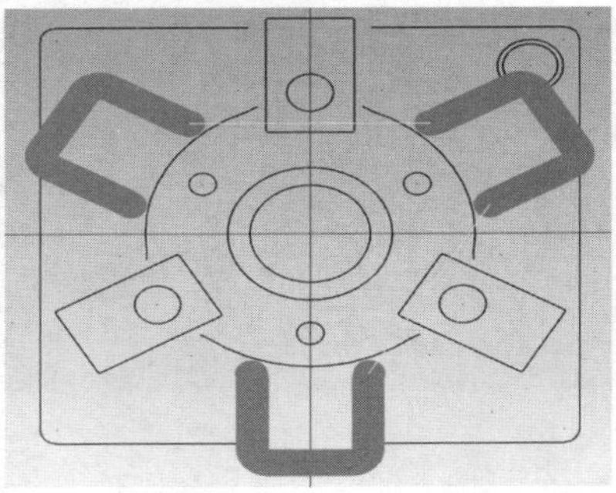

图 8-1-9

（精加工第二个面）

（1）零件装夹（注意垫纸），分中对刀，用剩余毛坯方式去除残留工艺台。

（2）松零件，重新装夹拉表、对刀、钻孔、扩孔。（ϕ5、ϕ8.5、ϕ11.8）

（3）用粗加工铣刀采用磨损的方式走一遍精加工程序，让零件余量均匀，余量留0.1。（ϕ10）

（4）用精铣刀控制零件总厚，再进行底面精加工。（ϕ10）

（5）用精铣刀进行精修并控制零件尺寸。（ϕ10）

（6）铣螺纹，并使用通止规检验螺纹是否合格。（螺纹铣刀）

（7）使用镗刀进行镗孔 ϕ12+0.018/0。（镗刀）

（8）倒角。（ϕ6 倒角刀）

（9）检查零件是否有漏加工现象，如无漏加工，则可把零件拆卸下来。

（10）去除毛刺，并用洗洁精加水清洗零件。

注：加工过程中注意仿真，看有无过切漏切现象。

4. 自动加工

（1）零件正面及外形轮廓开粗加工。

步骤 1　绘图，只需绘制出如图 8-1-10 所示的矩形线框，通过选择“动态铣削”完成加工。

步骤 2　加工参数设置。

刀路。

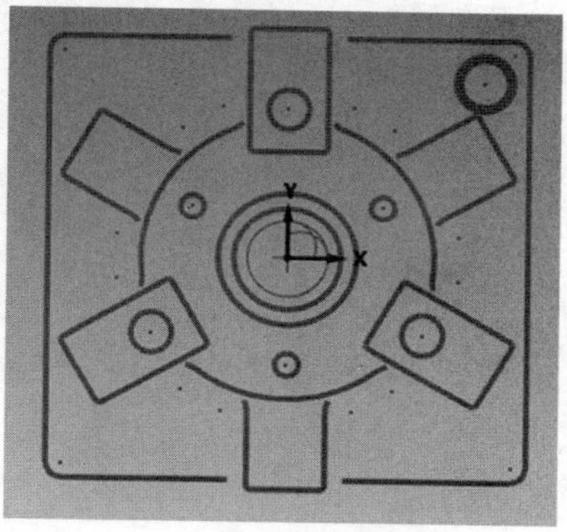

图 8-1-10

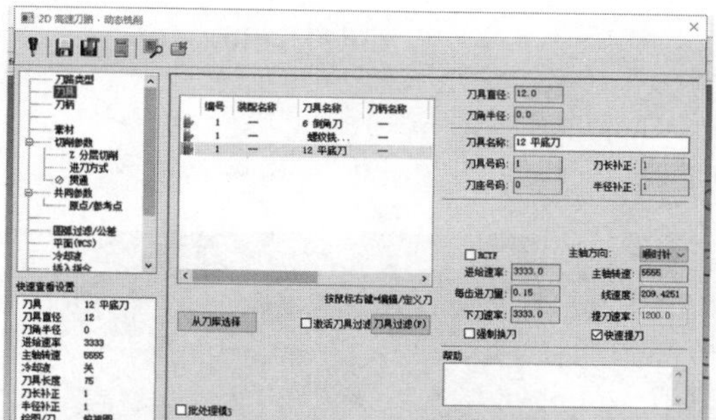

图 8-1-11

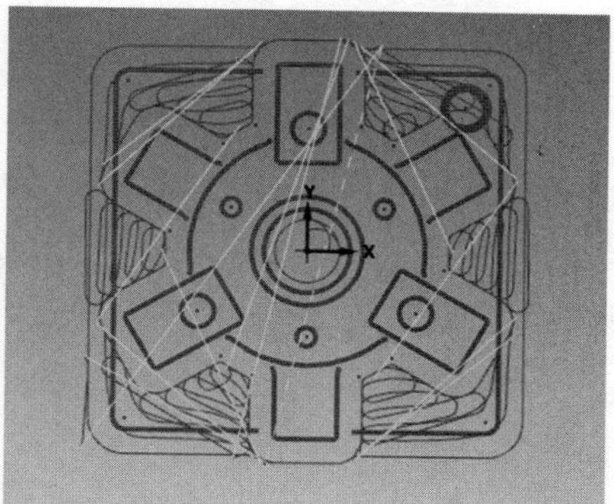

图 8-1-12

（2）零件反面外形轮廓开粗加工。

步骤 1　绘图，只需绘制出如图 8-1-13 所示的矩形线框，通过选择“动态铣削”完成加工。

步骤 2　加工参数设置。

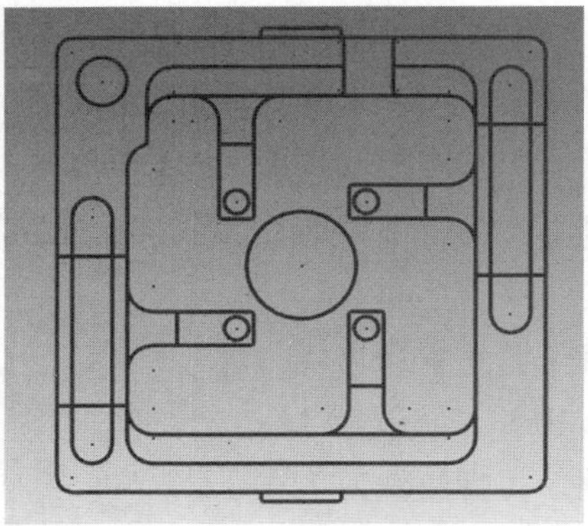

图 8-1-13

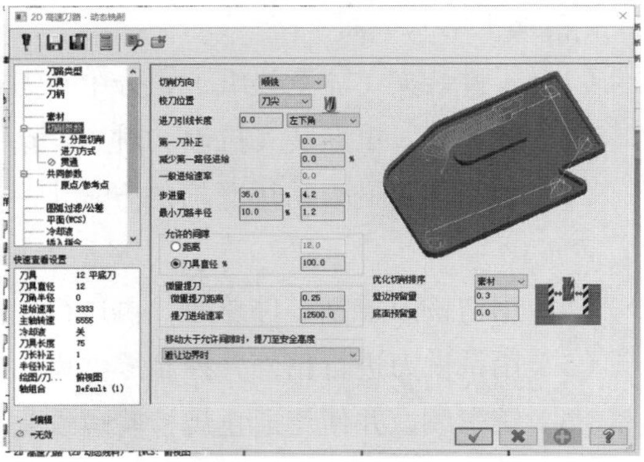

图 8-1-14

（3）零件正面及外形轮廓开精加工

步骤 1　通过选择“外形铣削”完成加工。

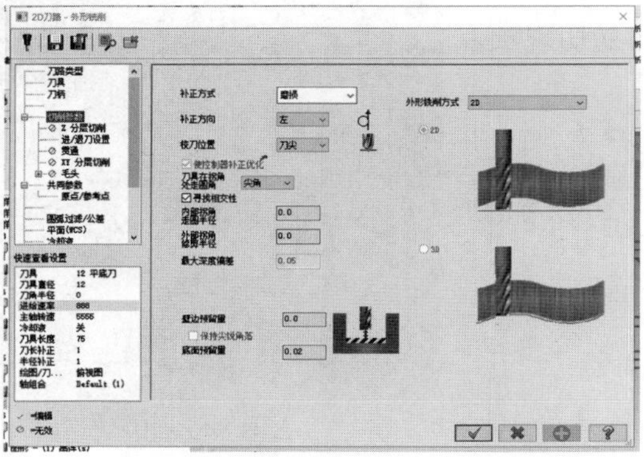

图 8-1-15

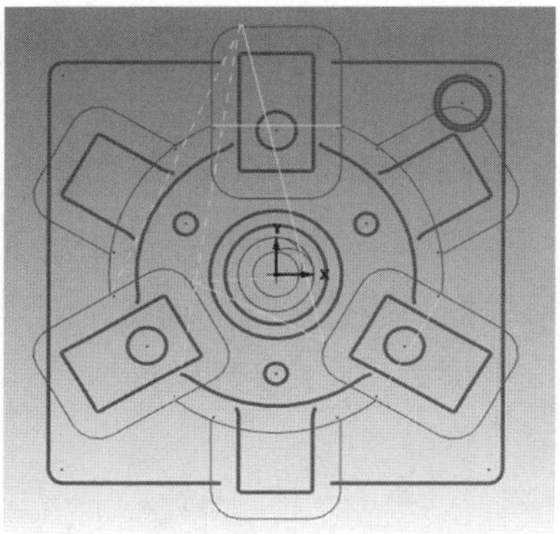

图 8-1-16

（4）零件反面及外形轮廓开精加工

步骤 1　通过选择“外形铣削”完成加工。

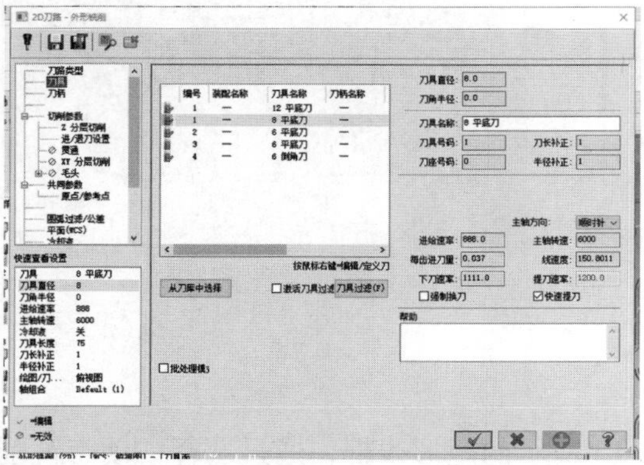

图 8-1-17

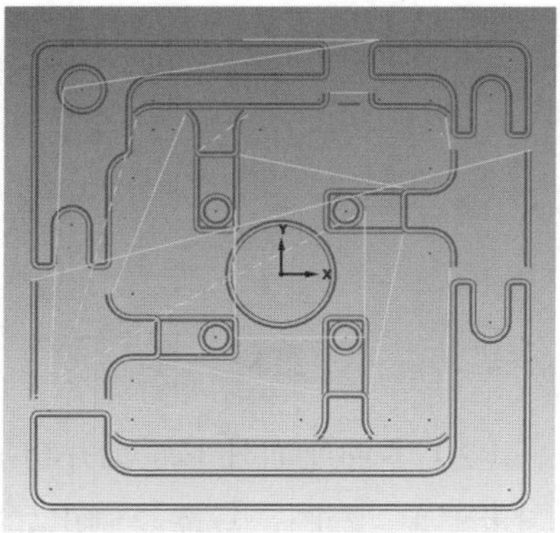

图 8-1-18

任务二　省赛样题分析及加工

学习目标

知识目标

1. 了解工程图纸和规范，掌握ISO图文标识。
2. 掌握表面粗糙度、形位公差的ISO标准等。
3. 识别不同加工工艺、功能参数，定义和调整切削参数等。
4. 进行工艺规划，利用CAD/CAM系统生成程序和G代码。
5. 完成刀具安装及刀具参数设置，工件安装及工件坐标零点设置等。

技能目标

1. 能对图形、标准、表格和其他技术规格进行解释。
2. 能选择和使用测量仪器和检查设备。
3. 能根据操作需要为待加工件选择装夹方法和装夹系统。
4. 能针对工件材料和所需的加工水平选择切削刀具。
5. 能完成在数控铣床上安装刀具和附件的整个过程。
6. 基于工程图使用计算机辅助制造系统编制加工程序。

素养目标

1. 学习中渗透职业道德和职业素质的培养，培养学生与人沟通的能力及团队意识。
2. 在学生进行零件加工过程中，注重培养学生创造性思维，使学生具有创新精神。

任务实施

一、零件工单

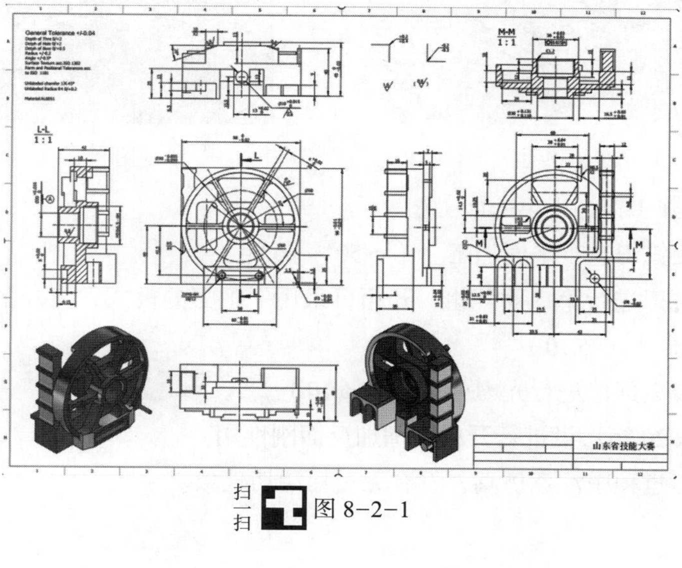

扫一扫　图8-2-1

在数控铣床上加工如图 8-2-1 所示的零件，零件材料为 A12。零件毛坯尺寸 100 mm × 100 mm × 50 mm，其上、下平面及周边侧面均已加工完成，按照单件生产安排其数控铣削工艺，编制加工程序，采用数控铣床实施对零件的加工。

二、加工方案

1. 零件尺寸要求

（1）零件主要尺寸：带公差的尺寸。

（2）其余基本尺寸：± 0.04 mm。

（3）螺纹深度与孔深度控制在 0/+2 内。

（4）圆弧半径控制在 +/−0.2 内。

（5）角度控制在公差 +/−0.5° 。

（6）需注意尺寸：φ98−0.055/−0.09450/−0.03、φ10+0.015/0。

2. 零件分析

（1）本零件为典型半镂空零件，加工时注意减小零件变形量，采用材料为 100 × 100 × 50 的铝合金材料。

（2）产品外观表面要求无加工刀痕、划痕、凹痕等，建议加工过程中采用留工艺台，正反面开粗的方式进行加工。如时间充足，公差范围小的内孔，建议进行镗孔。

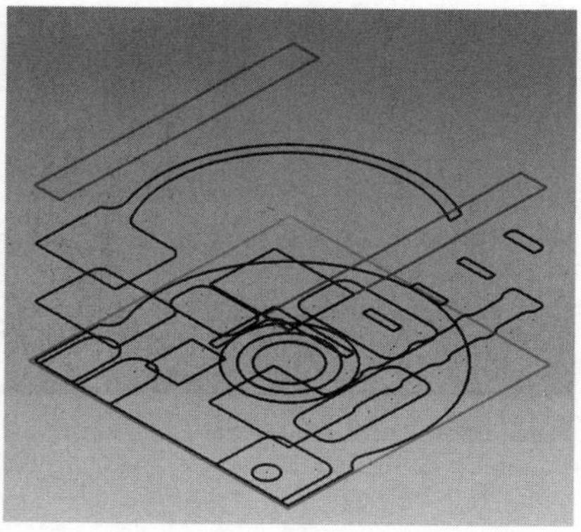

图 8-2-2

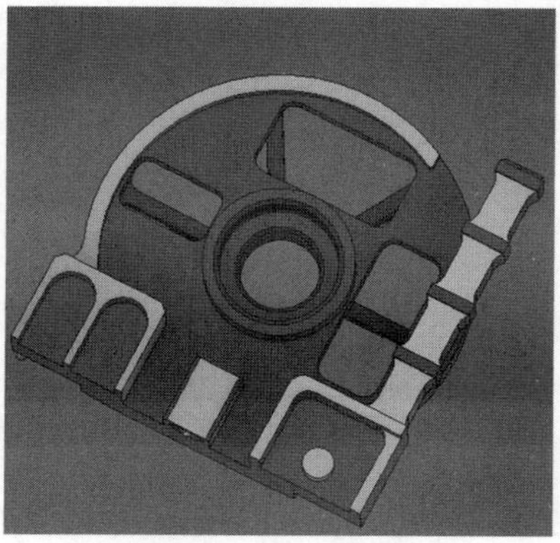

图 8-2-3

3. 工艺步骤（粗加工第一面）

（1）用面铣刀进行平面加工。（φ50 ~ φ80）

（2）用铣刀进行第一面开粗，开粗可采用一把刀的模式，能开多少是多少，并留反面装夹工艺台。（φ10）

（3）对装夹部位进行光刀处理。（φ10）

（4）38 × 20 矩形没进行开粗，增加反面刚性用。

（5）加工过程中注意仿真，看有无过切漏切现象。

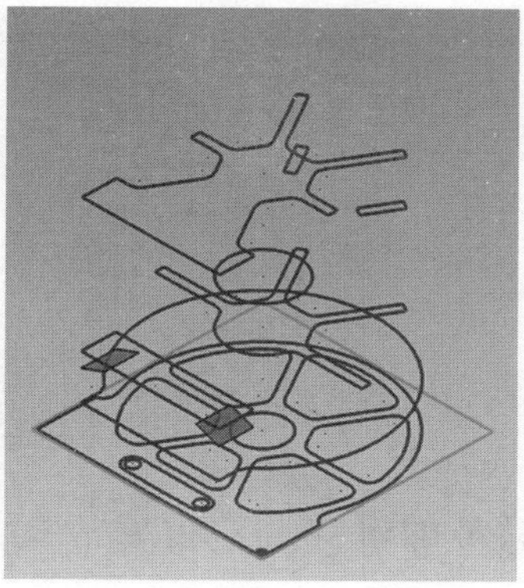

图 8-2-4

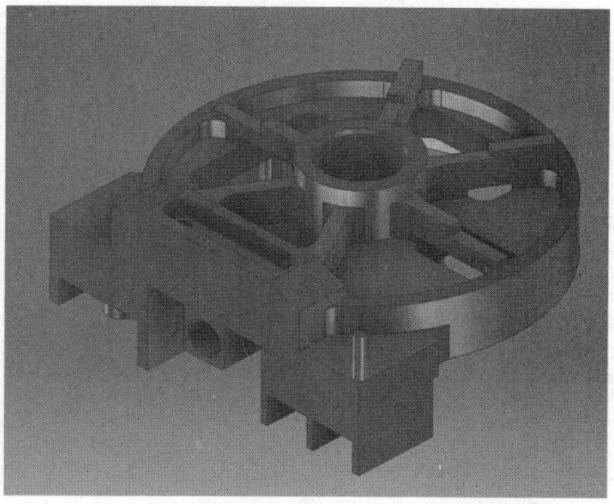

图 8-2-5

（粗加工第二面）

（1）用面铣刀进行平面加工，总厚约留 0.5 mm 余量（ϕ50 ~ ϕ80）

（2）用铣刀进行第二面开粗，曲面、ϕ3 小圆柱多留余量。（ϕ10）

（3）对 ϕ10 刀具加工不了的位置进行二次开粗。（ϕ6）

（4）清角，清角后拆下零件进行释放应力。（ϕ6）

注：加工过程中注意仿真，看有无过切漏切现象。

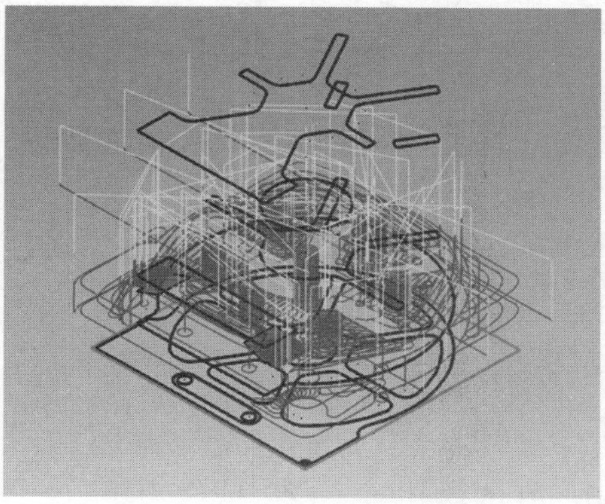

图 8-2-6

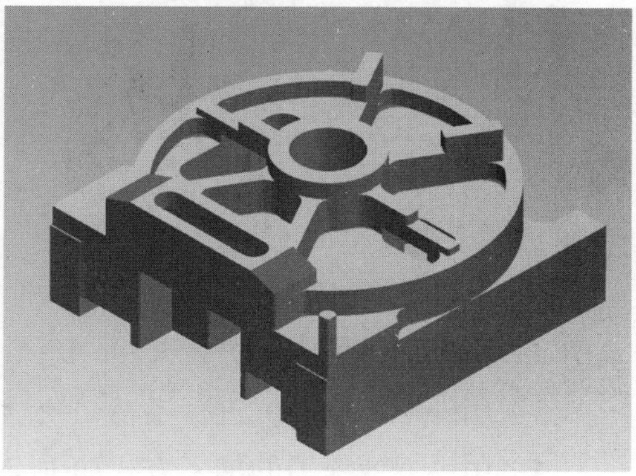

图 8-2-7

（精加工第一个面）

（1）零件去完应力后重新装夹，重新对刀，钻孔。

（2）用粗加工铣刀采用磨损的方式走一遍精加工的程序，让零件余量均匀，余量留 0.1。（ϕ10、ϕ8 或 ϕ6）

（3）用精铣刀进行底面精加工。（ϕ10、ϕ8 或 ϕ6）

（4）用精铣刀进行精修并控制零件尺寸。（ϕ10、ϕ8 或 ϕ6）

（5）倒角，未开粗部位可采用慢速下刀方式进行倒刀。（ϕ6 倒角刀）

（6）铣螺纹。（M6*1.0/SW.080465C125 螺纹铣刀）

检查零件是否有漏加工现象，如无漏加工，则可把零件拆卸下来。

（精加工第二个面）

（1）零件装夹，对刀。

（2）用外形铣削方式进行开粗，余量 0.2。（ϕ6）

（3）用外形铣削方式进行半精，余量 0.12。（ϕ6）

（4）用镗刀或绞刀的加工方式加工 ϕ10+0.015/0 的内孔。（镗刀或绞刀）

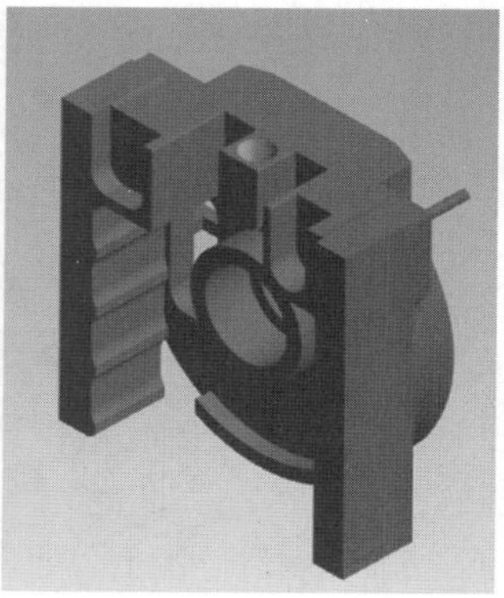

图 8-2-8

（5）倒角。（ϕ6 倒角刀）

检查零件是否有漏加工现象，如无漏加工，则可把零件拆卸下来。

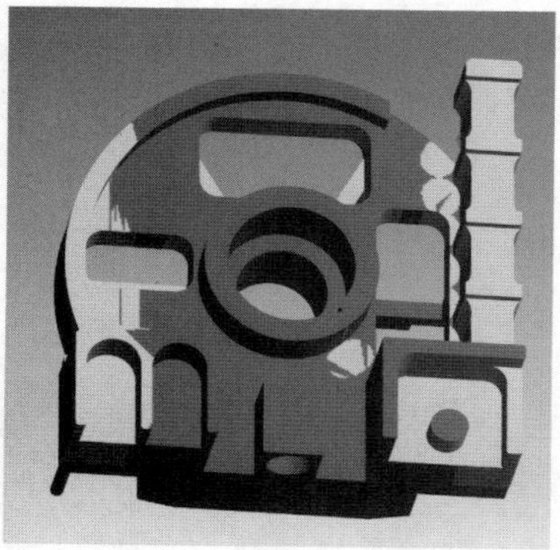

图 8-2-9

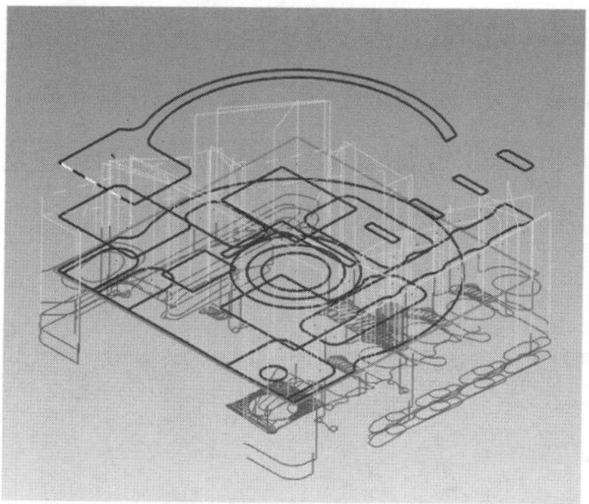

图 8-2-10

（精加工第三个面）

（1）零件装夹，对刀。

（2）用外形铣削方式进行开粗，余量 0.2。（ϕ6）

（3）用外形铣削方式进行半精，余量 0.12。（ϕ6）

（4）用镗刀或绞刀的加工方式加工 ϕ10+0.015/0 的内孔。（镗刀或绞刀）

（5）倒角。（ϕ6 倒角刀）

检查零件是否有漏加工现象，如无漏加工，则可把零件拆卸下来。

4. 自动加工

（1）零件正面及外形轮廓开粗加工。

步骤 1　绘图，只需绘制出如图 8-2-11 所示的矩形线框，通过选择“动态铣削”完成加工。

步骤 2　加工参数设置。

刀路。

图 8-2-11

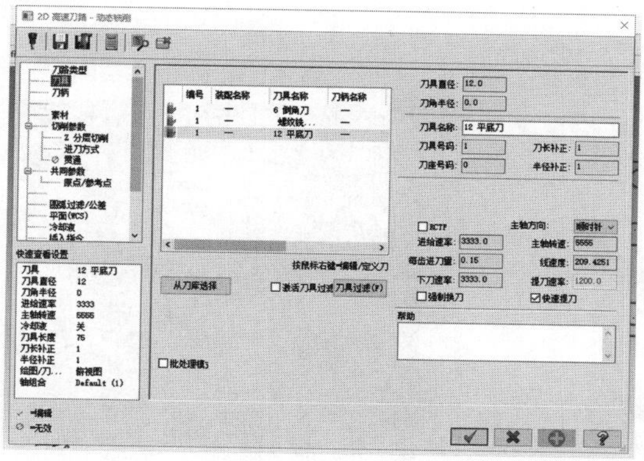

图 8-2-12

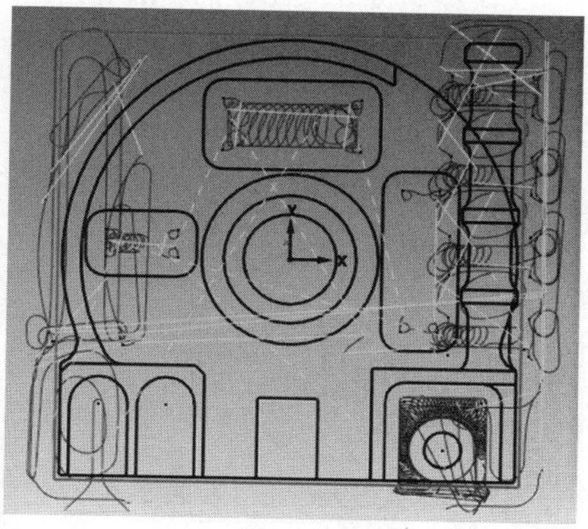

图 8-2-13

（2）零件反面外形轮廓开粗加工。

步骤 1　绘图，只需绘制出如图 8-2-14 所示的矩形线框，通过选择“动态铣削”完成加工。

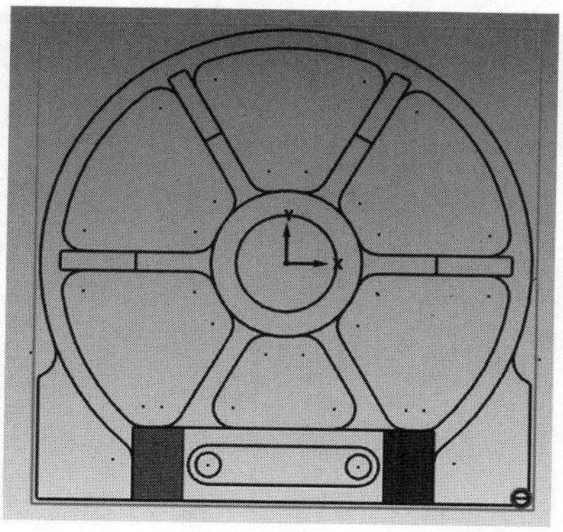

图 8-2-14

步骤 2　加工参数设置。

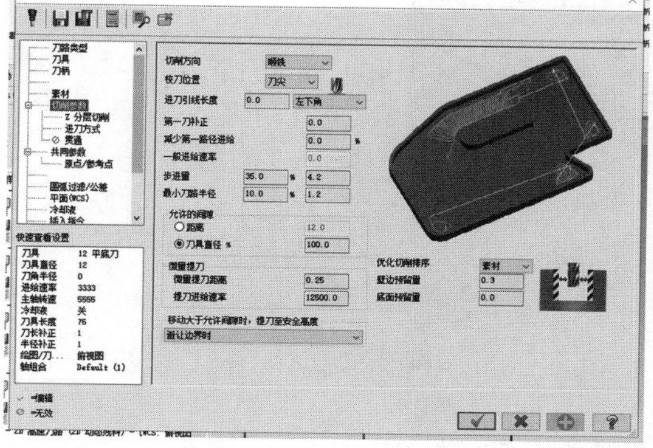

图 8-2-15

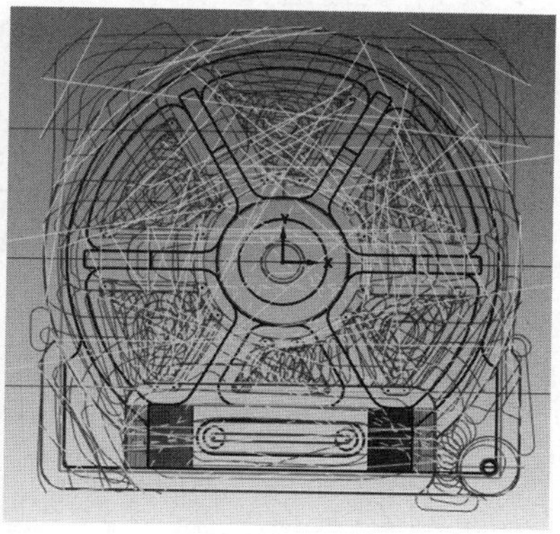

图 8-2-16

（3）零件正面及外形轮廓开精加工

步骤 1　通过选择“外形铣削”完成加工。

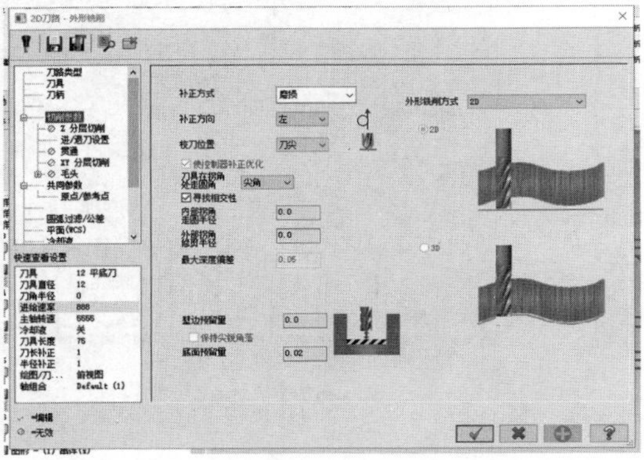

图 8-2-17

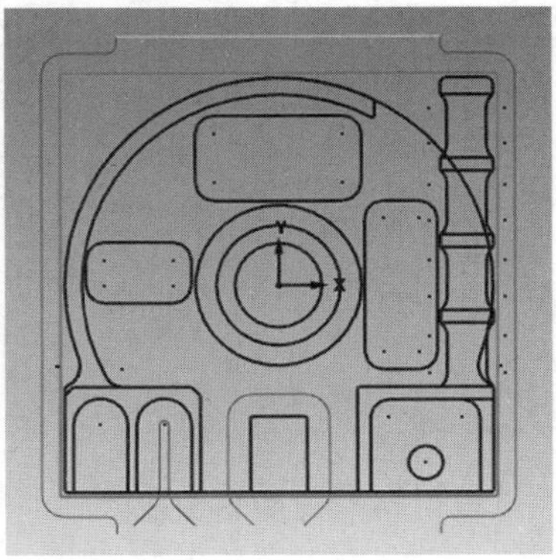

图 8-2-18

（4）零件反面及外形轮廓开精加工

步骤 1　通过选择“外形铣削”完成加工。

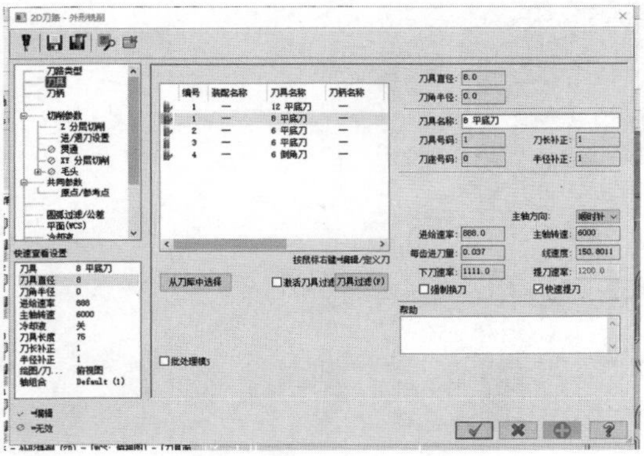

图 8-2-19

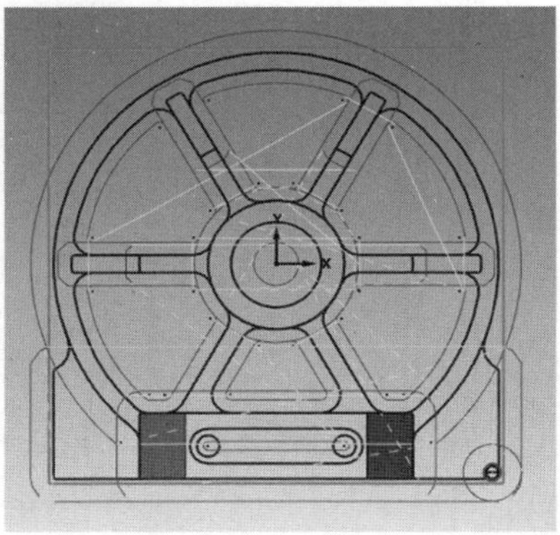

图 8-2-20

（5）零件侧面精加工

步骤 1　通过选择“外形铣削”完成加工。

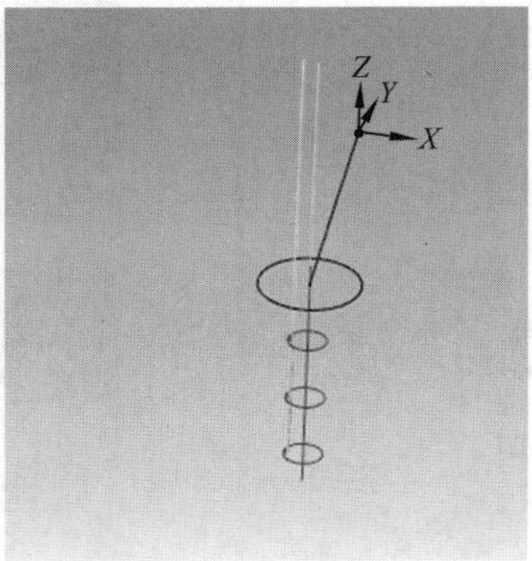

图 8-2-21

任务三 国赛样题分析及加工

学习目标

知识目标

1. 了解工程图纸和规范，掌握 ISO 图文标识。
2. 掌握表面粗糙度、形位公差的 ISO 标准等。
3. 识别不同加工工艺、功能参数，定义和调整切削参数等。
4. 进行工艺规划，利用 CAD/CAM 系统生成程序和 G 代码。
5. 完成刀具安装及刀具参数设置，工件安装及工件坐标零点设置等。

技能目标

1. 能对图形、标准、表格和其他技术规格进行解释。
2. 能选择和使用测量仪器和检查设备。
3. 能根据操作需要为待加工件选择装夹方法和装夹系统。
4. 能针对工件材料和所需的加工水平选择切削刀具。
5. 能完成在数控铣床上安装刀具和附件的整个过程。
6. 基于工程图使用计算机辅助制造系统编制加工程序。

素养目标

1. 学习中渗透职业道德和职业素质的培养，培养学生与人沟通的能力及团队意识；
2. 在学生进行零件加工过程中，注重培养学生创造性思维，使学生具有创新精神。

任务实施

一、零件工单

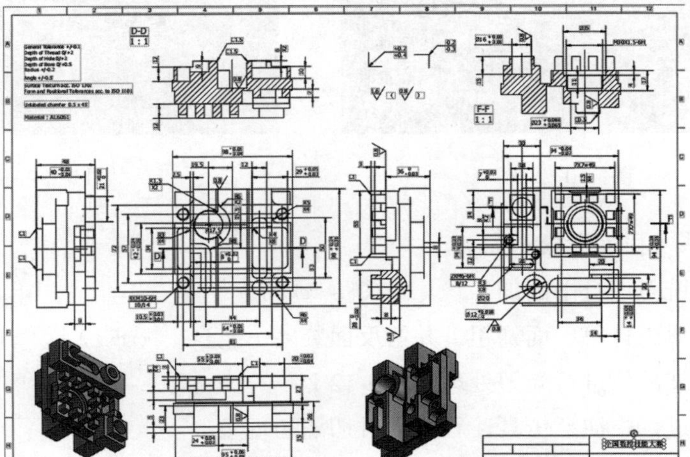

扫一扫 图 8-3-1

在数控铣床上加工如图 8-3-1 所示的零件，零件材料为 A12。零件毛坯尺寸 100 mm × 100 mm × 50 mm，其上、下平面及周边侧面均已加工完成，按照单件生产安排其数控铣削工艺，编制加工程序，采用数控铣床实施对零件的加工。

二、加工方案

1. 零件尺寸要求

（1）零件主要尺寸：带公差的尺寸。

（2）其余基本尺寸：± 0.1 mm。

（3）螺纹深度与孔深度控制在 0/+2 内。

（4）圆弧半径控制在 +/−0.2 内。

（5）角度控制在公差 +/−0.5° 。

（6）需注意尺寸：7+0/+0.0240−0.01/−0.0434+0.01/+0.03。

2. 零件分析

（1）本零件为典型半镂空零件，加工时注意减小零件变形量，采用材料为 100 × 100 × 50 的铝合金材料。

（2）产品外观表面要求无加工刀痕、划痕、凹痕等，建议加工过程中采用留工艺台，正反面开粗的方式进行加工。如时间充足，公差范围小的内孔，建议进行镗孔。

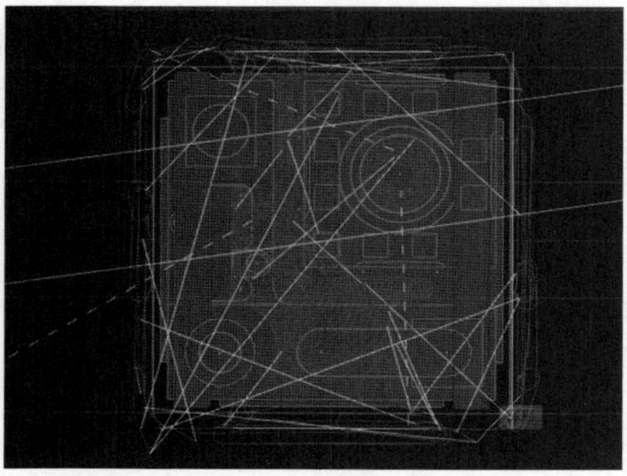

图 8-3-2

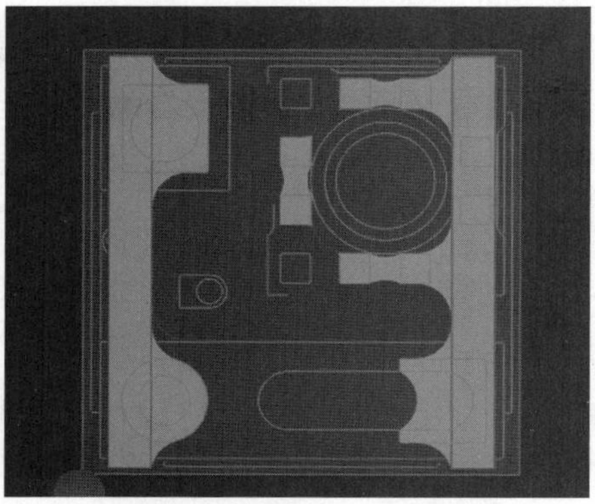

图 8-3-3

3. 工艺步骤（粗加工第一面）

（1）用面铣刀进行平面加工。（ϕ50 ～ ϕ80）

（2）用铣刀进行第一面开粗，并留反面装夹工艺台。（ϕ12）

（3）对装夹部位进行光刀处理。（ϕ12）

（4）加工过程中注意仿真，看有无过切漏切现象。

（5）采用 3D 实体加工提高编程效率节约加工时间。

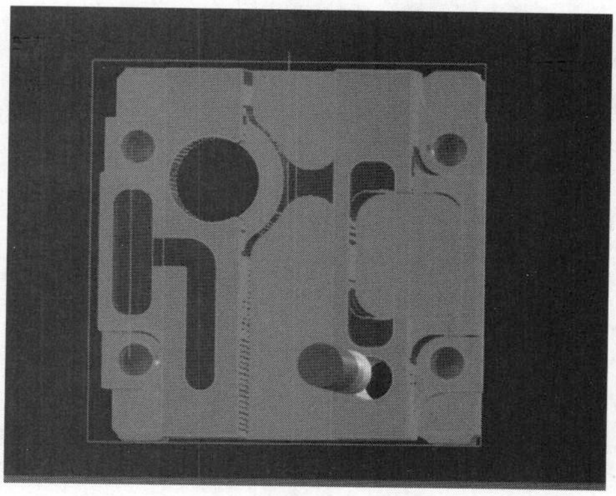

图 8-3-4

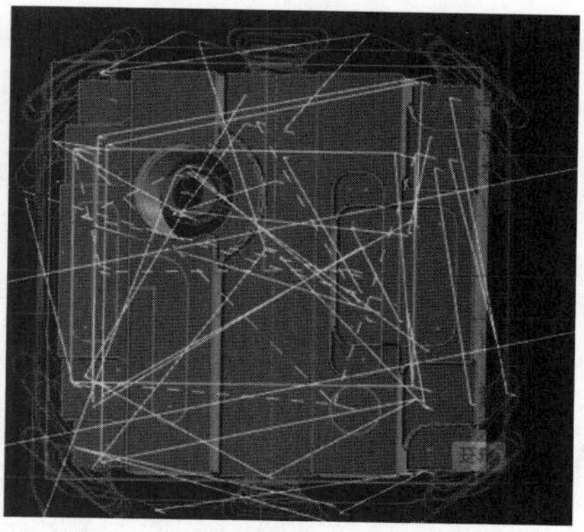

图 8-3-5

（粗加工第二面）

（1）用面铣刀进行平面加工，总厚约留 0.5 mm 余量。（ϕ50 ~ ϕ80）

（2）用铣刀进行第二面开粗。（ϕ12）

（3）对 ϕ12 刀具加工不了的位置进行二次开粗。（ϕ8）

（4）清角，清角后拆下零件进行释放应力。（ϕ8）

（加工过程中注意仿真，看有无过切漏切现象。）

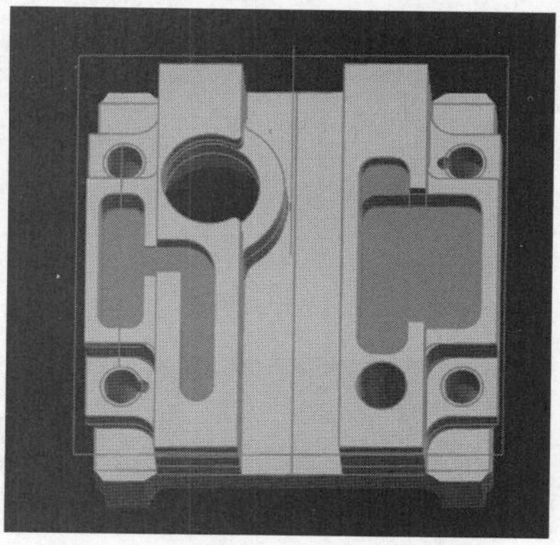

图 8-3-6

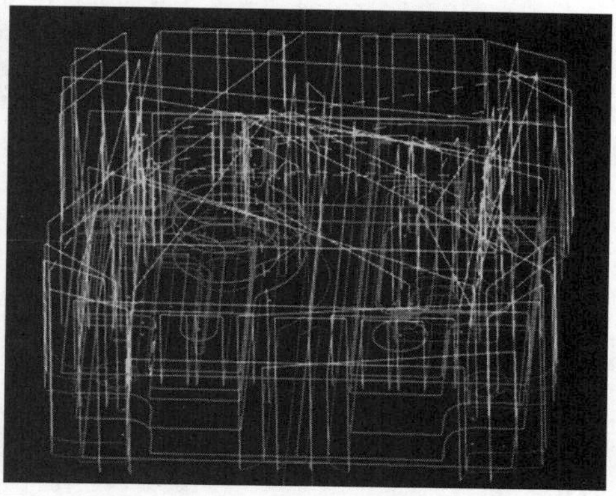

图 8-3-7

（精加工第一个面）

（1）零件去完应力后重新装夹，重新对刀。

（2）用粗加工铣刀采用磨损的方式走一遍精加工的程序，让零件余量均匀，余量留 0.1。（ϕ12、ϕ8）

（3）用精铣刀进行底面精加工。（ϕ12、ϕ8）

（4）用精铣刀进行精修并控制零件尺寸。（ϕ12、ϕ8）

（5）倒角。（ϕ6 倒角刀）

检查零件是否有漏加工现象，如无漏加工，则可把

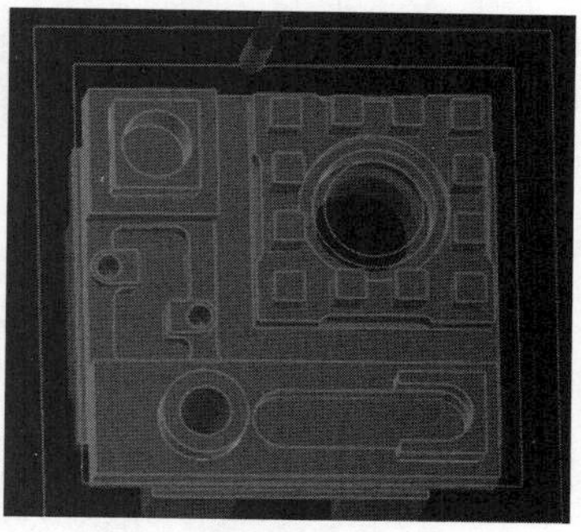

图 8-3-8

零件拆卸下来。

（精加工第二个面）

（1）零件装夹（注意垫纸），分中对刀，用剩余毛坯方式去除残留工艺台。

（2）松零件，重新装夹拉表、对刀、钻孔。（ϕ5）

（3）用粗加工铣刀采用磨损的方式走一遍精加工程序，让零件余量均匀，余量0.1。（ϕ12、ϕ8）

（4）用精铣刀控制零件总厚，再进行底面精加工。（ϕ10）

（5）用精铣刀进行精修并控制零件尺寸。（ϕ10、ϕ8）

（6）铣螺纹，并使用通止规检验螺纹是否合格。（螺纹铣刀）

（7）倒角。（ϕ6 倒角刀）

（8）检查零件是否有漏加工现象，如无漏加工，则可把零件拆卸下来。

（9）去除毛刺，并用洗洁精加水清洗零件。

检查零件是否有漏加工现象，如无漏加工，则可把零件拆卸下来

4. 自动加工

（1）零件正面及外形轮廓开粗加工。

步骤1　绘图，只需绘制出如图所示的矩形线框，通过选择“动态铣削”完成加工。

步骤2　加工参数设置。

刀路。

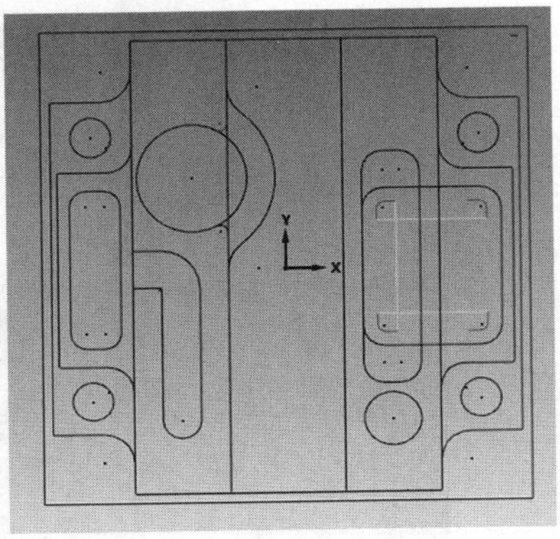

图 8-3-9

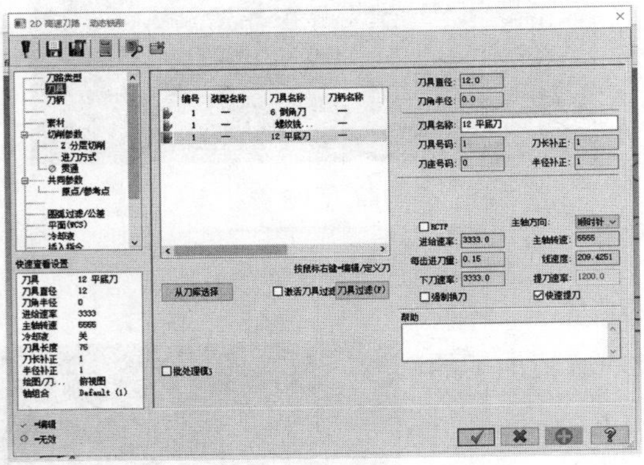

图 8-3-10

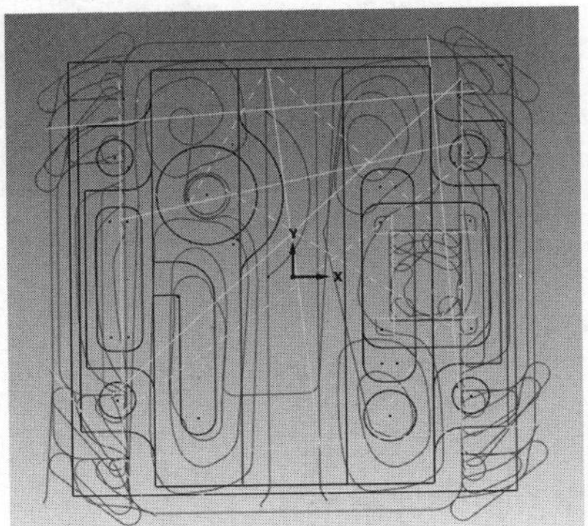

图 8-3-11

（2）零件反面外形轮廓开粗加工。

步骤1　绘图，只需绘制出如图所示的矩形线框，通过选择“动态铣削”完成加工。

步骤2　加工参数设置。

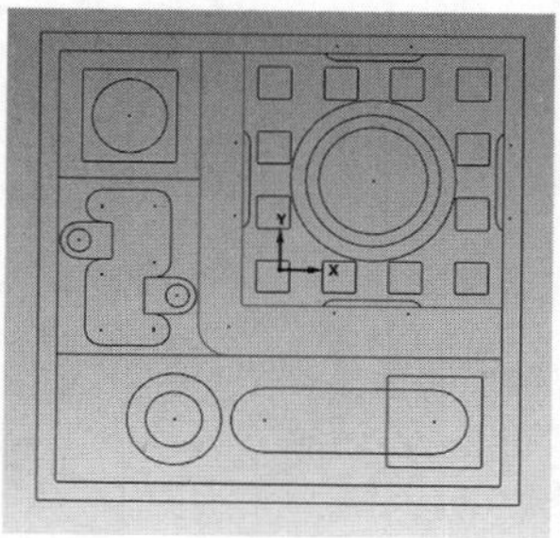

图 8-3-12

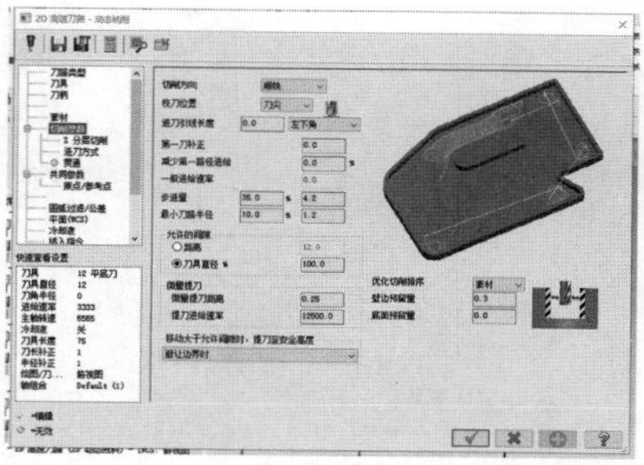

图 8-3-13

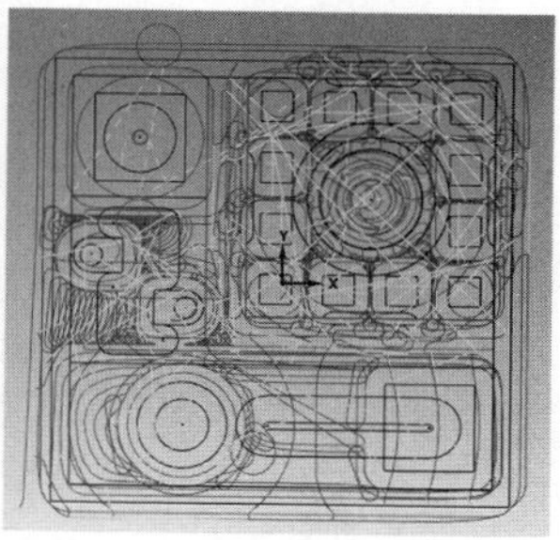

图 8-3-14

（3）零件正面及外形轮廓开精加工

步骤 1　通过选择“外形铣削”完成加工。

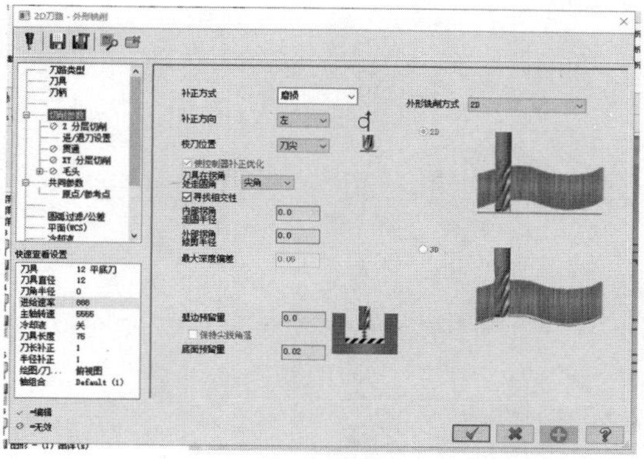

图 8-3-15

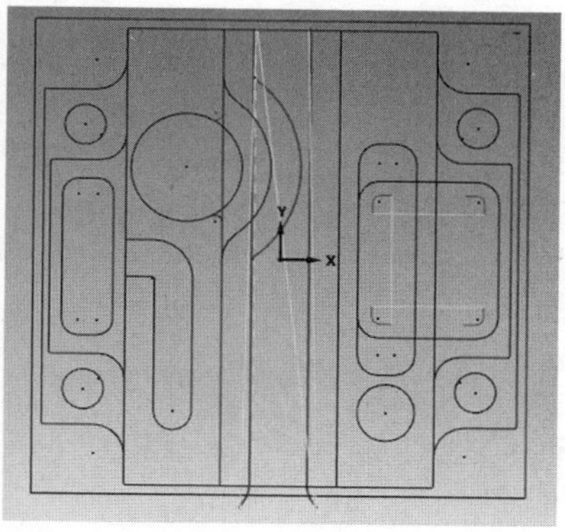

图 8-3-16

（4）零件反面及外形轮廓开精加工

步骤 1　通过选择“外形铣削”完成加工。

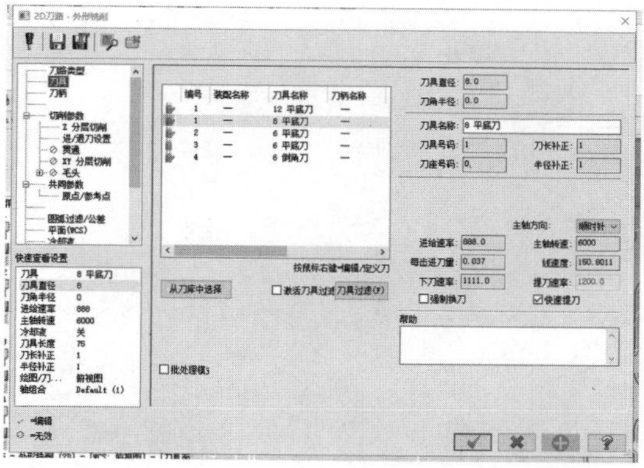

图 8-3-17

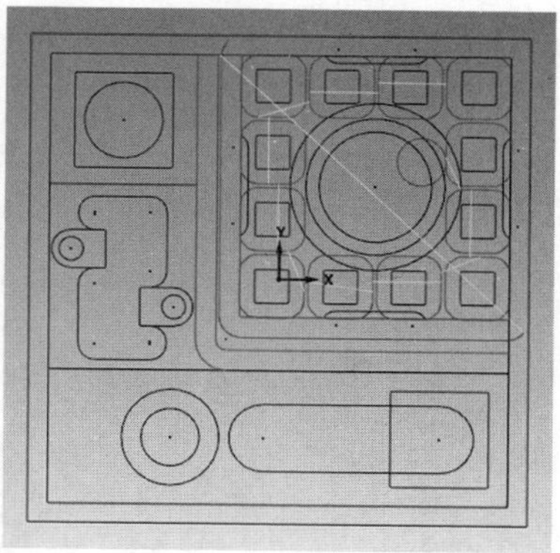

图 8-3-18